U0261537

C语言
从新手到高手

关淞元◎著

中国铁道出版社有限公司
CHINA RAILWAY PUBLISHING HOUSE CO., LTD.

图书在版编目（CIP）数据

C语言从新手到高手/关淞元著.—北京：中国铁道出版社
有限公司，2020.1

　ISBN 978-7-113-26318-8

　Ⅰ．①C… Ⅱ．①关… Ⅲ．①C语言－程序设计 Ⅳ.
①TP312.8

中国版本图书馆CIP数据核字（2019）第229258号

书　　名：C语言从新手到高手
　　　　　C YUYAN CONG XINSHOU DAO GAOSHOU

作　　者：关淞元

责任编辑：王　佩	**读者热线电话**：010-63560056
责任印制：赵星辰	**封面设计**：仙境

出版发行：中国铁道出版社有限公司（100054，北京市西城区右安门西街8号）
印　　刷：三河市宏盛印务有限公司
版　　次：2020年1月第1版　2020年1月第1次印刷
开　　本：700mm×1 000mm　1/16　印张：19.75　字数：387千
书　　号：ISBN 978-7-113-26318-8
定　　价：79.00元

前　言　　　　　　　　　　　　　　Foreword

一、编写初衷

目前各种编程语言百花齐放，但是 C 语言仍然是程序执行效率很高的语言之一，也是贴近底层硬件的语言之一，笔者希望通过本书能让大家了解 C 语言编程的本质以及设计精髓，而不是简简单单只将 C 语言当成一种工具。

书中内容来源于笔者从业多年的学习和实战经验，希望分享给更多有志于通过技术改变生活的人。

通过本书的讲解帮助更多的程序开发者提升自身的计算机思维，并明确自己后续的技术发展路线。

二、内容亮点

和市面上同类图书相比，本书的主要特色是根据作者多年的开发架构经验编写，凝聚了一个菜鸟程序员慢慢成长为架构师的程序设计之路，书中包含很多开发设计实例，以及作者对于 C 语言和设计模式的独特见解，以及如何运用 Cache 和 NUMA 等技术来优化程序执行效率，随着多核技术的蓬勃发展，本书也涉及 C 语言在多核开发下的优势和劣势。

本书共分四大部分。

第一部分新手篇：第 1~6 章，着重介绍 C 语言基础语法。

第二部分进阶篇：主要介绍 C 语言的数据类型、预处理器、编译原理，通过实例阐述 C 语言的魅力。

第三部分实战篇：包含 C 语言的经典数据结构和通用设计模式等，以及 Linux 下程序调试的方法。

第四部分高手篇：介绍如何进行程序优化、Cache 利用、NUMA 技术、多核技术等。

三、读者对象

本书将 C 语言拟人化，通过一个人的慢慢成长过程来阐述 C 语言学习的进阶之路。

本书既适用于没有经验的编程爱好者，同样适用于对 C 语言有一定经验的使用者，更适合刚刚走出大学校门的读者使用，希望通过对本书的学习完成由学生到一个职业编程人员的快速思维转换。

通过本书，读者可以在短期内对 C 语言有全面的了解，书中包含了大量可执行的实例供读者学习，帮助读者具备实际上手编码能力，以及一定的程序设计和优化能力。

四、致谢

在本书的编写中，首先感谢公司的领导和业内的朋友，他们对本书的策划提出了大量的宝贵意见和建议。

感谢我的妻子孙苗苗，她在我漫长的写作过程中对儿子无微不至的照顾，使我免除了后顾之忧。

感谢我的儿子果果，在本书的构思过程中迎来了这个小生命，他使得我有了更多写作的灵感和动力（本书拟人化的写作手法即来源于此）。

感谢我的父母，他们长久以来对我的培养、鼓励及支持，才使得我有能力以及精力投入到写作过程中。

感谢中国铁道出版社有限公司，因为有他们，才使得本书最终面世。

由于作者水平有限，书中错误之处在所难免，恳请专家和读者批评指正，联系邮箱：boyteam@163.com。

最后以乔布斯的经典名句结尾："Stay hungry, Stay foolish."

编者

2019 年 10 月

提示：扫描下方二维码或输入链接地址：http://www.m.crphdm.com/2019/1021/14191.shtml，即可获得本书源代码。

目　录   **Contents**

第一篇　新手篇

第 4 章　C 语言的血液——控制流

第 5 章　C 语言的灵魂——函数

第 6 章　丫丫学步——构建第一个程序

第二篇 进阶篇

第7章 成长的烦恼——数组和指针

第8章 成长的积累——结构体、联合体及其他数据形式

第9章 成长的惊喜——预处理器

第10章 成人礼——第一次构建多文件工程

第三篇　实战篇

第 11 章　骨骼的发育——经典数据结构

第 12 章　社会经验的积累——经典设计模式

第 13 章 成长的挫折——再论程序调试

第 14 章 适应社会——可移植性

第四篇 高手篇

第 15 章 找出自身的不足——性能调试

附录 A　术语表

附录 B　操作符优先级表

附录 C　Linux 信号表

第一部分　新手篇

第 1 章

C 语言概述

1.1　C 语言的前世今生

了解和学习掌握一门编程语言，如果不知道其历史和现状，而只知道一味地苦学和研究，就很容易陷入"一叶障目不见泰山"的境地。因此在本书开头，作者会先介绍 C 语言的诞生、发展和现状。

C 语言于 1973 年诞生在 AT&T 公司设立的贝尔实验室，它最初是为了解决 UNIX 操作系统使用汇编语言实现，从而难以移植的问题而产生的。UNIX 操作系统在 1971 年开发完成最初的版本，该系统当时是使用汇编语言实现的。后来由于里奇和汤普森认为汇编语言实现的操作系统难以移植，他们希望通过一种高级语言重新优化 UNIX 系统。于是在 1973 年，一种新的高级编程语言即 C 语言就此诞生，由 C 语言实现的最新版本的 UNIX 也从而问世。由于 C 语言远胜于汇编语言的可移植性，其对后续的操作系统产生了巨大的影响，其中最著名的就是芬兰人 Linus.Torvalds 开发的 Linux 操作系统，这个开源操作系统已经成为现在流行的操作系统内核之一。由于在这方面的卓越贡献，汤普森和里奇在 1983 年获得了有"计算机界诺贝尔奖"之称的图灵奖。

1977 年，D.M.Ritchie 发表了不依赖于具体机器系统的 C 语言编译文本《可移植的 C 语言编译程序》。

1982 年，很多有识之士和美国国家标准协会为了使 C 语言健康地发展下去，决定成立 C 标准委员会，制订 C 语言的标准。

1989 年，ANSI 发布了第一个完整的 C 语言标准（ANSI X3.159—1989），简称 C89，目前习惯称之为 ANSI C。

1990 年，C89 被国际标准组织 ISO（International Organization for Standardization）一字不改地采纳，命名为 ISO/IEC 9899，所以 ISO/IEC 9899：1990 通常被简称为

C90。

1999 年，ISO 在做了一些必要的修正和完善后，发布了新的 C 语言标准，命名为 ISO/IEC 9899:1999，简称为 C99。

2011 年 12 月 8 日，ISO 又正式发布了新的标准，称为 ISO/IEC 9899:2011，简称为 C11。

以上便是 C 语言的发展简史，长久以来，作为最底层的基础开发语言，C 语言的地位从来没有被撼动过，并且在嵌入式领域仍然是主流语言。随着技术的发展，新的编程语言层出不穷，更新换代，但是，C 语言作为基础，在目前来看是基本不可能被替换的。比如 Linux 内核经过无数代的发展，目前仍以 C 语言为主导，存在即合理。

1.2　C 语言的优势与劣势

C 语言的优势如下：

（1）可移植性高。C 语言就是为了可移植性而产生的，它可以在不同的软硬件平台上运行。

（2）效率高。C 语言可以像汇编语言一样直接访问物理地址，对计算机硬件的 3 种工作单元（位、字节、地址）进行操作。因此其兼备了高级语言和低级语言的功能，可用来编写系统软件。

（3）程序执行效率高。C 语言是编译型语言，生成目标代码质量高，程序执行效率一般只比汇编语言低 1～2 层。

（4）语法丰富。C 语言拥有丰富的数据结构（第 2、7、8 章介绍），能够实现各种复杂的数据结构运算，同时包含广泛的运算符（第 3 章介绍），可以使得表达式多样化，拥有多种程序控制语句（第 4 章介绍），可以实现其他高级语言难以实现的运算。

（5）结构式语言。最显著的特点是代码和数据分割化，使得程序的各个部分最大限度地彼此独立，C 语言是以函数（第 5 章介绍）的形式提供给用户的，可以方便地调用这些函数，并且能够通过控制流控制其程序流向，从而使程序完全结构化。

（6）语法限制少。虽然 C 语言是强制性语言，但是其程序设计自由度较大，语法较灵活，允许编写者有最大程度的发挥。

（7）强大的绘图能力。C 语言具有强大的绘图能力和数据处理能力，适于编写二维、三维图形和动画。

（8）库函数众多。C 语言经过了多年的发展，提供了大量的库函数，其中包括系统生成的函数和用户定义的函数。举例来说，C 编译器自带的头文件，其中就包括可用于开发程序的许多基本功能列表。

同时 C 语言为许多其他目前已知的语言构建模块。因此，学习 C 语言也是了解其他高级语言的基石。

C 语言最大的劣势在于需要自己做内存管理，没有其他高级语言的内存管理回收机制，同时 C 语言在处理复杂的数据结构时，会滋生出大量 bug（如缓冲区溢出、数据越界、动态内存申请释放、空指针等，这些在大部分语言中看起来都不是重点需要关注的点），因此调试 C 程序是成为合格的 C 程序员必备的技能，甚至成为衡量 C 程序员技能经验水平的重要标志，本书在第 13 章会讨论程序的调试手段。

总而言之，我们不应该指望一门编程语言能解决所有的问题。至于 C 语言本身，笔者认为它将在很长的一段时间，带着它的优势和劣势，继续扮演着在计算机世界中不可取代的角色。

1.3　C 语言的当前标准

当下，C 语言的标准分为 GNU C、ANSI C、ISO C。

- GNU C：软件自由基金会制定的标准，它是美国的一个民间非营利组织，致力于推进自由软件，其中 Linux 与 GNU 就是由这个组织在维护。
- ANSI C：由美国国家标准学会制定的标准，它是美国用于制定国家各类标准的组织。
- ISO C：由国际标准化组织制定的标准，它的作用同美国国家标准协会相似，只是这个组织的目标更远大一些，致力于制定国际标准。

大约在 20 世纪 90 年代，美国国家标准学会与国际标准化组织相互接纳吸收对方的标准，所以 ISO C 与 ANSI C 的标准其实是一样的。GNU C 主要应用于 Linux 开发，比标准 C 支持更多的特性，使用起来更加灵活，所以标准 C=ISO C=ANSI C<=GNU C。

1.4　C 语言的编程机制

学习 C 语言，我们首先需要了解下形成可执行文件的大致流程（如图 1.1 所示）：

编辑→预处理→编译→汇编→连接→加载

1. 编辑：通过编译器，进行 C 语言代码的编写，这里推荐一款平台——Source Insight，它可以整理出原文件内部各种关系，并通过丰富的界面进行展示。

2. 预处理：这个阶段用来处理代码中的条件编译指令（#if、#ifdef 等）、展开头文件（#include）、替换宏定义（#define）、删除所有注释、添加行号和文件名标示（当编译错误时提示的错误位置就是由此而来）。

3．编译：对经过预处理的文件进行词法分析、语法分析、语义分析及优化后，产生相应的汇编代码文件。

4．汇编：将上述的汇编代码文件翻译成机器指令（每一条汇编语句基本都可翻译成一条机器指令），并生成目标程序的.o 文件，该文件为二进制文件，字节编码是机器指令。

5．连接：通过连接器将上述.o 文件以及程序指定包含的库文件连接在一起，生成一个完整的可执行程序。

6．加载：将上述可执行程序加载到内存中，并获取 CPU 的执行权限，开始运行。

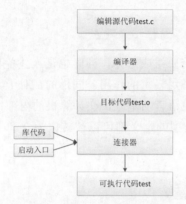

图 1.1　C 语言编译执行机制

第 2 章

C 语言的骨骼——基础数据类型

骨骼是人体结构的重要组成部分，同时也是人体各项机能的支架，可以说，骨骼对人体的健康具有举足轻重的作用。同样的，对于一门编程语言来说，数据结构就是其骨骼，是组成语言的基础，在计算机的内部世界中，其对于数字的理解仅限于 0 和 1，任何类型的定义都可以被转化为 0 和 1 来存储，对应我们的黑和白。

2.1 常量与变量

在 C 语言中，常量和变量都是用来存储数据的，其主要区别如下。

- 常量值在程序执行过程中是不可改变的。
- 变量值在程序执行过程中是可以改变的。

2.1.1 常量

常量不占据任何存储空间，属于指令的一部分，编译后不再更改。在基础数据类型中常量可分为整型常量、实型常量、符号常量、字符常量、字符串常量。

1. 整型常量：即长整数，由数字组成，前面可带正负号。

- 十进制：除表示正负的符号外，以 1～9 开头，由 0～9 组成，如 11、-21、+31。
- 八进制：以 0 开头，由 0～7 组成，如 0123、0777。
- 十六进制：以 0X 或 0x 开头，由 0～9、A～F 或 a～f 组成。如 0x12A、0x1bdef。

2. 实型常量：其对应数学中的实数（又称浮点数）。

- 小数形式：由数字和小数点组成，如 1.23、0.12（.12 也是合法的）。
- 指数形式：由十进制数，加阶码标志 "e" 或 "E" 以及阶码（为带符号整数）组成，如 2.1E2（等价于 2.1 乘以 10 的 2 次方）、123.45E-2（等价于

123.45 乘以 10 的负 2 次方）。

3．符号常量：用一个标识符来表示一个常量，此标识符一般是在自然语言中存在意义的名词，例如：#define LENTH 10，表示变量 LENTH 的值为 10，一般为了和程序中的变量名区别，符号常量使用大写字母表示。

4．字符常量：主要分为两种，一种是使用单引号括起来的字符，字符常量是区分大小写的，每个字符常量都对应一个整数值，也就是该字符的 ASCII 表（见附录 C）对应的值，例如 '8'、'b'，另一种为转义字符，是一种特殊的字符常量，其含义是将反斜线后的字符转换为其他含义，主要包括如下格式。

- 用反斜线符（\）+字符的 ASCII 码，此种方法称为转义序列表示法，其中 \0dd（0 可以省略）表示八进制数字，\xhh 表示十六进制数字，例如 'A'、'\101'、'\x41' 表示同一个字符常量。
- 转义序列表示法还可以用来表示一些特殊字符，用来显示特殊符号或控制输出格式。

常用特殊转义字符如表 2.1 所示。

表 2.1　特殊转义字符表

转义字符	转义字符的意义	ASCII 码
\a	鸣铃	7
\b	退格	8
\t	制表符	9
\n	换行	10
\f	走页换纸	12
\r	回车	13
\"	双引号符	34
\'	单引号符	39
\\	反斜线符	92
\ddd	1～3 位八进制数所代表的字符	
\xhh	1～2 位十六进制数所代表的字符	

5．字符串常量：字符串是由零个或多个字符组成的有限序列。一般记为 s = "s1 s2...sn"（n≥=1）。它是编程语言中表示文本的数据类型，并且是不可改变的，例如，我们可以将名字定义为 "guansongyuan"

在 C 语言中，对常量进行定义有两种方式：

- 使用#define 定义，如#define LENTH 10。
- 使用 const 关键字定义，如 const int length=10。

上述两种方式的区别是：

- const 方式定义是有数据类型的，#define 方式定义是没有数据类型的。

- const 方式定义的可以有作用域范围，#define 方式定义是文件全局的。
- const 方式定义是进行类型安全检查，#define 方式定义是在预处理阶段进行替换。

2.1.2　变量

变量定义就是告诉编译器在何处创建变量的存储，以及如何创建变量的存储。变量定义指定一个数据类型，并包含该类型的一个或多个变量列表，格式如下：

```
数据类型　变量名；
```

1．数据类型

（1）基本类型（本章小结有各种类型的详细介绍）包括：

- 字符型：char
- 整型：int
- 单精度浮点型：float
- 双精度浮点型：double
- 无值型：void
- 布尔型：bool

（2）构造类型（第二部分进阶篇有详细介绍）：

- 数组类型
- 结构体类型
- 联合类型
- 枚举类型
- 函数类型

（3）指针类型（第二部分进阶篇有详细介绍）。

2．指针可以指向内存地址，访问效率高，用于构造各种形态的动态或递归数据结构，如链表、树等。（第三部分实战篇中介绍）

变量名的命名规则如下：

- 变量名是字母、数字和下画线的组合，必须以字母或下画线开头，不能是数字。实际编程中常用的是以字母开头，以下画线开头的变量名是系统专用的。
- 变量名中的字母是区分大小写的。比如 i 和 I 是不同的变量，lenth 和 Lenth 也是不同的变量。
- 变量名绝对不可以用 C 语言关键字保留标识符（下节将详细介绍）。

3．变量赋值

（1）赋值语句是由赋值表达式再加上分号构成的表达式语句。

```
变量名= 赋值表达式；
```

例如：int i; i=1;表示将 1 赋给变量 i，此时 i 就等于 1 了。

要注意的是，这里的"="和数学中的"等于"号是不一样的。在刚开始学习 C 语言的时候，读者可能很难从数学的思维中转变过来。在 C 语言中"="表示赋值，即将右边的值赋给左边的变量，而不是左边的变量等于右边的值。C 语言中表示相等的运算符是双等号"=="。该运算符与数学中的"等于"号是同一个意思。

（2）也可以将变量和赋值合二为一。

数据类型　变量名=要赋的值;

例如：int i=1;

（3）在定义变量时也可以一次性定义多个变量。

例如：int i,j;表示定义了变量 i 和 j。这里需要强调的是，当同时定义多个变量时，变量之间是用逗号隔开的。

（4）可以在定义多个变量的同时给它们赋值。

例如：int i=3, j=4;

同样，其他类型的变量赋值也是类似的。

例如：

```
float f=1.1f;
double a=1.2;
char c='a';
char *a="dsadsadasd";
```

4．变量作用域

（1）局部变量：属于某个{}，在{}外不能使用该变量。执行到局部变量定义语句，才会分配空间，离开{}，自动释放。局部变量默认值为随机数。

（2）static 局部变量：属于某个{}，在{}外部不能使用该变量。在编译阶段就已经分配空间，初始化只能使用常量。static 局部变量当不初始化时，默认值为 0。离开{}，static 局部变量不会释放，只有整个程序结束才释放。

（3）全局变量：在编译阶段分配空间，只有整个程序结束后才释放。全局变量只要定义了，任何地方都能使用，使用前需要声明所有的.c 文件，只能定义一次全局变量，但是可以声明多次（外部链接）。

（4）static 全局变量：在编译阶段分配空间，只有整个程序结束后才释放。static 全局变量只能在定义所在的文件中使用（内部链接）。不同的.c 文件，可以定义同名的 static 全局变量（但一般不建议这么做）。

2.2　关键字和保留标识符

关键字和保留标识符是 C 语言中内置的一些标识符，它们被赋予特定的含义，不能用作变量名。

C 语言中一共有 32 个保留关键字，如表 2.2 所示。

表 2.2　C 语言保留关键字

关键字	含义
auto	声明自动变量
const	声明只读变量
register	声明寄存器变量
volatile	变量的值可能在程序的外部被改变
typedef	用以给数据类型取别名
extern	声明变量是在其他文件中声明
static	指定变量的存储类型是静态变量，或指定函数是静态函数
void	定义空类型变量或空类型指针，或指定函数没有返回值
signed	定义有符号的整型变量或指针
unsigned	定义无符号的整型变量或数据
char	声明字符型变量或函数
short	声明短整型变量或函数
int	声明整型变量或函数
long	声明长整型变量或函数
float	声明浮点型变量或函数
double	声明双精度变量或函数
struct	声明结构体变量或函数
union	声明共用数据类型
sizeof	获取某种类型的变量或数据所占内存的大小，是运算符
break	跳出当前循环
if	条件语句
else	条件语句否定分支（与 if 连用）
switch	用于开关语句
case	开关语句分支
default	定义 switch 中的 default 子句
enum	声明枚举类型
return	子程序返回语句
continue	在循环语句中，回到循环体的开始处重新执行循环
do	定义 do...while 语句
while	定义 while 或 do...while 语句
for	定义 for 语句
goto	定义 goto 语句

2.3　整数类型

整数类型包括 short、int、long、long long，表示一个整数，默认为有符号型，配合 unsigned 关键字，可以表示为无符号型。例如：unsigned int。

在各种平台中整数类型的长度（单位 bits）如表 2.3 所示。

表 2.3　各种平台中整数类型的长度

c_type	ILP32	LP64	ILP64
short	16	16	16
int	32	32	64
long	32	64	64
long long	64	64	64

- I 表示：int 类型。
- L 表示：long 类型。
- P 表示：pointer 指针类型。
- 32 表示：32 位系统。
- 64 表示：64 位系统。
- 目前主流的 Linux 64 位系统使用的是 LP64。

切记，当使用任何一种数据类型的时候，要着重考虑每种数据类型的定义范围，当数据类型超过使用范围时，则会出现溢出。

这里有必要说明一下整数在内存中的二进制表示（因内存中实际存储的就是 0 和 1），表示方法为此数值不断除以 2 取余数，一直计算到商为 0 为止，然后将余数倒序排列，用 12 来举例：

12/2=6 余 0

6/2=3 余 0

3/2=1 余 1

1/2=0 余 1

所以其在内存中的二级制表示为 1100。

2.4　浮点类型

C 语言中的浮点类型主要有如下几种。

（1）单精度浮点数 float。

（2）双精度浮点数 double 。

（3）长精度浮点数 long double。

浮点数的表示方法有两种。

（1）小数点法：如 0.123、4.56789

（2）E 表示法：如 1.23E-8（表示 1.23 乘以 10 的负 8 次方）、2E3（表示 2 乘以 10 的 3 次方）。

标准 C 允许浮点数使用后缀，后缀为"f"或"F"即表示浮点数，如 123f 和 123.是等价的。

在各种平台中浮点数类型的长度和取值单位（ILP32、LP64 和 ILP64 是一致的）如表 2.4 所示。

表 2.4　各平台中浮点数类型的长度和取值单位

类型	比特位数	符号	指数	尾数	有效位数	指数偏移	说明
float	32	1	8	23	24	127	有 1 个隐含位
double	64	1	11	52	53	1023	有 1 个隐含位
long double	80	1	15	64	64	16383	没有隐含位

long double 在不同的编译器中占用的位数和存储是不一样的，而且使用场景较少，这里不做具体描述。另外无论是单精度还是双精度，在内存中存储时都分为 3 个部分：

（1）符号位：0 表示正，1 表示负。

（2）指数位：用于存储科学计数法中的指数数据，并且采用移位存储。

（3）尾数部分。

float 和 double 在内存中的存储方式如图 2.1 和图 2.2 所示。

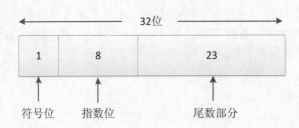

图 2.1　float 在内存中的存储

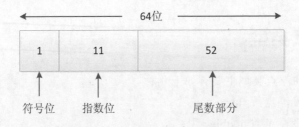

图 2.2　double 在内存中的存储

浮点数在内存中的二级制表示方法与整数类型相反,以 float 类型为例(double 类型类似),就是不断地用小数部分乘以 2 取积的整数部分,然后正序排列。如求 0.9 的二进制:

0.9*2=1.8 取 1

0.8*2=1.6 取 1

0.6*2=1.2 取 1

0.2*2=0.4 取 0

0.4*2=0.8 取 0

0.8*2=1.6 取 1

0.6*2=1.2 取 1

……

如此循环下去。因此,0.9 的二进制小数也是无限循环的,即 0.11100110011... 如果想让这种算法停止,只有在小数部分是 0.5 的时候才可以。

浮点数 9.9 表示为 1001.11100110011001100110011。因此在目前的计算机系统上是无法精确表示的。这是计算机在计算浮点数的时候常常不精确的原因之一。

根据上述描述我们引入浮点数的表示公式,如表 2.5 所示。

表 2.5　浮点数的表示公式

	符号位 S	指数位 P	尾数位 M	偏移量	公式	取值范围
float	1	8	23	127	$(-1)^S*2^{(P-127)}*1.M$	-3.40E+38~ +3.40E+38
doubel	1	11	52	1023	$(-1)^S*2^{(P-1023)}*1.M$	-1.79E+308~ +1.79E+308

为了强制定义一些特殊值,IEEE 标准通过指数将表示空间划分成三大部分。

- P=0,M=0 时,表示 0。
- P=255,M=0 时,表示无穷,当 S=0 表示正无穷,当 S=1 表示负无穷。
- P=255,M!=0 时,表示 NaN(not a number)。

根据上述约定,以 float 为例,可知 P 的最大值为 254,尾数的最大值为 23 个 1,所以最大值为 0 11111110 11111111111111111111111,套入上述公式为 $2^{(254-127)}*1.11111111111111111111111=2^{127}*(2-2^{-23})=3.40E+38$。

2.5　字符和字符串类型

在 C 语言中,字符使用单引号作为定界符,字符串使用双引号作为定界符。

例如:char c ='a'; 为字符定义。

字符串类型的定义有多种方式,下面列举常用的两种方式。

（1）字符数组表示法：char str[]="I am string"; 这里数组可以不指定长度，由编译器按照定义的字符串长度自动分配。。

（2）字符指针表示法：char *str="I am string";

上述两种表示方法，对于 C 语言来说在内存中的表示都是一样的，通常字符串常量是按字符数组处理的，在内存中开辟了一个字符数组用来存放字符串常量，程序在定义字符串指针变量 str 时只是把字符串首地址（即存放字符串的字符数组的首地址）赋给 str。

打印时的占位控制符号有所区别，字符类型使用%c，字符串类型使用%s，例如：

```
#include "stdio.h"
void main()
{
    char c='a';
    char *str="test";
    printf("char=%c,string=%s \n",c,str);
    return;
}
```

字符占一个字节，字符串占多个字节。在字符串的结尾处，自动被编译器加上'\0'字符，在 ASCII 码中，'\0'表示一个空字符。

如果在定义一个字符串常量的时候，使用了单引号，程序就会报错。在定义字符串的时候，需要在变量名后面加上中括号[]，与定义数组格式类似。

2.6　类型之间的转换

前面介绍了 C 语言的基础数据类型，有一些数据类型之间是可以相互转换的，本节主要介绍数据类型转换原则。

1. 自动类型转换

当出现不同类型间的混合运算，较低类型将自动向较高类型转换。具体规则如下。

（1）整数类型由高到低的转换级别为：

```
int -> unsigned int -> long -> unsigned long -> long long -> unsigned
long long
```

例如，使用如下程序进行测试：

```
#include "stdio.h"
void main()
{
    unsigned int i=10;
    int j=-10;
```

```
    if(i>j)
        printf("i>j\n");
    else
        printf("i<j\n");
    return;
}
 [root@guan zhuanhuan]# gcc -o bijiao bijiao.c
[root@guan zhuanhuan]# ./bijiao
i<j
```

运行结果为 i（值为 10）小于 j（值为-10），主要是因为在比较的时候，两者类型不一致，所以 int 类型自动向上转换为 unsigned int 类型，也就是实际比较的时候，-10 转换为 4294967286，才和 10 进行比较，所以才有上述结论。

下面是一个大公司的笔试题目：

```
unsigned int a=3;
count << a*-1;
实际结果为 4294967293。
```

注意：不要使用 printf 函数来看结果，因为 printf 函数会自动进行类型转换。感兴趣的读者可以使用 gdb 进行调试（gdb 调试在后续章节会详细介绍），下面是一个简单示例：

```
#include <stdio.h>
void main()
{
    unsigned int a=3;
    long b=2;
    return;
}
```

编译过程如下：

```
 [root@ test zhuanhuan]# gcc -g -o inttolong inttolong.c //参数-g 加入
调试信息
```

调试过程如下：

```
[root@ test zhuanhuan]# gdb inttolong //进度 gdb 调试
GNU gdb (GDB) Red Hat Enterprise Linux 7.6.1-80.el7
Copyright (C) 2013 Free Software Foundation, Inc.
License GPLv3+: GNU GPL version 3 or later <http://gnu.org/licenses/
gpl.html>
This is free software: you are free to change and redistribute it.
There is NO WARRANTY, to the extent permitted by law.  Type "show
copying"
and "show warranty" for details.
This GDB was configured as "x86_64-redhat-linux-gnu".
For bug reporting instructions, please see:
<http://www.gnu.org/software/gdb/bugs/>...
```

```
Reading symbols from /home/guan/test/test/zhuanhuan/inttolong ...done.
(gdb) list                    //带调试函数列举
1       #include <stdio.h>
2       void main()
3       {
4           unsigned int a=3;
5           long b=2;
6           return;
7       }
(gdb) b 6                     //设置第 6 行为断点
Breakpoint 1 at 0x400503: file inttolong.c, line 6.
(gdb) run                     //运行
Starting program: /home/guan/test/test/zhuanhuan/inttolong

Breakpoint 1, main () at inttolong.c:6
6           return;
Missing     separate    debuginfos,    use:    debuginfo-install
glibc-2.17-105.el7.x86_64
(gdb) p a*-1                  //查看 a*-1 的值
$1=4294967293
(gdb) whatis a+b             //unsigned int 类型向上转换为 long 类型
type=long
```

（2）char 型和 short 型数据参与运算时，一般将其自动转换为 int 类型。
采用如下示例代码进行说明：

```
#include "stdio.h"
void main()
{
    short i=100;
    int j=65535;
    printf("i+j=%d\n",i+j);
    return;
}
```

编译运行如下：

```
[root@ test zhuanhuan]# gcc -o shorttoint shorttoint.c
[root@ test zhuanhuan]# ./shorttoint
i+j=65635
```

short 类型范围为-32768～32767，打印出的结果为 65635，可知 short 在运算
的时候自动向 int 转换。
（3）所有浮点运算都是以双精度进行的。

```
float -> double
```

在运算时，程序中所有的 float 型数据全部会先转换成 double 型。即使只有
一个 float 型数据，也会先转换成 double 型，然后再进行运算。这涉及编译原理

中的 CPU 运算时字节对齐的需求。

（4）赋值运算符两侧的类型不一致时，将右值类型提升或降低为左值类型。

示例如下：

```
#include "stdio.h"
void main()
{
    int i;
    i=1.2f;
    printf("%d\n",i);
}
```

上述程序编译运行后，结果为 1，即右值 1.2f 为浮点类型降级为左值的整数类型。

（5）右值超出左值类型范围时。

采用如下示例代码进行说明：

```
#include "stdio.h"
void main()
{
    char c;          //char 类型占 8 位，范围是-128~127
    c=1025;          //1025 对应二进制形式100 0000 0001，超出了 8 位，前面截断
    printf("%d\n",c);      //以十进制输出值为 1
    return;
}
```

（6）函数 return 的表达式类型与函数返回值的定义类型不一致时，会自动把 return 的表达式值转换为函数定义的类型后，再返回。

（7）当函数调用时，所传实参与形参类型不一致，也会把实参自动转换为形参类型后再赋值。

上述涉及的函数转换，在介绍函数的章节中将单独说明。

2．强制类型转换

前面介绍的自动类型转换不需要人工干预，使用方便，但也有弊端，例如当自动类型转换是从较高类型转换为较低类型时，将会降低精度或截断数据，可能得不到预期的结果。读者在编码的时候需要重点关注。

C 语言为了给程序设计人员提供更大的自主性，使程序设计更加灵活，转换的目的更加清晰，提供了可显式指定类型转换的语法支持，称之为强制类型转换。

示例如下：

```
#include "stdio.h"
void main()
{
    int total,total1;
    total=(int)1.9+(int)1.8+(int)1.7;
```

```
        total1=1.9+1.8+1.7;
        printf("total=%d,total1=%d \n",total,total1);
        return;
}
```

total 计算结果为 3，是经过人为的强制类型转换，total1 计算结果为 5，是自动转换的结果。

这只是一个小例子，在实际编程过程中，根据业务场景的需求，读者可选择使用强制类型转换还是由编译器自动进行类型转换。

2.7　程序注释

良好的编程习惯对于一个程序员的职业发展非常重要，而注释对于程序来讲又是一个必不可少的组成部分，它是程序开发者向程序读者传递思想的重要渠道。

C 语言中有两种程序注释方式。

（1）行注释：以//开始、以换行符结束的单行注释。

（2）块注释：以/*开始、以*/结束的块注释。

一般大型工程项目的注释有以下几种。

（1）文件注释。在每个文件的开头提供，用来向读者说明本文件的一些基本信息，采用块注释方式，笔者一般采用如下方式：

```
/****************************************************
  Copyright (C), 2015-2025.
  File name:  文件名称
  Author:     文件作者
  Version:    文件版本
  Date:       文件创建时间
  Description:  文件主要功能描述
  Function List: 文件包含主要函数列表
  History:      文件修改历史
  Others:       其他说明
  ****************************************************/
```

（2）函数注释。对于核心函数，一般使用注释来说明其意义以及上下关系，一般采用块注释方式，笔者习惯使用如下方式：

```
/****************************************************
  Function:     函数名称
  Description:   函数功能描述
  Calls:         本函数调用的主要函数
  Called By:     调用的本函数的主要函数
  Input:         输入参数说明
  Output:        输出参数说明
```

```
    Return:      函数返回值说明
    Author:      函数作者
    History:       函数修改历史
    Others:      其他说明
    *******************************************************/
```

（3）语句注释。对于重要的语句或者变量进行注释，可采用行注释或者块注释，笔者习惯使用如下方式：

```
unsigned int g_ulAtomId=1;          //从 1 开始编号，0 异常
ullRet=dpi_init_atomobjmod();        /*原子对象初始化*/
```

第 3 章

C 语言的肉身——运算符

人体有了基本骨骼后，需要有血肉才能构成基础的体魄，C 语言亦是如此，有了基础的数据类型，还要有数据之间的运算，才能构成基础的语法定义。

3.1 算术运算符

C 语言的算术运算符，主要处理常见的加减乘除四则运算，按照操作数的个数可以分为如下几种。

- 一元运算符：只有一个操作数，主要包括正号运算符（+）、负号运算符（-）、增 1 运算符（++）、减 1 运算符（--），例如：

```
int a=-1;
int b=+2;
int a=0,b=0;
a++;
b--;
```

- 二元运算符：含有两个操作数，加（+）、减（-）、乘（*）、除（/）、余（%），例如：

```
int a=2,b=3;
int c,d,e,f,g;
c=a+b;
d=b-a;
e=a*b;
f=b/a;
g=a%b;
```

上述运算符可以任意组合，且一般来说一元运算符的优先级高于二元运算符。在进行具体运算的时候，同样遵循数学中的"先乘除后加减"原则。

对于加 1 运算符和减 1 运算符与左加减和右加减的区别，用如下示例进行说明：

　　c=b*a++; 这里的运算结果为 6，根据上述描述，一元运算符的优先级高于二元运算符，运算过程为：把 b 与 a++求积的结果赋给 c，而 a++表达式表示先把变量 a 的值 2 作为该表达式的值，即 c=3*2；同时变量 a 自身值增 1，变为 3。

　　d=b*++a; 这里的运算结果为 9，根据上述描述，一元运算符的优先级高于二元运算符，运算过程为：把 b 与 ++a 求积的结果赋给 d，而++a 表达式表示先取变量 a 的值 2 加 1 后的结果 3 作为++a 表达式的值（a 的值此时也为 3），即 c=3*3；。

3.2　赋值运算符

　　赋值运算是程序设计中常用的手段之一，C 语言一共提供了 11 个赋值运算符，都是二元运算符。

- 基本赋值运算符：=（将右边的常量或表达式值赋值给左边的变量）。例如：

```
i=3;                //将右侧的常量赋给左侧的变量
i=j+1;              //将右侧表达式的值，赋给左侧的变量
```

- 复合赋值运算符：+=（加赋值）、-=（减赋值）、*=（乘赋值）、/=（除赋值）、%=（余数赋值）、 <<=（左移赋值）、>>=（右移赋值）、&=（按位与赋值）、|=（按位或赋值）、^=（按位异或赋值）。例如：

```
i+=2;               //等价于 i=i+2
i-=2;               //等价于 i=i-2
i*=2;               //等价于 i=i*2
i/=2;               //等价于 i=i/2
i%=2;               //等价于 i=i%2
i<<=2;              //等价于 i=i<<2
i>>=2;              //等价于 i=i>>2
i&=2;               //等价于 i=i&2
i|=2;               //等价于 i=i|2
i^=2;               //等价于 i=i^2
```

　　移位运算符和位运算符将在后续章节中介绍。

　　赋值运算符的优先级很低，仅仅高于逗号运算符，例如：

```
i+=3+2*2;等价于：i=i+(3+2*2);做完算术运算符后才做赋值运算符
```

3.3　逻辑运算符

　　C 语言提供了 3 种逻辑运算符。

- 一元运算符：!（逻辑非）。
- 二元运算符：&&（逻辑与）、||（逻辑或）。

逻辑表达式的值为逻辑值，即布尔型（bool），逻辑值分为逻辑真值和逻辑假值。一般情况下，只有 0 被判断为逻辑假值（false），一切非 0 均可被判断为逻辑真值（true）。在存储和表示时，通常使用 1 表示逻辑真值，0 表示逻辑假值。

- 逻辑非（!）运算规则：操作数为逻辑真时，取非后为假，反之，操作数为假时，取非后为真。
- 逻辑与（&&）运算规则：两个操作数均为逻辑真时，结果才为真。其余情况，结果均为假。
- 逻辑或（||）运算规则：两个操作数均为逻辑假时，结果才为假。其余情况，结果均为真。

```
int a=0,b=1;
bool c,d,e,f;
c=!a;                    //c的值为1
d=a && b;                //d的值为0
e=a || b;                //e的值为1
```

C 语言逻辑运算符优先级定义：逻辑非（!）>算术运算符>逻辑与（&&）、逻辑或(||)>赋值（=）。

```
f=!a||++b&&a-- //等价于(!a)||((++b)&&(a--))
```

使用逻辑运算符要注意短路的情况，举例如下：

```
int a=1,b=2,c;
c=a||++b;
printf("a=%d,b=%d,c=%d\n",a,b,c);
```

由于 a 为非 0 值，即为逻辑真，而逻辑运算符（||）的左操作数为真时，就足以判断该逻辑操作的结果为真，故发生"短路"，即右操作数++b 不被执行。输出结果为：a=1,b=2,c=1。

3.4 移位运算符

C 语言在计算机中的存储形式都是以二进制的补码存储的，同样 C 语言的移位运算都是指二进制的位运算。当我们输入十进制的数字，也会由编译器转化为二进制的数后再进行位运算。

移位运算符有两种，都是二元运算符。

- 左移位运算符（<<）：a<<m（a 和 m 必须为整型表达式，且 m>=0）表示将整数 a 按二进制位向左移动 m 位，高位移出后，低位补 0。
- 右移位运算符（>>）：a>>m（a 和 m 必须为整型表达式，且 m>=0）表示将整数 a 按二进制位向右移动 m 位，低位移出后，高位补 0。

使用如下两个例子进行说明。

（1）unsigned char x=3;

x<<1 是多少？x>>1 是多少？

（2）char x=-3;

x<<1 是多少？x>>1 是多少？

按照如上所述，3 使用二进制数表示为 00000011；-3 使用二进制数补码表示为 11111101。

对无符号数 3 来说，x<<1 往左移一位，最左边的位移掉了，最右边的移进来的位补 0，变成 00000110，所以结果是 6。x>>1 往右边移一位，由于是无符号数，所以逻辑右移，最右边一位移掉，最左边移进来的位补 0，变成 00000001，所以结果是 1。

对于有符号数-3 来说，x<<1 往左移一位，最左边的位移掉了，最右边的移进来的位补 0，变成 11111010，结果是-6。x>>1 往右移一位，由于是有符号数，可能发生逻辑右移，也可能发生算术右移。目前大多数机器使用算术右移，变成 11111110，结果是-2。

需要特别注意的是：使用移位运算符的时候需要关注操作数运算后是否超过本身的定义范围，如果超过范围会被截断。

3.5　关系运算符

C 语言提供的关系运算符共有 6 种，都是二元运算符。

- >（大于）。
- >=（大于等于）。
- <（小于）。
- <=（小于等于）。
- ==（等于）。
- !=（不等于）。

对于上述 6 种关于运算符，前 4 种的优先级高于后两种。

```
int a=1,b=2;
```

- a>b：逻辑假，其值为 0。
- a>=b：逻辑假，其值为 0。
- a<b：逻辑真，其值为 1。
- a<=b：逻辑真，其值为 1。
- a==b：逻辑假，其值为 0。
- a!=b：逻辑真，其值为 1。

算术、赋值、逻辑、移位、关系运算符的优先级顺序为：

逻辑非（!）>算术>移位>关系>逻辑与（&&）、逻辑或（||）>赋值（=）

示例1：

```
int j=2+3<<2*2;
```

实际的运算顺序为：

(2+3)<<(2*2)

5<<4，结果为80，由此证明优先级：算术>移位>赋值。

示例2：

```
int j=!0+3<<2==16;
```

实际的运算顺序为：

(((((!0)+3)<<2)==16）

(((1+3)<<2)==16)

((4<<2)==16)

(16==16)，结果为1。

由此证明优先级：逻辑非>算术>移位>关系>赋值。

示例3：

```
int j=0||2>1
```

实际的运算顺序为：

0||(2>1)

0||1，结果为1。

由此证明优先级：关系>逻辑或>赋值。

3.6　增量运算符

增量运算符为一元运算符，已经在前面算术运算符中有了初步的介绍，这里再次详细描述一下。增量运算符主要有两种。

- 前缀增量运算符。例如：++i、--i，向操作数加1或减1，此递增（减）值是表达式的结果，表达式结果是与操作数相同类型的左值。
- 后缀增量运算符。例如：j++、j--，表达式的结果为原操作数的值，然后再向操作数加1或减1，表达式结果是与操作数相同类型的左值。

以++为例子，两者之间的区别如图3.1所示。

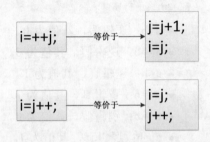

图3.1　增量运算符示例

　　由图 3.1 可以看出，无论前++还是后++，最后变量 j 都会自增 1，区别在于是先自增，还是先参与运算，前++表示先进行++操作。后++表示后进行++操作。

示例如下：

```
#include <stdio.h>
void main()
{
    int i=1,j=1,a,b;
    a=++i;
    b=j++;
    printf("a=%d,b=%d\n",a,b);
    return;
}
```

编译运行：

```
gcc -o test test.c
./test
```

输出结果为：

```
a=2,b=1
```

3.7　位运算符

　　C 语言中共提供了 4 种位运算符，也有说是 6 种位运算符（将 3.4 节中的两种移位运算符也包含在了位运算符中）。

- 按位与：二元运算符，如果两个相应的二进制位都为 1，则该位的结果值为 1，否则为 0。
- 按位或：二元运算符，两个相应的二进制位中只要有一个为 1，该位的结果值为 1，否则为 0。
- 按位异或：二元运算符，如果参加运算的两个二进制位值相同则为 0，否则为 1。
- 按位取反：一元运算符，用来对一个二进制数按位取反，即将 0 变 1，将 1 变 0。

下面我们使用一个简单代码对于每种运算符来进行说明。

```
#include <stdio.h>
void  main()
{
    int a=3,b=5;           //a 二进制为 011,b 二进制为 101
    int c,d,e,f;
    c=a&b;                 //011&101=001
    d=a|b;                 //011|101=111
    e=a^b;                 //011^101=110
```

```
    f=~a;                    //~011=1...100=-4
    printf("c=%d,d=%d,e=%d,f=%d\n",c,d,e,f);
    return;
}
```

上述程序的运行结果为：

```
c=1, d=7, e=6, f=-4
```

其中按位异或有一个常用的场景：不使用临时变量的情况下来交换两个变量的值。

```
#include <stdio.h>
void main()
{
    int a=1,b=2;
    a=a^b;
    b=b^a;
    a=a^b;
    printf("a=%d,b=%d\n",a,b);
    return;
}
```

解释如下：
- 执行第一句的时候 a=a^b。
- 执行第二句的时候 b=b^a，此时 a 的值已经变为 a^b，所以等于 b^(a^b)=(b^b)^a=a。
- 执行第三句的时候 a=a^b，此时 a 的值为 a^b，b 的值为 a，所以等于 (a^b)^a=a^a^b=b。

由上面的三步可以看出完成了变量 a 和变量 b 数值的交换。

3.8　条件运算符

条件运算符是 C 语言中唯一的三元运算符，其格式如下：

```
条件 ? 表达式1 : 表达式2
```

首先计算条件，然后根据条件的结果，决定选择表达式 1 还是表达式 2。

此表达式有一些使用限制。

（1）条件运算符的第一个操作数是条件，必须是标量类型（是相比于复合类型来说的，标量类型是只能有一个值的类型），也就是算术类型或指针类型。

（2）第二个和第三个操作数分别是表达式 1 和表达式 2，必须满足下面条件之一。

① 两个可选操作数都是算术类型，在这种情况下，整个运算的最终结果类

型，是后面两个操作数进行寻常算术转换的类型。

② 两个可选操作数都有相同的结构或联合类型，或者 void 类型。整个运算的最终结果类型也属于与这两个操作数一样的类型。

③ 两个可选操作数都是指针，并且符合下面的条件之一。

- 两个指针属于相同类型。整个运算的结果也属于相同类型。
- 其中一个操作数是空指针常量。整个运算的结果属于另一个操作数类型。
- 其中一个操作数是对象指针，另一个是指向 void 指针。整个运算的结果属于 void* 类型。

例如，举一个常见的例子，找出两个数的大数：

```
inline int iMax(int a,int b) { return a>=b?a:b; }
```

另外，条件运算符的优先级比较低，仅仅高于逗号运算符和赋值运算符，所以不需要括号指明运算优先级（当然用括号是一个更清晰的表达方式），可以写成如下内容：

```
distance=x<y?y-x:x-y;
```

3.9　逗号运算符

逗号运算符是一个二元运算符，其格式如下：

```
表达式 1，表达式 2
```

下面是逗号表达式的使用要领。

- 从左到右逐个计算。
- 逗号表达式作为一个整体，它的值为最后一个表达式的值。

使用如下示例进行说明：

```
#include <stdio.h>
void main()
{
    int i=0;
    int j;
    int k=(i=10,j=20,i+1);
    printf("i=%d,j=%d,k=%d\n",i,j,k);
    return;
}
```

上述程序输出结果为：

```
i=10,j=20,k=11
```

上述语句中，先执行 i=10 的赋值操作，然后执行 j=20 的赋值操作，然后执行 k=i+1=11 的赋值操作，可以看出逗号表达式是从左到右进行运算，并且以最后一个表达式的值作为赋值的右值。

另外一个例子,在很多公司的面试题中会出现,代码如下:

```
#include <stdio.h>
void main()
{
    int i=0;
    int j=(i++,i++,i++);
    printf("i=%d,j=%d\n",i,j);
    return;
}
```

上述程序的输出结果为:

```
i=3, j=2
```

首先执行 i++,执行后 i 的值为 1,再执行第二个 i++,执行后 i 的值为 2,然后执行j=i++,此时是后增量,等价于j=i; i++,所以 j 的值为 2,i 的值为 3。

3.10　运算符的优先级

前面介绍了 C 语言常用的运算符,这里集中将上述所有运算符的优先级进行总结,运算符优先级大体分为 15 个等级,如表 3.1 所示。

表 3.1　运算符优先级

优先级	运算符	名称或含义	结合方向	说明
1	[]	数组下标	从左到右	一元运算符
	()	圆括号		
2	!	逻辑非	从右向左	一元运算符
	+	正号		
	-	负号	从右向左	一元运算符
	~	按位取反		
	++	增 1 运算符		
	--	减 1 运算符		
3	*	乘法运算符	从左到右	二元运算符
	/	除法运算符		
	%	取余运算符		
4	+	加法运算符	从左到右	二元运算符
	-	减法运算符		
5	<<	左移运算符	从左到右	二元运算符
	>>	右移运算符		

优先级	运算符	名称或含义	结合方向	说明
6	>	大于	从左到右	二元运算符
	>=	大于等于		
	<	小于		
	<=	小于等于		
7	==	等于	从左到右	二元运算符
	!=	不等于		
8	&	按位与	从左到右	二元运算符
9	^	按位异或	从左到右	二元运算符
10	|	按位或	从左到右	二元运算符
11	&&	逻辑与	从左到右	二元运算符
12	||	逻辑或	从左到右	二元运算符
13	?:	条件运算符	从右向左	三元运算符
14	=	赋值运算符	从右向左	二元运算符
	+=	加后赋值		
	-=	减后赋值		
	*=	乘后赋值		
	/=	除后赋值		
	%=	取余后赋值		
	<<=	左移后赋值		
	>>=	右移后赋值		
	&=	按位与后赋值		
	^=	按位异或后赋值		
	|=	按位或后赋值		
15	,	逗号运算符		二元运算符

　　优先级从上到下依次递减，最上面具有最高的优先级，逗号运算符优先级最低。

　　在相同优先级中，依照结合顺序计算。大多数运算是从左至右计算，只有优先级 2（一元运算符）、13（条件运算符）、14（赋值运算符）是从右至左结合的。

　　基本的优先级要领如下：

- 指针最优，一元运算优于二元运算。
- 先算术运算，后移位运算，最后位运算。特别注意：1 << 2 + 3 & 4 等价于 (1 << (2 + 3))&4。
- 逻辑运算最后计算。

第4章

C 语言的血液——控制流

人体内的血液就像一条流动的小河，能把有用的东西带到身体的各个部分，对于 C 语言来说，控制流的功能就如同人体的血液，由其进行程序的控制，保证按照逻辑要求进行流动。

4.1 顺序流

顺序流也就是我们常说的顺序结构，是 C 语言最简单的流结构，不需要关键字，代码按照顺序一步一步执行。也就是说，按照指定的顺序逐条执行，当然现在很多 CPU 都是多核、多线程的，可以并发执行多条指令，但是对于同一个程序而言，CPU 还是通过顺序的方式来执行指令的。

顺序流如图 4.1 所示。

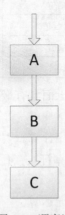

图 4.1　顺序流

C 语言中，程序执行时是按语句顺序执行的，其中每一条语句都以分号结尾。例如：

```
int i=1;
int j=2;
int k=i+j;
int m;
m=i*j;
```

其实一条语句就是程序执行的一个动作，语句可以是定义变量、初始化变量、任何表达式、调用函数等。多条语句可以写在一行代码里，也可以将每一条语句单独写一行，但是为了编程者能够方便地读写程序代码，通常将一条语句书写为单独的一行代码。

在顺序执行语句中，可以为某一段语句加入大括号将这部分语句括起来，作为一段区域代码，例如：

```
#include <stdio.h>
void main()
{
    int a=1;
    {
        int b=2;
        int c=a * b;
    }
    int d=3;
    {
        int e=4;
        int f=d * e;
    }
}
```

在上面代码中，main 函数中的代码又通过大括号分为两个区域，在区域代码中定义的变量 b、c 不可以在区域外部使用，而在区域外部定义的变量 a、d 可以在区域内使用。因为变量 a 和 d 是定义在 main 函数的大括号区域中的，这两个变量的生存范围就是在 main 函数内部，而变量 b、c 和 e、f 是在 main 函数中的一个子区域中定义的变量，所以它们只可以在本区域中使用。在程序中，如果尝试使用一个没在当前区域中定义的变量时，编译器在编译时会出现错误。

4.2　条件分支流

条件分支流也就是我们常说的选择结构，在达到某种条件时，执行特定的分支指令，主要分为两种：

- if 结构。
- switch 结构。

if 结构和 switch 结构的示例图如图 4.2 所示。

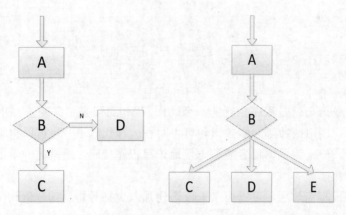

图 4.2　if 结构（左）和 switch 结构（右）

其中 if 结构又有几个变种。

（1）单 if 结构：如果条件为真，就执行后面的语句，否则不执行。例如：

```
if(条件)
{
    语句1;
    语句2
    …
    语句n;
}
```

如果年满 6 岁，我们就可以报名去上学，可以表述如下：

```
int age;
if(age>=6)
{
    printf("My monther can registered a primary school for me.");
    printf("I can go to a primary school.");
}
```

（2）if-else 结构：如果条件成立就执行区域 1 中的语句，否则执行区域 2 中的语句。

```
if(条件)
{
    语句11
    …
    语句1n;
}
else
{
    语句21
    …
    语句2n;
}
```

如果天气晴朗，则出去玩，否则待在家里，可以表述如下：

```c
#define SUNNY 1
int weather;
if(SUNNY==weather)
{
    printf("Go out and play.")
}
else
{
    printf("stay at home.")
}
```

（3）if-else if-else 结构：先判断条件 1，若成立则执行区域 1 的语句，其他不执行；若条件 1 不成立，则检查条件 2，如果条件 3 成立，则说明前面的都不成立。注意：整个过程中只有一个区域的语句会被执行。

```c
if(条件 1)
{
    语句 1;
}
else if(条件 2)
{
    语句 2;
}
else (条件 3)
{
    语句 3;
}
```

我们将社会中的人群分为儿童、青年、中年和老年来分别统计，可以表述如下：

```c
int age;
if(age<6)
{
    printf("Children's group.");
}
else if (age<18)
{
    printf("Youth group.");
}
else if(age<60)
{
    printf("Middle-aged group.");
}
else
{
```

```
    printf("Elderly group.");
}
```

另外一种是多分支的 switch 结构，语法如下：

```
switch(整型表达式)
{
    case 常量表达式 1:
        语句 1;
        break;
    case 常量表达式 2:
        语句 2;
        break;
    case 常量表达式 3:
        语句 3;
        break;
    default :
        语句 4;
        break;
}
```

该结构把整型表达式与常量表达式进行比较，若相等，则执行后面的所有语句，直到遇见 break 语句跳出整个循环，若前面的条件都不满足，则最终会执行 default 后面的语句。如果不写 break 语句，则后面的语句会接连执行，直到遇到 break 语句或者是全部语句执行完毕，只要前面的条件成立，则后面的判断就直接被忽略。

例如，IP 网络协议分为 IPv4 和 IPv6，对于解析程序我们可以使用如下逻辑：

```
    switch (hdr.version)
    {
        case 4:
        dpi_parse_ipv4(dbuf);
        break;
        case 6:
        dpi_parse_ipv6(dbuf);
        break;
        default:
        print("unknown ip %d", hdr.version);
        break;
    }
    return DPI_OK;
}
```

上面的例子也可以使用 if 来编写，和 if 相比，switch 执行效率高，但是局限性大，case 后面一定要加 break；表达式必须返回整数值；case 必须是常量表达式。因此 switch 只针对 int、char 等基本数据类型使用。

4.3　循环控制流

循环控制流也就是我们常说的循环结构，即在满足特定条件的情况下，重复执行特定区域的语句，主要分为两大类。

- 前置测试循环：while 和 for 两种语句，即先进行判断，根据判断结果做循环，如图 4.3 左图所示。
- 后置测试循环：do...while 语句，先循环一次，再进行判断，根据判断结果决定是否继续循环，如图 4.3 右图所示。

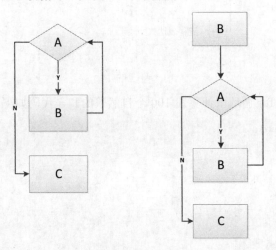

图 4.3　循环控制流

（1）for 循环的基本语法。

```
For(初始化表达式；逻辑表达式；过程表达式)
{
    循环体;
}
```

逻辑表达式为真时继续执行循环体；否则退出循环。

执行逻辑为：

① 先执行初始化表达式。

② 判断逻辑表达式是否为真，为真跳转到③，否则跳转到⑤。

③ 执行循环体。

④ 执行过程表达式，执行完毕，跳转到②。

⑤ 跳出循环，循环结束。

流程图如图 4.4 所示。

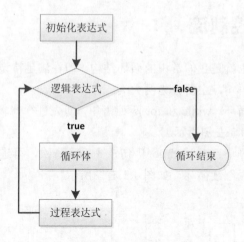

图 4.4　流程图

例如，使用 for 循环来计算前 100 个自然数的和，代码如下：

```c
#include<stdio.h>
int main()
{
    int total=0;
    int i;
    for(i=1;i<=100;i++)
    {
        total+=i;
    }
    return 0;
}
```

for 循环的变种：初始化表达式、逻辑表达式、过程表达式都可以省略。

注意：

① 逻辑表达式没写的话会进入死循环。

② 当初始化表达式、过程表达式不写的时候，也要记得写分号；初始化表达式、过程表达式可以写任意语句，但要用逗号隔开。

（2）while 循环的基本语法：

```c
while(逻辑表达式)
{
    循环体;
}
```

执行逻辑为：

① 判断逻辑表达式是否为真，为真跳转到②，否则跳转到③；

② 执行循环体，执行完毕后跳转回①；

③ 跳出循环，循环结束。

例如，同样使用 while 循环来计算前 100 个自然数的和，代码如下：

```
#include<stdio.h>
int main()
{
    int total=0;
    int i=1;
    while(i<=100)
    {
        total+=i;
        i++;
    }
    return 0;
}
```

使用 while 循环的时候有下述注意要点。

- 防止死循环。避免逻辑表达式恒真或恒假。如果恒真则会陷入死循环；如果恒假则永不进入循环，除特殊设计情况下，这样毫无意义。
- while 循环后，不要加分号，即在 while 后面不要加分号（;）。
- 不要忘记写能结束循环的语句，即要通过此语句来控制逻辑表达式的值。
- 循环体和 if 语句一样的地方是：大括号可以省略。但只能控制离它最近的一条语句。也就是说，当循环体只有一条语句的时候，可以省略大括号。但这条语句不能是声明语句（例如：int total=0）

（3）do...while 循环的基本语法：

```
do{
    循环体;
}while(逻辑表达式);
```

执行逻辑为：

① 执行循环体。

② 判断逻辑表达式是否为真，为真则跳转到①，否则跳转到③。

③ 跳出循环，循环结束。

例如，我们同样使用 do...while 循环来计算前 100 个自然数的和，代码如下：

```
#include<stdio.h>
int main()
{
    int total=0;
    int i=1;
    do{
        total+=i;
        i++;
    } while(i<=100);
    return 0;
```

```
    }
```

do...while 循环和 while 循环最大的区别是 do...while 循环先执行循环体，再判断逻辑表达式；while 循环是先判断逻辑表达式，再执行循环体。

while 里的循环体可能 1 次都不会被执行；do...while 里的循环体则至少会被执行 1 次。

特别注意：

do...while 循环语句中，在 while 括号后，要加分号（;），否则会报错。

4.4　输入输出流

输入意味着向程序中填写一些数据。输入可以以文件的形式或以命令行的形式。C 语言提供了一系列内置的函数来读取给定的输入，并根据需要填充到程序中。

输出意味着要在屏幕上、打印机上或文件中显示一些数据。C 语言提供了一系列内置的函数来输出数据到计算机屏幕上和保存数据到文本文件或二进制文件中。

C 语言为了统一，将所有设备都当成文件，表 4.1 中的 3 个文件会在程序执行时自动被打开，以便访问键盘和屏幕。

表 4.1　输出类型

标准文件	文件指针	设备
标准输入	stdin	键盘
标准输出	stdout	屏幕
标准错误	stderr	屏幕

4.4.1　scanf/printf 函数

文件指针是访问文件的方式，C 语言中通常使用 scanf/printf 函数。

- scanf() 函数：原型 int scanf(const char *format, ...)，功能为从标准输入流 stdin 读取输入，并根据提供的 format 来浏览输入。
- printf() 函数：原型 int printf(const char *format, ...)，功能为把输出写入到标准输出流 stdout，并根据提供的格式产生输出。

示例如下：

```
#include <stdio.h>              //执行 printf()函数需要该库
int main()
{
    printf("hello world.");     //显示引号中的内容
    return 0;
}
```

上述程序说明如下：

- 所有 C 语言程序都需要包含 main()函数，代码从 main()函数开始执行。
- printf() 用于格式化输出到屏幕，printf()函数在"stdio.h"头文件中声明。
- stdio.h 是一个头文件（标准输入输出头文件），#include 是一个预处理命令，用来引入头文件。当编译器遇到 printf()函数时，如果没有找到 stdio.h 头文件，会发生编译错误。
- return 0; 语句表示退出程序。

```
#include <stdio.h>
int main()
{
    int i=1;
    printf("i=%d", i);
    return 0;
}
```

- 在 printf() 函数的引号中使用 "%d"（整型）来匹配整型变量 i 并输出到屏幕。

C 语言的输出控制符还有很多，常用的如表 4.2 所示。

表 4.2　输出控制符

控制符	解释说明
%c	用来输出一个字符
%o	以八进制整数形式输出
%d	按十进制整型数据的实际长度输出
%ld	输出长整型数据
%md	为指定的输出字段的宽度。如果数据的位数小于 m，则左端补以空格，若大于 m，则按实际位数输出
%u	输出无符号整型（unsigned）。输出无符号整型时也可以用 %d，这时是将无符号数转换成有符号数，然后输出
%f	用来输出实数，包括单精度和双精度，以小数形式输出。不指定字段宽度，由系统自动指定，整数部分全部输出，小数部分输出 6 位，超过 6 位的四舍五入
%.mf	输出实数时小数点后保留 m 位，注意 m 前面有个点
%s	用来输出字符串
%x 或%X	以十六进制形式输出整数

```
#include <stdio.h>
int main()
{
    float f;
    printf("Enter a float: ");        // %f 匹配浮点型数据
    scanf("%f",&f);
```

```
    printf("float value=%.2f\n", f);
    return 0;
}
```

编译运行结果如下:

```
[root@ float]# gcc -o float float.c
[root@ float]# ./float
Enter a float: 1.23456
float Value=1.23
```

如上程序是先通过 scanf 函数等待键盘输入一个浮点数，然后再通过 printf 函数将此浮点数后面保留两位小数回显到屏幕上。

4.4.2 getchar/putchar 函数

- getchar 函数：原型 int getchar(void)，功能为从屏幕读取下一个可用的字符，并把它返回为一个整数。这个函数在同一个时间内只会读取一个单一的字符。可以在循环内使用这个方法，以便从屏幕上读取多个字符。
- putchar 函数：原型 int putchar(int c)，功能为把字符输出到屏幕上，并返回相同的字符。这个函数在同一个时间内只会输出一个单一的字符。可以在循环内使用这个方法，以便在屏幕上输出多个字符。

示例代码如下:

```c
#include <stdio.h>
int main()
{
    char c;
    int i=1;
    printf( "Enter a char %d times , when enter 's',programe will
stop :",i);
    c=getchar();
    while(c!='s')
    {
        if(c!='\n')                  //这里是要过滤输入字符后的回车显示
        {
            printf("entered char is : ");
            putchar(c);
            printf("\n");
            printf("Enter %d times , when enter 's',programe will
stop :",++i);
        }
        c=getchar();
    }
    printf("programe stop\n");
    return 0;
}
```

编译运行如下：

```
[root@ putchar]# gcc -o putchar putchar.c
[root@ putchar]# ./putchar
Enter a char 1 times,when enter 's',programe will stop :a
entered char is : a
Enter 2 times,when enter 's',programe will stop :v
entered char is : v
Enter 3 times,when enter 's',programe will stop :r
entered char is : r
Enter 4 times,when enter 's',programe will stop :s
programe stop
```

4.4.3　gets/puts 函数

- gets 函数：原型 char *gets(char *s)，功能为从 stdin 读取一行到 s 所指向的缓冲区，直到一个终止符或 EOF。
- puts 函数：原型 int puts(const char *s)，功能为把字符串 s 和一个尾随的换行符写入到 stdout。

示例代码如下：

```
#include <stdio.h>
int main()
{
    char str[100];
    printf("Enter a string :");
    gets(str);
    printf("Entered string is: ");
    puts(str);
    return 0;
}
```

编译运行如下：

```
[root@ puts]# ./puts
Enter a string :guansongyuan
Entered string is: guansongyuan
```

如上程序编译会有告警，这是因为 gets 函数没有指定输入字符串的大小，如果输入字符串大于定义的数组长度，那么就会发生内存越界问题。所以通常情况下这个函数比较少用，而是采用 fgets 函数来代替。同时将输出函数也改为 fputs。

这两个函数的原型如下：

char * fgets (char * str, int num, FILE * stream);

int fputs (const char * str, FILE * stream);

上述程序可以修改为：

```
#include "stdio.h"
```

```
int main()
{
    char str[100];
    printf("Enter a string :");
    fgets(str,100,stdin);
    printf("Entered string is:");
    fputs(str,stdout);
    return 0;
}
```

编译运行结果如下:

```
[root@ puts]# ./fputs
Enter a string :guansongyuan
Entered string is:guansongyuan
```

因为上述程序指定了输入的长度,所以当输出字符串超过 100 的时候会被自动截断。

4.5　语句嵌套

本章上述章节所讲述的顺序流,如条件分支流、循环控制流都是可以进行语句嵌套的,例如在条件分支中可以进行多层嵌套:

```
if(条件 1)
{
    语句 1;
    if(条件 2)
{
    语句 2;
}
    …
    语句 n;
}
```

同时也可以进行不同控制流的嵌套,例如在循环控制流中嵌套条件分支流:

```
while(1)
{
    语句 1;
    语句 2:
    if(条件 1)
        continue;
    if(条件 2)
        break;
    if(条件 3)
        return;
    语句 n;
```

}

上述示例初看违背了 while 循环控制流原则（因为是恒真循环），但这是一种在通信业务中常见的编程方法，例如，指定网卡循环收包，当收到超长报文的时候不进行处理（这里就是"条件 1"所表明的）；当收到多少个报文之后跳出循环（这里就是"条件 2"所表明的）；当收到错误报文时候直接跳出此函数执行区域（这里就是"条件 3"所表明的）。

下面有必要讲述一下 continue、break 和 return 的区别。

- break：主要用于 switch 语句和循环控制流。在循环控制流中使用 break 语句，直接退出循环，接着执行循环后面的第一条语句。如果在多重嵌套循环中使用 break 语句，当执行 break 语句的时候，退出的是它所在的循环结构，对外层循环没有任何影响。如果循环结构里有 switch 语句，并且在 switch 语句中使用了 break 语句，当执行 switch 语句中的 break 语句时，仅退出 switch 语句，不会退出外面的循环结构。
- continue：主要用于循环结构，调用它时不退出循环，而是只结束本次循环体的执行，继续执行下一次循环体。在 for 循环中，首先执行初始化表达式，接着执行逻辑表达式，如果逻辑表达式为真，那么执行循环体。如果在循环体中执行了 continue 语句，那么就跳转到过程表达式处执行，然后进行下一次循环，执行逻辑表达式；在 while 循环中，如果执行了 continue 语句，那么就直接跳转到逻辑表达式处，开始下一次循环判断；在 do while 循环体中如果执行了 continue 语句，那么就跳转到逻辑表达式处进行下一次循环判断。
- return：退出该函数的执行，返回到函数的调用处，如果是 main()函数，那么结束整个程序的运行。

第 5 章

C 语言的灵魂——函数

正如切斯特菲尔德曾经说过："效率是做好工作的灵魂。"函数对于 C 编程语言的作用亦是如此，学好并掌握函数，是能熟练使用 C 语言的第一步。

5.1 函数定义

函数：一组一起执行一个任务的语句。

这里有必要做一些引申：通常在一个较大的程序中会分为若干个模块，每一个模块用来实现一个特定的功能，在大多数的编程语言中都有子程序的概念，通常都用子程序来实现模块的功能，在 C 语言中，子程序的作用就是由函数来完成的。

所有 C 程序都是由一个主函数（main 函数）和很多功能函数组成的，主函数根据逻辑实现调用其他功能函数，功能函数之间也可以互相调用，一个函数可以被多个函数调用，多个函数也可以调用同一个函数。

在程序设计理念中，通常将一些常用的功能编写成函数，并放在函数库中供其他人使用，例如 C 语言自带的一些比较（strcmp）、拷贝（strcpy）、检查（islower）、转换（atoi）、连接（strcat）等函数。

学习 C 语言有两个知识点是必须要学的。

- 函数：它是理解面向过程和面向对象的切入点。
- 指针：它能够帮助我们灵活操作数据，甚至访问硬件资源。

函数的定义形式包含一个函数头和一个函数体。其中函数头的形式是唯一的，主要包括下述三要素。

（1）函数返回值类型：有些函数是不需要返回值的，此时可以设置为 void 类型。

（2）函数名：此函数的唯一标识，是后续调用的标准接口名。

（3）函数参数：需要传递给函数的信息，有些函数也可能不需要参数。

函数体是五花八门的，因为它定义的是函数要实现的功能。

这里我们定义一个简单的函数：

```
int myPlus(int a,int b)
{
    return a+b;
}
```

函数的返回值为整数 int 型，函数名为 myPlus，函数的参数为两个整型数 int，功能是做这两个整数的加法。

下面是一个没有返回值，没有参数的函数。

```
void func()
{
    printf("this is a test.");
}
```

5.2　函数声明

函数声明会告诉编译器函数名称及如何调用函数。函数的实际主体可以单独定义。

函数声明原型：

```
extern return_type func_name(para list);
```

其中，extern 是 C 语言的关键字，表明这是一个函数声明，声明的时候也可以不加，因为函数默认是 extern 属性，但是由于一些编译器实现的关系，有的可能会有告警或者连接错误，所以笔者还是习惯带上 extern 关键字。

函数声明包含三要素。

- return_type：函数的返回值。
- func_name：函数名称。
- para list：参数列表，只关心参数的类型，不需要关心参数的名字。

针对上述函数定义我们声明如下：

```
extern int myPlus(int a,int b);
```

也可以简化成：

```
extern int myPlus(int,int);
```

另外需要注意的是：

- 被调用的函数在调用函数后面定义的时候，需要在调用函数的时候或前面加上被调用函数的声明，例如：

```
int funcB(int,int);        //因为定义在后，所以此处需要声明来告诉编译器
void funcA()
{
    语句 1;
    funcB();
}
int funcB(int a,int b)
{
    //函数主体实现;
}
```

- 函数声明的时候如果没有写类型，那么默认返回值是 int 型，请大家切记，这可能会导致一些截断或者溢出的问题。

另外一种常用的方法为：可以将自己所定义的函数原型放在一个头文件中，这样在其他任何源代码文件中，通过 include 命令来包含该头文件，则可以使用这些函数，这样就能避免使用大量的声明。

5.3　函数参数

C 语言中，参数有实参和形参两种。

- 实参：在调用时传递给函数的参数，实参可以是常量、变量、表达式、函数等，无论实参是何种类型的变量，在进行函数调用时，它们都必须具有确定的值，以便把这些值传送给形参。因此应预先用赋值、输入等办法使实参获得确定值。
- 形参：它不是实际存在的变量，所以又称虚拟变量。是在定义函数名和函数体时使用的参数，目的是用来接收调用该函数时传入的参数，形参变量只有在被调用时才分配内存单元，在调用结束时，即刻释放所分配的内存单元，因此它的作用域仅在此函数中。在调用函数时，实参将赋值给形参。因而，必须注意实参的个数、类型要与形参一一对应，并且实参必须要有确定的值。

使用一句话来总结实参和形参：形参是函数被调用时用于接收实参值的变量。
在调用函数的时候，有 3 种向函数传递参数的形式。

- 传值调用：该方法把参数的实际值复制给函数的形式参数。在这种情况下，修改函数内的形参不会影响实参。
- 传地址调用：通过指针传递方式，形参为指向实参地址的指针，当对形参做指向操作时，就相当于对实参本身进行操作。
- 传引用调用：引用"&"就是别名（就相当于我们每个人都有大名和小名一样，它们都是指向同一个人），所以程序对引用作出改动，其实就是对目标的改动。

我们以下面一个交换的例子来进行说明：

```c
#include <stdio.h>
void swap1(int a,int b)//传值交换
{
    int temp;
    temp=a;
    a=b;
    b=temp;
}
void swap2(int *a,int *b)          //传地址交换
{
    int temp;
    temp =*a;
    *a=*b;
    *b=temp;
}
void swap3(int &a,int &b)          //传引用交换
{
    int temp;
    temp=a;
    a=b;
    b=a;
}
int main()
{
    int a=1,b=2;
    swap1(a,b);
    printf("a=%d,b=%d\n",a,b);

    int c=10,d=20;
    swap2(&c,&d);
    printf("c=%d,d=%d\n",c,d);

    int e=100,f=200;
    swap3(e,f);
    printf("e=%d,f=%d\n",e,f);
    return 0;
}
```

注意：这里有一点小麻烦，标准的 C 语言是不支持引用的，所以我们将文件保存为.cpp 文件（也就是 C++格式），然后编译运行：

```
[root@ canshu]# gcc -o canshu canshu.cpp
[root@ canshu]# ./canshu
a=1,b=2
c=20,d=10
e=200,f=200
```

注意：

- 第一行：按值传递，因为传递进去的是值的副本，改变不了实参的值，所以 a 和 b 的值实际是没有交换的。
- 第二行：按地址传递，因为是直接在内存地址中交换了变量的值，所以 c 和 d 的值交换了。
- 第三行：按引用传递，因为是别名，相当于直接对 e 和 f 进行了交换。

5.4 函数调用

本节介绍的是函数的调用过程，涉及一些汇编知识，需要读者耐心去阅读。

函数调用的一般形式：

```
函数名(实参列表);
```

我们使用一段简单的求和代码来说明：

```
#include <stdio.h>
int plus(int a,int b)
{
    int c=a+b;
    return c;
}
int main()
{
    int a=1,b=2;
    int c=0;
    c=plus(a,b);
    return 0;
}
```

先对上面的程序进行编译：

```
[root@ diaoyong]# gcc -g -o diaoyong diaoyong.c
```

然后对编译后的文件进行反汇编：

```
[root@ diaoyong]# objdump -d diaoyong >diaoyong.txt
```

反汇编结果如下（这里只附上我们关心的语句）：

```
00000000004004f0 <plus>:
  4004f0:    55                    push   %rbp
  4004f1:    48 89 e5              mov    %rsp,%rbp
  4004f4:    89 7d ec              mov    %edi,-0x14(%rbp)
  4004f7:    89 75 e8              mov    %esi,-0x18(%rbp)
  4004fa:    8b 45 e8              mov    -0x18(%rbp),%eax
  4004fd:    8b 55 ec              mov    -0x14(%rbp),%edx
  400500:    01 d0                 add    %edx,%eax
```

```
400502:        89 45 fc                mov    %eax,-0x4(%rbp)
400505:        8b 45 fc                mov    -0x4(%rbp),%eax
400508:        5d                      pop    %rbp
400509:        c3                      retq

000000000040050a <main>:
40050a:        55                      push   %rbp
40050b:        48 89 e5                mov    %rsp,%rbp
40050e:        48 83 ec 10             sub    $0x10,%rsp
400512:        c7 45 fc 01 00 00 00    movl   $0x1,-0x4(%rbp)
400519:        c7 45 f8 02 00 00 00    movl   $0x2,-0x8(%rbp)
400520:        c7 45 f4 00 00 00 00    movl   $0x0,-0xc(%rbp)
400527:        8b 55 f8                mov    -0x8(%rbp),%edx
40052a:        8b 45 fc                mov    -0x4(%rbp),%eax
40052d:        89 d6                   mov    %edx,%esi
40052f:        89 c7                   mov    %eax,%edi
400531:        e8 ba ff ff ff          callq  4004f0 <plus>
400536:        89 45 f4                mov    %eax,-0xc(%rbp)
400539:        b8 00 00 00 00          mov    $0x0,%eax
40053e:        c9                      leaveq
40053f:        c3                      retq
```

下面通过反汇编的结果来解释函数的调用过程,即 main 函数是如何调用 plus 函数的。

反汇编寄存器的具体介绍安排在 13.4 节中。

在 Linux C 语言中 main 函数是被__libc_start_main 调用的,这里我们不做具体解释,这是 Linux 内核的开发者设定的。

1)push   %rbp

push 就是压栈,把 rbp 的地址压入栈中,每次压栈后 rsp 都指向最新的栈顶位置,如图 5.1 所示。

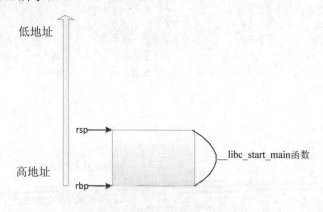

图 5.1 函数调用过程 1

2)mov   %rsp,%rbp

使得 rbp=rsp,即 rbp 也指向栈顶位置,如图 5.2 所示。

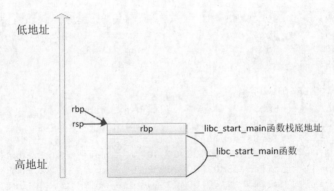

图 5.2   函数调用过程 2

（3） sub $0x10,%rsp

为 main 函数预开辟空间，如图 5.3 所示。

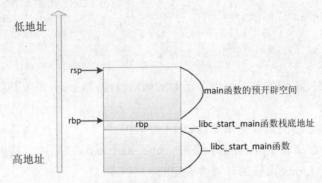

图 5.3   函数调用过程 3

（4）变量值压栈，以及设置寄存器值，如图 5.4 所示。

```
movl   $0x1,-0x4(%rbp)     //将常量值 1 压栈(a)
movl   $0x2,-0x8(%rbp)     //将常量值 2 压栈(b)
movl   $0x0,-0xc(%rbp)     //将常量值 3 压栈(c)
mov    -0x8(%rbp),%edx     //设置寄存器 edx 保存实参
mov    -0x4(%rbp),%eax     //设置寄存器 eax 保存实参
```

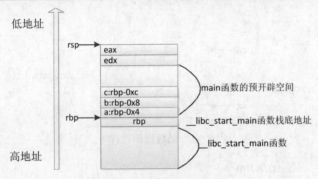

图 5.4   函数调用过程 4

（5）调用 plus 函数作准备，形参入栈，如图 5.5 所示.

```
mov    %edx,%esi              //值放入到参数传递寄存器
mov    %eax,%edi              //值放入到参数传递寄存器
```

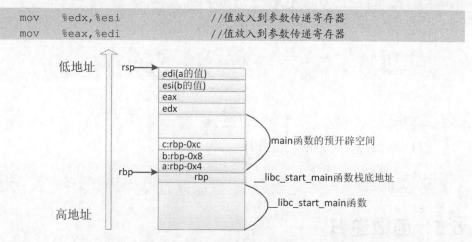

图 5.5　函数调用过程 5

（6）callq　4004f0 <plus>

call 指令调用 plus 函数，并将结果存储在 rax 寄存器中（eax 是 rax 的一部分，rax64 位，eax32 位，我们这里返回值为 32 位整数），如图 5.6 所示。

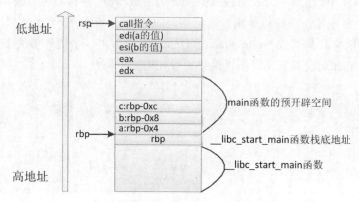

图 5.6　函数调用过程 6

plus 函数调用栈同 main 函数过程一样，这里不再赘述。

（7）调用后的收尾工作。

```
mov %eax,-0xc(%rbp)           //将函数返回值赋给变量 c
leaveq
retq
```

了解过 32 位的 X86 汇编可能会觉得有些奇怪，为什么在函数退出时，没有恢复 RBP 和 RSP 的指令呢，要如何才能恢复现场？

leaveq 和 retq 中的 q 是指 64 位操作数。leaveq 相当于：

```
movq  %rbp, %rsp
popq  %rbp
```

leaveq 跟函数进入时的如下操作是对应的：

```
push   %rbp
mov    %rsp,%rbp
```

retq 相当于：

```
popq  %rip
```

而与 retq 对应的是 callq，相当于：

```
pushq %rip
jmpq  addr
```

5.5　函数递归

为了便于理解，先介绍一下数学方面的定义：对于某一函数 f(x)，其定义域是集合 A，那么若对于集合 A 中的某一个值 x0，其函数值 f(x0)由 f(f(x0))决定，那么就称 f(x)为递归函数。

在 C 语言中，函数 funcA 直接或间接调用函数本身，则称该函数为递归函数。

例如，要计算一个自然数函数的阶乘，即 fact(n)=n!=1*2*...*n；但这样写比较烦琐，可以将其简写成 fact(n)=fact(n-1)*n;这里引申出一个边界值的小问题，即当 n=1 时，fact(0)没有意义，所以最终可以使用如下写法：

```
int fact(n)
{
    if(1==n)
        return 1;
    else
        return n*fact(n-1)
}
```

由上面的示例可以引申出使用递归必须具备的两个条件：

（1）要有递归公式。

（2）要有递归终止条件。

递归的思想是：为了解决当前问题 F(n)，就需要解决问题 F(n - 1)，而 F(n - 1)的解决依赖于 F(n - 2)的解决……就这样逐层分解，分解成很多相似的小事件，当最小的事件解决完之后，就能解决高层次的事件。这种"逐层分解，逐层合并"的方式就构成了递归的思想。使用递归最主要的是要找到递归的出口和递归的公式。

可能细心的读者已经发现，递归和循环有很多相似性，从理论上来看，所有的循环都可以转化为递归，但是能利用递归解决的问题不一定能转化为循环。

上面的例子也可以写成如下代码：

```c
int fact(n)
{
    int i=2;
    int total=1;
    while(i<=n)
    {
        total *=i;
        i++;
    }
    return total;
}
```

使用递归函数可以简化程序设计，使得程序逻辑更加清晰，例如树和图的程序就大量使用了递归，在很多情况下使用递归是必要的，它可以把复杂的问题分解为简单的步骤，并且能够在一定程度上反映问题的本质，比如汉诺塔问题。

但是递归程序的缺点也非常明显，速度慢，运行效率低，占用存储空间多，因为每次递归都是函数调用，如上一小节函数调用中所讲的，每次函数调用都涉及调用函数现场的保存、被调用函数的运行栈开辟（即递归也是使用栈机制实现的），每递归一次，就要占用一块栈数据区域，所以对于一些有嵌套层数要求的算法和对内存要求过高的算法，递归显而易见是不适用的，因为它有可能最后以内存崩溃而告终。

下面我们用一个完整的算法"用递归求斐波那契数列"来介绍。

```c
#include <stdio.h>
long Fibonacci(int n);              //函数声明
int main(void)
{
    int n;
    printf("请输入 n 的值:");
    scanf("%d", &n);
    printf("第 n 项的值为: %ld\n", Fibonacci(n));
    return 0;
}
long Fibonacci(int n)
{
    if(n<0)
    {
        return-1;
    }
    else if(0==n)
    {
        return 0;
    }
    else if (1==n)
```

```
    {
        return 1;
    }
    else
    {
        return Fibonacci(n-1)+Fibonacci(n-2);
    }
}
```

注意：递归函数不可以定义为内联函数，内联函数将在 15.4 节高性能函数中有详细介绍。

5.6　可变参数列表

在 C 语言中，当我们无法列出传递函数的所有实参类型和数目时，可以使用省略号参数表，例如前面多次提到的 printf 函数的原型：

```
int printf(const char* format,...);
```

在 5.3 中我们曾介绍过参数是以数据结构栈的方式进行存取的，从右到左入栈，如 5.4 中函数调用中所画的压栈图 5.5，esi（存放变量 b 的值）先入栈，然后 edi 再入栈（存放变量 a 的值），因此，从理论上讲，我们只要探测到任意一个变量的地址，并且知道其他变量的类型，通过指针移位运算，则可以顺藤摸瓜找到其他输入变量。

通过上述描述引申出一个问题，因为参数是从右到左压栈，当我们不知道参数个数的时候，应该如何开辟栈呢？C 语言的发明者早就想到了这个问题，可以通过<stdarg.h>中定义的宏来解决：

```
typedef char* va_list;
void va_start (va_list ap, prev_param); /* ANSI version */
type va_arg (va_list ap, type);
void va_end (va_list ap);
```

具体说明如下：
- 在调用参数表之前，首先定义一个 va_list 类型的变量（假设 va_list 类型变量被定义为 arg）。
- 对 arg 进行初始化，让它指向可变参数表里的第一个参数，这是通过 va_start 来实现的，第一个参数是 arg 本身，第二个参数是在变参表前面紧挨着的一个变量，即 "..." 之前的那个参数。
- 调用 va_arg 获取参数，它的第一个参数是 arg，第二个参数是要获取的参数的指定类型，然后返回这个指定类型的值，并且把 arg 的位置指向变参表的下一个变量位置。

- 获取所有的参数之后，还要将这个 arg 指针关掉。

下面是一个自定义的可变参数的例子，求解平均数，但是输入数字可不固定。

```c
#include<stdio.h>
#include<stdarg.h>
int average(int n,...)
{
    va_list arg;
    int i=0;
    int sum=0;
    va_start(arg,n);
    for(i=0;i<n;i++)
    {
        sum+=va_arg(arg,int);
    }
    va_end(arg);
    return sum/n;
}
int main()
{
    int a=10;
    int b=20;
    int c=30;
    int avg1=average(2,a,b);
    int avg2=average(3,a,b,c);
    printf("avg1=%d\n",avg1);
    printf("avg2=%d\n",avg2);
    return 0;
}
```

编译运行：

```
[root@ arg]# gcc -o arg arg.c
[root@ arg]# ./arg
avg1=15
avg2=20
```

使用可变参数函数有很多需要注意的事项，总结如下。

- 可变参数必须从头到尾逐个访问，也可以在访问了几个可变参数之后半途
  终止，但如果一开始就想访问参数列表中间的参数，则不行。
- 参数列表中至少有一个命名参数（如上述变量 n）。如果连一个命名参数
  都没有，则无法使用 va_start。
- 这些宏无法直接判断实际存在参数数量，需要在程序中人为判断。
- 在 va_arg 中指定了错误的类型，那么其后果是不可预测的。

此外 C 语言还有一些特殊定义的函数，例如静态函数、内联函数，这些将在
15.4 章高性能函数中介绍。

第6章

丫丫学步——构建第一个程序

俗话说："再长的路，一步步也能走完；再短的路，不迈开双脚也无法到达"。对于 C 语言编程亦是如此，读者需要将前面几章学到的基础知识转化成动手能力，才能真正踏上 C 语言编程的浩瀚之路。

前面章节已经使用实例的方式一步步引入了函数的编写、编译、运行等内容，本章是对第一部分做的一个总结概括，加深读者对 C 语言入门内容的印象。

6.1 main 函数

main 函数作为程序的默认入口，也是程序开始时调用的第一个函数，在最新的 C99 标准中，有以下两种标准定义。

无参数形式：void 表示没有给函数传递参数。

```
int main(void)
{
    ...
    return 0;
}
```

带参数形式：必须带两个参数，一个为 int 类型 argc（argument count），表示参数的个数，一个为 char *argv[]（argument value），表示指向字符串的指针数组，命令行中的每个字符串被存储到内存中，并且分配一个指针指向它。

```
int main(int argc, char *argv[])
{
    ...
    return 0;
}
```

int 指明了 main() 函数的返回类型，函数名后面的圆括号一般包含传递给函数的信息。

下面是带命令参数的示例。

```
#include <stdio.h>
int main(int argc, char *argv[])
{
    int count;
    printf("The command line has %d arguments:\n", argc);
    for(count=0; count < argc ; count++)
        printf("%d: %s\n", count, argv[count] );
    return 0;
}
```

编译程序：

```
gcc -o helloword helloword.c
```

运行程序：

```
[root@ main]# ./helloword
The command line has 1 arguments:
0: ./helloword
```

从结果中可以看出，我们没有输入参数，但程序从命令行中接受了 1 个字符串（也就是程序名），并将它存放在字符串数组中，也就是说，程序名默认作为第一个参数。

再次运行此程序：

```
[root@ main]# ./helloword this is a hello word
The command line has 6 arguments:
0: ./helloword
1: this
2: is
3: a
4: hello
5: word
```

此时输入了 5 个参数，将其存储到字符串数组 argv 中，并打印出来，首参数依然是运行的程序名。

main 函数是 C 语言执行的第一个函数，在执行 main 函数之后退出程序，那么当需要在 main 函数之前和之后做一些事，该怎么办呢？在 GCC 中，提供了 attribute 关键字，通过声明 constructor 和 destructor 来实现这个功能，示例程序如下：

```
#include <stdio.h>
__attribute((constructor)) void before_main()
{
    printf("%s\n",__FUNCTION__);
}
__attribute((destructor)) void after_main()
```

```
{
    printf("%s\n",__FUNCTION__);
}
int main( int argc, char ** argv )
{
    printf("%s\n",__FUNCTION__);
    return 0;
}
```

编译程序并运行：

```
[root@ main]# gcc -o main main.c
 [root@ main]# ./main
before_main
main
 after_main
```

6.2　程序风格

对于许多初学者来说，写代码时只注重实现功能，往往忽略了程序的书写规范，作为程序员，以后书写的代码至少以万行计，如果随意而不按照规范方法去写，在代码评审或软件测试时，别人很难看懂你的代码，所以每个公司都会有自己的一套代码风格，经年累月下来，风格基本都会有一些共性，本节主要介绍一些风格的共性。

1. 文件命名

命名要精确，使用小写字母，如果公司有多个产品，尽量以产品名作为前缀，后面加上功能特性，如 dpi_debug.c、dpi_icmp.c 等。

2. 标示符命名

C 语言中，可以定义各种标识符作为变量名、数组名、函数名，宏定义等。ANSI C 规定标识符必须由字母和下画线开始，随后可以出现字母、下画线和数字。

（1）变量、数组和函数的命名方法大致相同，主要有两种风格。

- 驼峰命名法：多个单词连接成一个变量名，除了首单词外后面的每个单词的第一个字母大写，如 firstName。
- 下画线命名法：在多个单词的中间使用下画线来区分，如 first_name，笔者习惯使用下画线命名法。

（2）宏定义的命名法：使用大写字母，单词数不限。可以加入数字和下画线进行功能区分，但是不能以数字开头，如#define CONFIG_FILE /usr/etc/dpdk.conf。

下面举几个常用的例子。

- 局部循环控制变量常用 i、j、k，例如：

```
for ( i=0;  i<100;  i++)
```

- 全局变量使用 g_开头，例如：

```
g_network_list;
```

- 指针变量使用 p_开头，例如：

```
p_server_node;
```

- 数组定义：unsigned char string[]="abcdefg";代表定义的是一个字符串。
- 函数定义需要体现函数的功能，例如：void dpi_check_heartbeat()为检查心跳超时的函数。

3．对齐和缩进风格，这里主要介绍两种常用的风格

（1）K&R 风格。左边的花括号出现在行的末尾。通过缩进保持代码的紧凑，缺点是不容易找到左边的花括号，例如：

```
/*此函数实现指定核定时器超时扫描，传入参数为核号*/
void dpi_timer_age_queue(__u32 lcoreid) {
    struct timer *t;
    if (list_empty(&dpi_timer_queue[lcoreid])) {
        return;
    }
    timer_timeout(lcoreid);
    return;
}
```

（2）Allman 风格：每个花括号单独占一行。容易检查括号的匹配。

```
/*此函数实现指定核定时器超时扫描，传入参数为核号*/
void dpi_timer_age_queue(__u32 lcoreid)
{
    struct timer *t;
    if (list_empty(&dpi_timer_queue[lcoreid]))
    {
        return;
    }
    timer_timeout(lcoreid);
    return;
}
```

笔者习惯使用 Allman 风格，本书所有源码示例都是基于这种风格的。

4．程序注释也是 C 语言中一种重要的编写风格

2.7 节中已详细介绍，读者可以再次温习。

5．测试代码

强烈建议在编写程序的同时，添加一些适当的测试代码（主要是单元测试），

可以减轻以后测试代码时的工作量，并保证程序的健壮性，这也是资深程序员的一个必备素质。

6.3　第一个 C 程序

这里引用一个经典的冒泡排序算法做示例。

算法的基本思想如下：

- 从待排序的数组头部开始扫描，不断比较数组中相邻两个元素的大小，让较大的元素逐渐往后移动（交换两个元素的值），直到数组的末尾。经过第一轮的比较，最大的元素即下沉到数组的末尾。
- 继续第二轮扫描，仍从数组头部开始比较，让较大的元素逐渐往后移动，直到数组的倒数第二个元素为止。经过第二轮的比较，就可以找到次大的元素，并将它下沉到数组的倒数第二个位置。
- 以此类推，进行 n-1（n 为数组长度）轮 "冒泡" 后，就可以将所有的元素都排列好。

```c
#include <stdio.h>
#define NUM_SIZE 10
int main()
{
    int nums[NUM_SIZE]={2,5,4,9,10,1,3,8,6,7};
    int i, j, temp, is_sorted;
    /*最多进行 n-1 轮比较*/
    for(i=0;i<10-1;i++)
    {
        is_sorted=1;  //标志是否已经排序好了
        for(j=0; j<10-1-i; j++)
        {
            if(nums[j]>nums[j+1])
            {
                temp=nums[j];
                nums[j]=nums[j+1];
                nums[j+1]=temp;
                is_sorted=0;    //有需要交换的数组元素，说明还没有排序好
            }
        }
        if(is_sorted)
            break;              //如果没有发生交换，则说明排序已经完成
    }
    for(i=0;i<NUM_SIZE;i++)
    {
        printf("%d",nums[i]);
    }
```

```
    printf("\n");
    return 0;
}
```

编译运行，结果如下：

```
[root@ maopao]# gcc -o maopao maopao.c
[root@ maopao]# ./maopao
1 2 3 4 5 6 7 8 9 10
```

6.4　编译执行

C 语言的编译过程主要分为 4 个步骤：

预处理器→编译器→汇编器→连接器

1．预处理器

（1）处理所有的注释。

（2）将所有的宏定义（#define）进行展开。

（3）处理包含的头文件（#include），将其展开。

（4）处理所有的条件编译指令（#ifdef、#else、#endif）。

（5）保留编译器所需要的#pragma 指令。

预处理命令如下：

```
gcc -E file.c -o file.i
```

2．编译器

（1）对预处理后的文件进行语法分析（分析表达式是否遵循语法规则）、词法分析（分析关键字，标识符等定义是否合法)和语义分析（在语法分析基础上进一步分析表达式是否合法）

（2）分析结束后，将代码生成汇编文件。

编译命令如下：

```
gcc -S file.i -o file.s
```

3．汇编器，核心步骤

（1）将汇编代码转变为机器可以执行的指令，也就是机器指令（每条汇编指令几乎都对应一条机器指令）。

（2）目标代码并不是可执行文件，它还缺少启动代码与库代码。

汇编命令如下：

```
gcc -c file.s -o file.o
```

4．连接器，核心步骤（主要工作是将目标代码与启动代码、库代码连接起来存储到一个文件中形成可执行文件）

（1）启动代码：程序与操作系统的接口，也就是程序执行的入口地址。有了这个接口，程序就可以在该操作系统中运行。

（2）库代码：如 printf、open 等函数的源代码。通常我们直接调用这些库函数，GCC 通过链接，将这些库函数的源代码链接到目标代码。

上述讲解了编译分解后的全过程，很多过程是在程序出错的时候进行调试时使用的，例如查看包含的头文件是否是我们需要的，翻译出的汇编指令是否是我们预想的，连接库的版本是否正确。在实际编译中，只需要简单一步即可：

```
gcc -o file file.o
```

C 语言编译中有很多选项命令，常用的有-I（指定头文件的目录）、-l（连接库文件）、-On（n 可以为 0~3，指定编译的优化级别）。

具体请查阅 GCC 帮助手册。

第二部分　进阶篇

第 7 章

成长的烦恼——数组和指针

正如高尔基曾经说过："人的天赋就像火花，它既可以熄灭，也可以燃烧起来。而逼使它燃烧成熊熊大火的方法只有一个，就是劳动，再劳动。"本章讲述的是 C 语言中一些较难的数据结构，需要读者反复学习，思考，再学习，再思考，掌握此章内容，基本就能掌握 C 语言数据结构层面上的精髓。

7.1 一维数组

数组包含给定类型的一些对象，并将这些对象依次存储在连续的内存空间中，每个独立的对象被称为数组的元素。

数组的定义主要包括：数组名称、元素类型以及元素个数。其语法如下：

```
类型  名称[元素数量];
```

例如：

```
int a[10];
```

定义了一个名为 a 的数组，里面包含 10 个 int 类型的整数。

可以利用 sizeof 运算符获取对象所占内存空间的大小。数组在内存中的空间大小总是等于一个元素的空间大小乘以数组中元素的个数。因此，上述例子中的 a 数组，表达式 sizeof(a)会产生 10*sizeof(int)的值。

在数组定义中，可以将元素数量指定为一个常量表达式，或者在特定情况下，指定为变量的表达式。采用这两种方式定义的数组分别被称为固定长度数组和可变长度数组。

例如，下述几种为固定长度的一维数组的定义。

```
int a[10];                    //全局数组
static long b[10];            //全局静态数组
void func()
```

```
{
    char c[10];                      //局部数组
    static short d[10];              //局部静态数组
}
```

下述为动态一维数组的定义：

```
void func(int n)
{
    int a[n];                        //局部可变长度数组
    static short b[n];    //此定义不合法，因为可变长度数组不能为静态存储周期
}
```

笔者注：动态对象被存储在栈中，当程序离开对象的有效区时，动态对象的空间就会被释放。因此，只有对小的、临时的数组，定义长度可变数组才比较合理。如想动态地创建大型数组，通常应该使用标准函数 malloc()来显式地分配内存空间，这种数组的存储周期会持续到程序结束，也可以调用函数 free()主动释放被占用的内存空间。

值得注意的是，数组下标是从 0 开始的，例如上述 a[0]，为数组 a 中的第一个元素。

7.2　多维数组

C 语言中的多维数组就是元素为数组的数组。n 维数组的元素是 n-1 维数组。例如，二维数组的每个元素都是一维数组，一维数组的元素当然就不是数组了。

多维数组声明时，每个维度用一对方括号来表示，例如：

```
char screen[10][20][30];
```

下面以常见的二维数组为例进行说明，二维数组通常被称为矩阵，按照数学中的定义，矩阵分为行和列，例如 test[3][4]，其中三个元素 test[0]、test[1]和 test[2]是矩阵 test 的 3 行，每行都由 4 个 int 元素所组成。因此，该矩阵包含 3×4=12 个 int 元素，如下表所示。

表 7.1　test[3][4]的元素

	[0]	[1]	[2]	[3]
test[0]	1	2	3	4
test[1]	5	6	7	8
test[2]	9	10	11	12

可以采用如下方法初始化数组。

```
for(int row=0;row<3;row++)
    for(int col=0;col<4;col++)
```

```
              mat[row][col]=row*4+col+1;
```

在内存中，这三行被连续存储在一起，也就是 test[0][0]，test[0][1]、test[0][2]、…、test[2][0]、…、test[2][3]。由此可知，在 C 语言中多维数组是按照行优先顺序存储的。

在多维数组声明中，可以声明数组，但是不指定第一维度的长度（所有其他维度都必须指定长度），这种声明的数组必须在程序的其他地方指定其长度，例如上述数组可声明为 test[][4]。

在多维数组定义的同时也可以进行初始化，例如数组 a[2][3][4]可以定义并初始化：

```
int a[2][3][4]={ { { 1, 2, 3,4 }, { 5, 6, 7,8 },{9,10,11,12} },
{ { 13, 14, 15,16 }, { 17, 18, 19,20 },{21,22,23,24} } };
```

因为是按照行优先进行存储的，也可以直接简略写为：

```
int a[2][3][4] ={1,2,3,4,5,6,7,8,9,10,11,12,13,14,15,16,17,18,19,20,
21,22,23,24};
```

只要没有初始化的元素，就默认初始化为 0，例如：

```
int b[2][2][3]={ { { 1, 0, 0 }, { 2, 0, 0 } },
{ { 3, 4, 0 }, { 0, 0, 0 } } };
```

可以简写为：

```
int b[2][2][3]={ { { 1 }, { 2 } }, { { 3, 4 } } };
```

同时也可以使用元素指示符达到相同的目的，例如：

```
int b[2][2][3]={ 1, [0][1][0]=2, [1][0][0]=3, 4 };
```

当多维数组中只有一小部分元素需要被初始化为非 0 的值时，使用元素指示符是一个非常好的方法。

7.3   变长数组

变长数组，顾名思义就是大小待定的数组，这里讲的变长数组和前面提到的不一样，这里的变长数组是一种编程技巧。

C 语言中结构体的最后一个元素可以是大小未知的数组，也就是所谓的 0 长度，在 Linux 内核中也经常会在结构体的最后一个元素中使用 data[0]，它的主要用途是为了满足需要变长度的结构体，为了解决使用数组时内存的冗余和数组的越界问题。这就是本节要讲解的用结构体来创建变长数组。

举一个例子来进行说明：

```
struct buffer          //此为结构体定义，在第 8 章中会详细讲述
{
```

```
    int data_len;          //长度
    char data[0];          //起始地址
};
```

在如上结构中，data 是一个数组名，但该数组没有元素；该数组的真实地址紧随结构体 buffer 之后，而这个地址就是结构体后面数据的地址（如果给这个结构体分配的内存大于这个结构体实际大小，后面多余的部分就是这个 data 的内存）；这种声明方法可以巧妙地实现 C 语言里的数组扩展。

使用如下程序来说明编程数组只是一个占位符，而不占用任何内存空间。

```c
#include <stdio.h>
#include <stdlib.h>
#include <string.h>
#include <stdint.h>
typedef struct
{
    int data_len;
    char data[0];
}buff_st_1;
typedef struct
{
    int data_len;
    char *data;
}buff_st_2;
typedef struct
{
    int data_len;
    char data[];
}buff_st_3;
int main()
{
    printf("sizeof(buff_st_1)=%u\n", sizeof(buff_st_1));
    printf("sizeof(buff_st_2)=%u\n", sizeof(buff_st_2));
    printf("sizeof(buff_st_3)=%u\n", sizeof(buff_st_3));
    buff_st_1 buff1;
    buff_st_2 buff2;
    buff_st_3 buff3;
    printf("buff1 address:%p,buff1.data_len address:%p,buff1.data
address:%p\n",
        &buff1, &(buff1.data_len), buff1.data);
    printf("buff2 address:%p,buff2.data_len address:%p,buff2.data
address:%p\n",
        &buff2, &(buff2.data_len), buff2.data);
    printf("buff3 address:%p,buff3.data_len address:%p,buff3.data
address:%p\n",
        &buff3, &(buff3.data_len), buff3.data);
    return 0;
}
```

编译运行如下：

```
sizeof(buff_st_1)=4
sizeof(buff_st_2)=8
sizeof(buff_st_3)=4
buff1 address:0xbfcc81cc,buff1.data_len address:0xbfcc81cc,buff1.data address:0xbfcc81d0
buff2 address:0xbfcc81c4,buff2.data_len address:0xbfcc81c4,buff2.data address:0x80484ab
buff3 address:0xbfcc81c0,buff3.data_len address:0xbfcc81c0,buff3.data address:0xbfcc81c4
```

从结果可以看出，data[0]和 data[]本身不占空间，它只是一个偏移量，且地址紧跟在结构后面，数组名这个符号本身代表了一个不可修改的地址常量,而char *data 作为指针，占用 4 个字节，地址不在结构之后。

在实际程序中，数据的长度很多是未知的，这样通过变长的数组可以方便地节省空间。例如，下述是一个变长数组的示例：

```c
#include<stdio.h>
#include<malloc.h>
typedef struct
{
    int len;
    int data[0];
}MyArray;
int main()
{
    int len=10,i=0;
    MyArray *p=( MyArray *)malloc(sizeof(MyArray)+sizeof(int)*len);
    p->len=len;
    for(i=0;i<p->len;i++)
    {
        p->array[i]=i+1;
    }
    for(i=0;i<p->len;i++)
    {
        printf("%d\n",p->array[i]);
    }
    free(p);
    return 0;
}
```

程序中我们将变长数组 data[0]扩展为一个包含 10 个 int 数的数组，并将结果打印出来，使用完空间之后再释放。

在网络编程中，利用变长数组的这个特点，很容易构造出变长结构体，如缓冲区、数据包，可大大节约内存空间。

7.4　指针与地址

C 语言相比于其他编程语言，可以直接操作硬件，操作硬件就是依靠 C 语言指针这一强大功能实现的，所以学会了 C 语言指针，就好像武林高手打通了任督二脉，能大幅度提升编程能力。

1．指针有两层含义

（1）指向地址。

（2）指针有类型，类型是其指向的内存空间的数据结构类型，表示从首地址开始取多少字节。

指针的定义依然遵循先定义后使用的原则，在使用前必须先定义，指定其类型，然后编译器才能据此为其分配内存单元。

定义指针变量的一般格式：

```
类型标识符 *指针变量名
```

例如：

```
int *p;              //指向整型变量的指针变量 p
char *str;           //指向字符变量的指针变量 str
```

2．地址是内存中每个字节的编号

在计算机的世界中，看到的都是一块块的内存地址，通过在地址中填写我们需要的数字（0 或 1）来实现我们想要的功能。

假设内存大小为 4GB，换算成字节为：

4GB=4×1024×1024×1024=4294967296B

由于地址是从 0 开始计算的，所以其能够表示的范围（十进制）为 0～4294967296。

但计算机领域不使用十进制，而是使用二进制，所以其范围如下：

0000 0000 0000 0000 0000 0000 0000 0000

<->

1111 1111 1111 1111 1111 1111 1111 1111

使用上述二进制的方式表示太繁琐了，所以人们实际上使用的是十六进制来表示地址范围：

0x00000000 <-> 0xFFFFFFFF

综上所述，指针是保存地址的变量，地址可以保存在指针中，指针也仅保存地址。

在使用指针的时候，一定要为指针分配空间，或者将指针指向其他变量，防止出现空指针的情况，请读者切记。

为了方便地运用指针，C 语言提供了两个特别的运算符：

● 取地址运算符"&"。

● 取值运算符"*"。

定义和初始化指针，可以写成如下代码：

```
int  a=1, *p;        //注意这里的*代表指针变量，而不是取值符号
p=&a;                //将 a 的地址赋给了指针变量 p，那么指针变量 p 就指向了 a
```

或者：

```
int a=1;
int *p=&a;
```

或者：

```
int a=1,*p=&a;
```

下列采用几个简单的示例程序进行说明。

- 示例 1：指针地址偏移。

```
int a[3]={1 , 2 , 3};
//以下结果是某次运行时的结果
printf("&a[0]=%p\n" , &a[0]);        //0000008180000708
printf("&a[1]=%p\n" , &a[1]);        //000000818000070C
printf("&a[2]=%p\n" , &a[2]);        //0000008180000710
```

从上述结果可以看出数组相邻元素地址相差 4，通过上述对地址的认知后，可以理解：地址表示的是内存字节的编号。&a[0]表示的是数组 a 第一个元素第一个字节的编号，&a[1] 是数组 a 第二个元素第一个字节的编号，它们相差 4，因为此数组定义的类型是 int 型，int 型大小就是 4 个字节。

在实际编程中通常使用指针作为数组的游标，例如：

```
int a[3]={1 , 2 , 3};
int *p=a;
printf("p + 0=%p\n" , p);        //0000008180000708
printf("p + 1=%p\n" , p+1);      //000000818000070C
printf("p + 2=%p\n" , p+2);      //0000008180000710
```

这里将指针指向数组变量的首地址，并且还需要理解一下指针运算，p+n，在地址上体现为 p+n*sizeof(int)。

- 示例 2：指针地址运算。

```
# include <stdio.h>
int main (void)
{
    int *p, *q;
    int k;                //k用来存放两个地址数相减的结果
    int i=1, j=2;
    p=&i;                 //取变量 i 的地址
    q=&j;                 //取变量 j 的地址
    k=p-q;
    printf("p=%d\nq=%d\nk=%d\n", p, q, k);
    return 0;
}
```

运行结果：

```
p=2180000738
q=2180000734
k=1
```

两个 int*型的指针变量相减，第一个指针变量中存放的地址是 2180000738，第二个指针变量中存放的地址是 2180000734，那么这两个地址相减的结果为什么是 1，而不是 4？这是因为 int 型变量占 4 个字节，所以一个 int 元素就占 4 个字节，两个地址之间相差 4，正好是一个 int 元素，所以结果就是 1。

● 示例 3：指针取值运算。

```
#include <stdio.h>
int main()
{
    int a=1,b=10;
    int *p1,*p2;
    p1=&a;
    p2=&b;
    printf("a=%d,b=%d\n",a,b);
    printf("*p1=%d,*p2=%d\n",*pointer_1,*pointer_2);        //这里＊表
示取值的意思
    return 0;
}
```

编译运行结果：

```
a=1,b=10
*p1=1,*p2=10
```

在一些大公司的面试题中经常会出现如下内容：
● 一个有 10 个指针的数组，该指针是指向一个整数的。int *a[10]
● 一个指向有 10 个整型数组的指针。int (*a)[10]
● 一个指向函数的指针，该函数有一个整型参数并返回一个整型指针。int *(*a)[int]
● 一个有 10 个指针的数组，该指针指向一个函数，该函数有一个整型参数并返回一个整型数。int (*a[10])(int)

7.5　指针数组

在 C 语言中，数组元素全为指针的数组称为指针数组。
一维指针数组的定义形式为：

```
类型名 *数组标识符[数组长度]
```

例如，一个一维指针数组的定义：

```
int *p_array[10]
```

请看如下例子。

```
#include "stdio.h"
int main()
{
    int a=1;
    int b=2;
    int *p[2];
    p[0]=&a;
    p[1]=&b;
    printf("%p\n", p[0]);      //a 的值
    printf("%p\n", &a);        //a 的地址
    printf("%p\n", p[1]);      //b 的值
    printf("%p\n", &b);        //b 的地址
    printf("%d\n", *p[0]);     //p[0]表示 a 的地址，则*p[0]表示 a 的值
    printf("%d\n", *p[1]);     //p[1]表示 b 的地址，则*p[1]表示 b 的值
    return 0;
}
```

指针数组比较适合指向若干个字符串，使字符串处理更加方便灵活，例如，书店有非常多的书，我们有时候需要对书进行索引，按照通常的方法，字符串本身就是一个字符数组，因此要设计一个二维数组才能存储多个字符串，在二维数组定义的时候需要定义列数，但是实际上各字符串（也就是书名）长度的差异很大，如果按照最长的字符串定义列数，则会浪费很多存储空间。此时使用指针数组就是一个非常好的选择，可以分别定义一些字符串（书名），然后用指针数组中的元素分别指向字符串，这样各字符串的长度可以不同，而且移动指针变量（地址）要比移动字符串的效率高很多。

存储示例如图 7.1 所示。

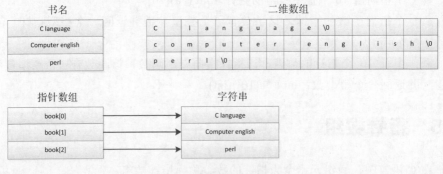

图 7.1　指针数组的作用

另外，还有一个名词叫做"数组指针"，也就是指向数组首地址的指针，其定义如下：

```
int (*p)[10]
```

综上所述，数组指针和指针数组的区别如下：
- 数组指针是一个指针变量，占用内存中一个指针的存储空间。
- 指针数组是多个指针变量，以数组的形式存储在内存中，占有多个指针的存储空间。

7.6 指向函数的指针

前面已经描述过，函数具有自己的物理内存地址，这就可以将函数的函数名看作指针，它指向函数的代码。一个函数的地址是该函数的入口，也是调用函数的地址。函数的调用可以通过函数名，也可以通过指向函数的指针来调用。函数指针还允许将函数作为变元传递给其他函数。

函数指针的定义形式：

```
类型 (*指针变量名)(参数列表);
```

例如：

```
int (*p)(int i,int j);
```

解释：p 是一个指针，它指向一个函数，该函数有两个整型参数，返回类型为 int。p 首先和*结合，表明 p 是一个指针，然后与()结合，表明它指向的是一个函数。

通过指向函数的指针调用函数一般有三种方式可选，请看如下示例。

```
void print(int num);            //声明函数
void (*funptr)(int)=print;      //声明指向函数的指针
print(10);                      //使用函数名调用 print 函数
(*funptr)(10);                  //使用指向函数指针间接调用 print 函数
funptr(10);                     //使用指向函数指针直接调用 print 函数
```

前 3 行代码的执行过程是函数名 print 首先被转换成一个指向函数的指针，该指针指向 print 函数在内存中的位置，然后使用操作符调用 print 函数，执行开始于这个位置的代码。

第 4 行代码的执行过程是解析操作将 funptr 转换为函数名，然后执行前 3 行代码的操作，显然解析操作不是必需的，函数调用操作符需要的是一个指向函数的指针。相当于进行了两次转换。

最后一行代码的执行过程是函数使用操作符直接调用函数，也是效率最高的方式。

如果具有多个类型一样的指向函数的指针，我们可以将它们放在一个数组中，称为"指向函数的指针"数组，下面是一个例子。

```
#include <stdio.h>
#include <stdlib.h>
#include <math.h>
double my_add( double x, double y ) { return x + y; }
double my_sub( double x, double y ) { return x - y; }
double my_mul( double x, double y ) { return x * y; }
double my_div( double x, double y ) { return x / y; }
/*具有 4 个函数指针的数组，它们都有两个 double 类型参数，返回值为 double 类型*/
typedef double func_t( double, double ); // 函数类型名称定义为 func_t
func_t *func_table[4]={ my_add, my_sub, my_mul, my_div}
/*定义一个字符串指针数组，用于输出*/
char *msg_table[4]={"加法", "减法", "乘法", "除法"};
int main()
{
    int i;
    double x=0, y=0;
    printf( "Enter two operands for some arithmetic:\n" );
    if ( scanf( "%lf %lf", &x, &y ) != 2 )
    printf( "Invalid input.\n" );
    for ( i=0; i < 4; ++i )
        printf( "%10s: %6.2f\n", msg_table[i], funcTable[i](x, y) );
    return 0;
}
```

7.7　指向指针的指针

如果一个指针指向的是另外一个指针，则称它为指向指针的指针，也可以称为二级指针。

假设有一个 int 型的变量 a，p1 是指向 a 的指针变量，p2 又是指向 p1 的指针变量，p2 就是二级指针，它们的关系如图 7.2 所示。

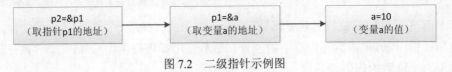

| p2=&p1 （取指针p1的地址） | → | p1=&a （取变量a的地址） | → | a=10 （变量a的值） |

图 7.2　二级指针示例图

使用 C 语言定义如下：

```
int a =10;
int *p1=&a;
int **p2=&p1;
```

指针变量本质上也是一种变量，同样会占用存储空间，也可以使用&获取它的地址。C 语言不限制指针的级数，每增加一级指针，在定义指针变量时就得增加一个星号*。p1 是一级指针，指向普通类型的数据，定义时有一个*；p2 是二级指针，指向一级指针 p1，定义时有两个*。依此类推，如果我们希望再定义一个三级指针 p3，让它指向 p2，那么可以这样写：

```
int ***p3=&p2;
```

在实际编码中，一般一级指针和二级指针用得较多，高级指针很少使用。

想要获取指针指向的数据，一级指针加一个*，二级指针加两个*，三级指针加三个*，以此类推，代码如下：

```
#include <stdio.h>
int main()
{
    int a =10;
    int *p1=&a;
    int **p2=&p1;
    int ***p3=&p2;
    printf("%d, %d, %d, %d\n", a, *p1, **p2, ***p3);
    /*%#x是带格式输出，效果为在输出前加 0x*/
    printf("&p2=%#x, p3=%#x\n", &p2, p3);
    printf("&p1=%#x, p2=%#x, *p3=%#x\n", &p1, p2, *p3);
    printf(" &a=%#x, p1=%#x, *p2=%#x, **p3=%#x\n", &a, p1, *p2, **p3);
    return 0;
}
```

运行结果如下：

```
10, 10, 10, 10
&p2=0x82003c, p3=0x82003c
&p1=0x820040, p2=0x820040, *p3=0x820040
 &a=0x820044, p1=0x820044, *p2=0x820044, **p3=0x820044
```

7.8　指针和数组的区别

指针与数组是 C 语言中很重要的两个概念，它们之间有着密切的关系，同时也是笔试中经常出现的考题，本节从以下方面简要的介绍一下二者的区别：

1．赋值

同类型指针变量可以相互赋值；数组不行，只能一个元素一个元素地赋值或拷贝。

2．存储方式

数组：存储空间不是在静态区就是在栈上，并且是在一段连续的空间中存放。

指针：由于指针本身就是一个变量，再加上它所存放的也是变量，所以指针的存储空间不确定。

3．sizeof 求大小

数组所占存储空间的内存可用 sizeof(数组名)求得，数组的大小：sizeof（数组名）/sizeof（数据类型）求得。

在 32 位平台下，无论指针的类型是什么，sizeof(指针名)都是 4，在 64 位平台下，无论指针的类型是什么，sizeof(指针名)都是 8。

4．传参

数组传参时，会退化为指针，原因是：C 语言只会以值拷贝的方式传递参数，参数传递时，如果拷贝整个数组，效率会大大降低，并且当参数位于栈上，太大的数组拷贝将会导致栈溢出。因此，C 语言将数组的传参进行了退化。将整个数组拷贝一份传入函数时，将数组名看作常量指针，传递数组首元素的地址。

5．数组名可作为指针常量

```
int array[10];
array++;
```

所以上述编译会报错。

上述 5 点是数组和指针的主要区别，其他需要读者在编码过程中慢慢总结发现。

第8章

成长的积累——结构体、联合体及其他数据形式

正如高尔基曾经说过："我们的青年是一种正在不断成长，不断上升的气力，他们的使命是根据历史的逻辑来创造新的生活方式和生活条件。" C 语言也是如此，下面的数据结构是 C 语言从诞生到目前为止的经典数据结构，使用这些数据结构，可以很大程度上提高我们编程的生产力。

8.1　结构体基础知识

第 7 章我们介绍了数组，数组是一组具有相同类型的数据集合。但在实际的编程中，往往需要一组类型不同的数据，例如对于员工信息登记表，姓名为字符串，工号为整数，年龄为整数，所在部门为字符串，考评为字符，因为数据类型不同，显然不能用一个数组来存放。所以 C 语言引申出了结构体的数据类型。

结构体用来存放一组不同类型的数据。结构体的定义形式为：

```
struct 结构体名
{
    结构体所包含的变量或数组;
};
```

下面是一个结构体的例子。

```
struct employee
{
    char *name;              //姓名
    int num;                 //工号
    short age;               //年龄
    char evaluation;         //考评
```

```
    char *department;          //部门
};
```

其中 employee 为结构体名，它包含 5 个成员，分别是 name、num、age、evaluation、department。结构体成员的定义方式与变量和数组的定义方式相同，只是不能初始化。

注意：大括号后面的分号；不能少，这是一条完整的语句。

结构体是一种可自定义的数据类型，它可以包含多个其他类型的数据。像 int、long、char 等由 C 语言本身提供的数据类型，不能再进行分拆，称为基本数据类型；而结构体可以包含多个基本数据类型，也可以包含其他结构体（此时称为结构体嵌套），我们将其称为复杂数据类型或构造数据类型。

结构体是一种数据类型，可以用它来定义变量，例如：

```
struct employee emp1, emp2;
```

上述代码定义了 2 个变量，关键字 struct 不能少。

也可以在定义结构体的同时，直接定义结构体变量，例如：

```
struct employee
{
    char *name;                //姓名
    int num;                   //工号
    short age;                 //年龄
    char evaluation;           //考评
    char *department;          //部门
} emp1, emp2;
```

结构体成员的访问形式如下：

```
结构体变量名.成员名;
```

同时也可以使用这种方式给结构体赋值，例如：

```
struct employee
{
    char *name;                //姓名
    int num;                   //工号
    short age;                 //年龄
    char evaluation;           //考评
    char *department;          //部门
} emp1;
//给结构体成员赋值
emp1.name = "emily";
emp1.num = 152211;
emp1.age = 28;
emp1.department = "test"
emp1. evaluation = 'A';
```

在定义的时候也可以同时进行结构体的初始化，例如：

```
struct employee
{
    char *name;              //姓名
    int num;                 //工号
    short age;               //年龄
    char evaluation;         //考评
    char *department;        //部门
} emp1 = {"emily",152211,28,"test",'A'};
```

8.2 结构的存储与对齐

本节主要讲述结构体变量占用存储空间的计算方法。

各个成员在内存中是连续存储的，如上一节的结构体变量 emp1，按照正常计算占用 8（指针变量长度）+4（整型长度）+2（short 型长度）+1（字符型长度）+8（指针变量长度）=23 个字节。

但是编译器在具体实现时，为了加快访问速度，会采用对齐原则，所以各成员之间会有间隙，原则如下：

（1）struct 或 union（8.6 节中介绍）的成员，第一个成员在偏移 0 的位置，之后每个成员的起始位置必须是当前成员大小的整数倍。

（2）如果结构体 A 含有结构体成员 B，那么 B 的起始位置必须是 B 中最大元素大小整数倍地址。

（3）结构体的总大小，必须是内部最大成员的整数倍。

所以，上述结构体的大小应该是 24 字节（根据规则 1，即，char 类型会自动补齐，再与 short 类型一起 4 字节对齐，然后在于 int 类型一起 8 字节对齐，这样才能保证后面的指针类型成员是 8 字节对齐）。我们使用如下程序进行验证：

```
#include <stdio.h>
#include <string.h>
#define PRINT_SZ(intValue)  printf(#intValue" is %d\n", (intValue));
/*计算结构体 type 中 member 的偏移量，(type *)0 的意思是将内存地址为 0 的内存块
转换成一个 type 类型的指针，此时 0 地址的指针步长就是 type */
#define STRUCT_MEMBER_OFFSET(type,member)  ((char *)&((type *)0)->
member - (char *)0)
struct employee
{
    char *name;              //姓名
    int num;                 //工号
    short age;               //年龄
    char evaluation;         //考评
    char *department;        //部门
};
```

```
int main()
{
    PRINT_SZ(sizeof(struct employee))
    PRINT_SZ(STRUCT_MEMBER_OFFSET(struct employee,name))
    PRINT_SZ(STRUCT_MEMBER_OFFSET(struct employee,num))
    PRINT_SZ(STRUCT_MEMBER_OFFSET(struct employee,age))
    PRINT_SZ(STRUCT_MEMBER_OFFSET(struct employee,evaluation))
    PRINT_SZ(STRUCT_MEMBER_OFFSET(struct employee,department))
    return 0;
}
```

运行结果：

```
sizeof(struct employee) is 24
STRUCT_MEMBER_OFFSET(struct employee,name) is 0
STRUCT_MEMBER_OFFSET(struct employee,num) is 8
STRUCT_MEMBER_OFFSET(struct employee,age) is 12
STRUCT_MEMBER_OFFSET(struct employee,evaluation) is 14
STRUCT_MEMBER_OFFSET(struct employee,department) is 16
```

比如，有如下结构体：

```
struct student
{
    char name[10];          //名字
    int num;                //工号
    char sex;               //性别
};
```

数组是第一个成员元素，所以从偏移 0 开始，因为后面紧跟的第二个成员是 int 类型。需要 4 字节对齐，所以前面的数组成员自动加 2 字节的保留位，后面 sex 成员，因为只占 1 字节，但是根据原则(3)，需要总大小事最长成员的整数倍，所以需要加 3 个保留字节。

```
#include <stdio.h>
#include <string.h>
#define PRINT_SZ(intValue)   printf(#intValue" is %d\n", (intValue));
#define STRUCT_MEMBER_OFFSET(type,member)   ((char *)&((type *)0)->
member-(char *)0)
struct student
{
    char name[10];
    int num;
    char sex;
};
int main()
{
    PRINT_SZ(sizeof(struct student))
    PRINT_SZ(STRUCT_MEMBER_OFFSET(struct student,name))
```

```
    PRINT_SZ(STRUCT_MEMBER_OFFSET(struct student,num))
    PRINT_SZ(STRUCT_MEMBER_OFFSET(struct student,sex))
    return 0;
}
```

运行结果：

```
sizeof(struct student) is 20
STRUCT_MEMBER_OFFSET(struct student,name) is 0
STRUCT_MEMBER_OFFSET(struct student,num) is 12
STRUCT_MEMBER_OFFSET(struct student,sex) is 16
```

所以，在定义结构体的时候，需要将成员变量从大到小或从小到大进行定义，这样可以节省结构体变量的存储空间。例如：

```
struct test1
{
    char a;
    short b;
    int c;
};
```

此结构体 test1 占用空间 8 字节。（a 成员从偏移 0 开始，b 成员为 short 型，所以 a 成员后面补上 1 字节，b 成员从偏移 2 开始，c 成员大小为 4，此时 a 成员和 b 成员一共占用 4 字节，所以 c 成员直接从偏移 4 开始）

```
struct test2
{
    char a;
    int c;
    short b;
};
```

此结构体 test2 占用空间 12 字节。（成员 a 从偏移 0 开始，紧跟的成员 c 为 int 型，所以成员 a 后面补上 3 字节，成员 c 从偏移 4 开始，因为 c 成员大小为 4，紧跟的成员 b 此时从偏移 8 开始，因为结构体变量大小需要为最大成员的整数倍，所以 b 成员后面再补上 2 字节）

根据上述描述，相信读者对结构体对齐和大小的计算应该清楚了，这也是一般公司笔试出现概率较大的题目。

另外，有时编程需要指定结构体中的成员按照多少字节对齐，一般这样定义的原因是以下两者之一：

- 紧凑省空间，但是不可避免的是以牺牲性能为前提，即时间换空间。
- 以 CPU 的 cache_line 对齐（16.3 节中有详细介绍），使结构体占用更大的空间，但是增加了访问速度，即空间换时间。

C 语言提供了两种对齐方式。

1. #pragma pack(n)，设置全局对齐方式，结构体和结构体内部变量都将遵循设置的对齐，此时的对齐原则是自身对齐值（成员 sizeof 大小）和指定对齐值（#pragma pack 指定的对齐大小）的较小者。

例如：

```c
#include "stdio.h"
#include <string.h>
#define PRINT_SZ(intValue)  printf(#intValue" is %d\n", (intValue));
#define STRUCT_MEMBER_OFFSET(type,member)  ((char *)&((type *)0)->
member-(char *)0)
#pragma pack (1)      /*指定按 1 字节对齐*/
struct test3
{
    char a;
    int c;
    short b;
};
#pragma pack ()       /*取消指定对齐，恢复默认对齐*/
#pragma pack (8)      /*指定按字节对齐，目前 CPU 主流 cache_line 长度为 8 字节*/
struct test4
{
    char a;
    int c;
    short b;
};
#pragma pack ()       /*取消指定对齐，恢复默认对齐*/
void main()
{
    PRINT_SZ(sizeof(struct test3))
    PRINT_SZ(STRUCT_MEMBER_OFFSET(struct test3,a))
    PRINT_SZ(STRUCT_MEMBER_OFFSET(struct test3,c))
    PRINT_SZ(STRUCT_MEMBER_OFFSET(struct test3,b))
    PRINT_SZ(sizeof(struct test4))
    PRINT_SZ(STRUCT_MEMBER_OFFSET(struct test4,a))
    PRINT_SZ(STRUCT_MEMBER_OFFSET(struct test4,c))
    PRINT_SZ(STRUCT_MEMBER_OFFSET(struct test4,b))
    return;
}
```

运行结果：

```
sizeof(struct test3) is 7
STRUCT_MEMBER_OFFSET(struct test3,a) is 0
STRUCT_MEMBER_OFFSET(struct test3,c) is 1
STRUCT_MEMBER_OFFSET(struct test3,b) is 5
sizeof(struct test4) is 12
STRUCT_MEMBER_OFFSET(struct test4,a) is 0
STRUCT_MEMBER_OFFSET(struct test4,c) is 4
```

```
STRUCT_MEMBER_OFFSET(struct test4,b) is 8
```

说明：

test3 结构体变量占用空间大小为 7 字节，因为 char 占 1 字节，int 占 4 字节，short 占 2 字节。

test4 结构体变量占用空间大小为 12 字节，因为 char 占 1 字节，后面变量 int 占用 4 字节，所以 char 补 3 字节，short 占用 2 字节，根据上面描述的规则取自身对齐值（成员 sizeof 大小）和指定对齐值（#pragma pack 指定的对齐大小）的较小者为 4 字节，所以 short 补 2 字节，整个结构体变量大小为 12 字节。

2. 结构体定义时候的 __attribute__ ((aligned (n)))，修饰结构体变量，那么结构体变量遵循该对齐参数，内部变量遵循默认的对齐参数，以上对齐方式均是对结构体变量起作用，对于数据区的其他变量不管如何设置对齐方式，还会按照默认的字节来对齐。

```c
#include "stdio.h"
#include <string.h>
#define PRINT_SZ(intValue)  printf(#intValue" is %d\n", (intValue));
#define STRUCT_MEMBER_OFFSET(type,member)  ((char *)&((type *)0)->member-(char *)0)
struct test5
{
    char a;
    int c;
    short b;
}__attribute__ ((aligned (1)));
struct test6
{
    char a;
    int c;
    short b;
}__attribute__ ((aligned (8)));
struct test7
{
    char a;
    int c;
    short b;
}__attribute__ ((aligned (32)));
void main()
{
    PRINT_SZ(sizeof(struct test5))
    PRINT_SZ(STRUCT_MEMBER_OFFSET(struct test5,a))
    PRINT_SZ(STRUCT_MEMBER_OFFSET(struct test5,c))
    PRINT_SZ(STRUCT_MEMBER_OFFSET(struct test5,b))
    PRINT_SZ(sizeof(struct test6))
    PRINT_SZ(STRUCT_MEMBER_OFFSET(struct test6,a))
```

```
    PRINT_SZ(STRUCT_MEMBER_OFFSET(struct test6,c))
    PRINT_SZ(STRUCT_MEMBER_OFFSET(struct test6,b))
    PRINT_SZ(sizeof(struct test7))
    PRINT_SZ(STRUCT_MEMBER_OFFSET(struct test7,a))
    PRINT_SZ(STRUCT_MEMBER_OFFSET(struct test7,c))
    PRINT_SZ(STRUCT_MEMBER_OFFSET(struct test7,b))
    return;
}
```

运行结果：

```
sizeof(struct test5) is 12
STRUCT_MEMBER_OFFSET(struct test5,a) is 0
STRUCT_MEMBER_OFFSET(struct test5,c) is 4
STRUCT_MEMBER_OFFSET(struct test5,b) is 8
sizeof(struct test6) is 16
STRUCT_MEMBER_OFFSET(struct test6,a) is 0
STRUCT_MEMBER_OFFSET(struct test6,c) is 4
STRUCT_MEMBER_OFFSET(struct test6,b) is 8
sizeof(struct test7) is 32
STRUCT_MEMBER_OFFSET(struct test7,a) is 0
STRUCT_MEMBER_OFFSET(struct test7,c) is 4
STRUCT_MEMBER_OFFSET(struct test7,b) is 8
```

说明：

test5 结构体指定结构体要按照 1 字节对齐，内部成员还是使用自己的对齐规则，所以 char 后补 3 字节，short 后补 2 字节，总大小为 12 字节。

test6 结构体指定结构体要按照 8 字节对齐，内部成员还是使用自己的对齐规则，所以 char 后补 3 字节，short 后补 2 字节，总大小为 12 字节，但是不是 8 的倍数，所以再补 4 字节，结构体变量大小为 16 字节。

test7 结构体指定结构体要按照 8 字节对齐，内部成员还是使用自己的对齐规则，所以 char 后补 3 字节，short 后补 2 字节，总大小为 12 字节，但是不是 32 的倍数，所以再补 20 字节，结构体变量大小为 32 字节。

综上，可看出两种设置的区别。

- #pragma pack()这种对齐参数设置有上限，最大设置为其默认对齐参数。
- __attribute__ ((aligned (n)))这种对齐方式有下限，最小下限为默认对齐参数。

8.3 结构数组

一个结构体变量可以存放一个雇员的一组信息，可是一个公司有成百上千的员工，难道要定义成百上千个结构体变量吗？很明显这是不现实的，所以就引入了结构体数组。

定义结构体数组的原理同定义结构体变量是一样的，只不过将变量改成数组。例如，struct employee emp[10];定义了一个结构体数组，共有 10 个元素，每个元素都是一个结构体变量，都包含所有的结构体成员。

结构体数组的初始化与前面讲述的数组类型的初始化是一样的，数组初始化的方法和需要注意的问题在结构体数组的初始化中同样适用。

```
#include <stdio.h>
struct employee
{
    char *name;
    int num;
    short age;
    char evaluation;
    char *department;
};
void printf_employee(struct employee emp[]);
int main(void)
{
    struct employee emp[3] = {{"张三",152261,28,'A',"研发部"},{"李四",
162899,31,'C',"测试部"},{"王五",173320,30,'B',"产品部"}};
    printf_employee(emp);
    return 0;
}
void printf_employee(struct employee emp[])
{
    int i;
    for (i=0; i<3; i++)
    {
        printf("姓名:%s 工号:%d 年龄:%d 考评:%c 部门:%s\n", emp[i].name,
emp[i].num,emp[i].age,emp[i].evaluation,emp[i].department);
    }
}
```

运行结果：

```
姓名:张三 工号:152261 年龄:28 考评:A 部门:研发部
姓名:李四 工号:162899 年龄:31 考评:C 部门:测试部
姓名:王五 工号:173320 年龄:30 考评:B 部门:产品部
```

一些其他的结构体初始化的方法这里不再赘述，请参考数组初始化。

8.4 指向结构的指针

与前面介绍的其他变量一样，可以使用一个指针变量指向结构体，称为结构体指针变量，其值是所指向的结构体变量的首地址，通过此指针可以访问结构体变量，定义形式为：

```
struct 结构名 *结构指针变量名;
```

例如，我们定义上述结构 employee 的指针变量：

```
struct employee *pEmp;
```

引入结构体指针的原因主要有如下几方面。

- 易于操作：类似于数组指针比数组有更强的操作性，结构体指针比结构体也更加易于操作。
- 通用性：早期的一些 C 语言编译器版本不支持将结构体变量作为参数传递给函数，但是可以传递结构体指针变量。
- 丰富的数据表示：在 Linux 内核的实现中大量使用了结构体指针，例如文件指针、设备链指针等。

与前面描述的基本指针一样，需要先赋值才能使用，赋值是把结构体变量的首地址赋给指针，而不是将结构体名赋给指针。

这里笔者需要再次强调的是：结构体名和结构体变量是两个不同的概念，不能混淆。结构体名只表示一个结构形式，编译系统并不为其分配内存空间。只有当某变量被定义为这种类型的结构体时，才为该变量分配存储空间。

与结构体变量一样，可以使用 "." 来访问结构体的成员，定义形式为：

```
(*结构指针变量).成员名
```

例如：

```
(*pEmp).name;
```

注意：这里的括号运算符()是必不可少的，因为 "*" 和 "." 是同一优先级的运算符，但其结合顺序是从右到左的，所以括号运算符()必不可少。

C 语言还提供了另外一种使用结构体指针变量访问结构体成员的方法，就是使用成员指针运算符 "->"，定义形式为：

```
结构指针变量->成员名
```

例如：

```
pEmp->name;
```

下面我们使用一个例子来总结本节的内容：

```
#include <stdio.h>
#include <stdlib.h>
#include <string.h>
#define MAX_LEN 20
struct employee
{
    char *name;              //姓名
    int num;                 //工号
    short age;               //年龄
```

```
        char evaluation;           //考评
        char *department;          //部门
};
int main()
{
        struct employee emp;
        emp.name = malloc(MAX_LEN);
        strcpy(emp.name,"GUAN SONG YUAN");
        emp.num=152261;
        emp.age=35;
        emp.evaluation='A';
        emp.department = malloc(MAX_LEN);
        strcpy(emp.department,"DPI Department");
        struct employee *pEmp=&emp;//定义了指向该结构体变量的指针
        printf(" 姓 名 :%s  工 号 :%d  年 龄 :%d  考 评 :%c  部 门 :%s\n",
emp.name,emp.num,emp.age,emp.evaluation,emp.department);
        printf(" 姓 名 :%s  工 号 :%d  年 龄 :%d  考 评 :%c  部 门 :%s\n",
(*pEmp).name,(*pEmp).num,(*pEmp).age,(*pEmp).evaluation,(*pEmp).departm
ent);
        printf(" 姓 名 :%s  工 号 :%d  年 龄 :%d  考 评 :%c  部 门 :%s\n",
pEmp->name,pEmp->num,pEmp->age,pEmp->evaluation,pEmp->department);
        free(emp.name);
        free(emp.department);
        return 0;
}
```

8.5　结构体自引用

　　结构体作为一种类型，其成员可以是各种基本类型，也可以是结构体。当一个结构体中想引用自身的结构时，是可以的，这就引申出了结构体自引用的概念。

　　结构体的自引用（self reference），就是在结构体内部，包含指向自身类型结构体的指针。

　　定义形式为：

```
struct 结构体名
{
        struct 结构体名 *指针名;
};
```

　　例如，在结构体内核中链表常见的定义如下：

```
struct list_head
{
        struct list_head *next, *prev;
};
```

　　在目前主流的 Linux 操作系统上，list_head 的大小占用 16 字节，共存储两个指针，分别指向它的前一个结点和后一个结点。

11.4 节将介绍树结构中的二叉树，对于二叉树的数据结构定义和遍历使用结构体的自引用是最方便的，例如：

```
struct Tree_Node
{
    int data;
    struct Tree_Node *left;
    struct Tree_Node *right;
};
```

使用结构体自引用的时候有一些坑，读者在使用的时候避免踩进去，例如：

```
struct self_ref
{
    int a ;
    struct self_ref b;
    int c ;
};
```

上面的自引用是非法的，因为成员 b 是一个完整的结构，其内部还将包含它自己的成员 b，这样会导致无限重复包含自身。

```
typedef struct
{
    int  a;
    self_ref *b ;
    int c ;
} self_ref ;
```

typedef 这个声明的目的是为结构创建类型名 self_ref，但是在结构声明的内部，它还未定义。

所以正确的定义只有本节开头时列举的格式，请读者谨记。

在学习 Linux 操作系统源码的过程中，能够学到很多 C 语言的精髓，特别是对指针的应用，所以建议读者应该多读一些 Linux 操作系统源码，让自己快速提升。

8.6   联合体基础知识

通过本章前述的介绍，读者已经了解在结构体（变量）中，结构的各成员顺序排列存储，每个成员都有自己独立的存储位置。而联合（union）变量的所有成员共享同一存储区。因此联合变量每个时刻里只能保存它的某一个成员的值。

为什么需要联合体这种数据结构以及其使用时的注意事项，笔者总结如下：

- 当多个数据需要共享内存或者多个数据每次只取其一时。
- 它的所有成员相对于基地址的偏移量都为 0。

- 此结构空间要大到足够容纳最"宽"的成员。
- 其对齐方式要适合其中所有的成员。

例如，有如下联合体：

```
union data
{
    char s[10];
    int n;
    char * pStr;
};
```

s 占 10 字节，n 占 4 字节，pStr 占 8 字节，因此至少需要 10 字节的空间，然而它实际大小并不是 10，用运算符 sizeof 测试其大小为 16，这是因为这里存在字节对齐的问题（同结构体对齐规则，8.2 节已经详细介绍过了，这里不再赘述。）

联合体变量的初始化同结构体，但有两个主要区别。

（1）联合变量定义时初始化只能对第一个成员进行。例如，下面的描述定义了一个联合变量，并进行了初始化。

```
union data
{
    char c;
    int i;
};
union data test = {3};              //只有 test.c 被初始化
```

（2）对 union 某一个成员赋值，会覆盖其他成员的值。

前提是成员所占字节数相同，当联合体成员所占字节数不同时，只会覆盖相应字节上的值，比如对 char 成员赋值就不会把整个 int 成员覆盖掉，因为 char 只占 1 字节，而 int 占 4 字节），union 变量的存放顺序是所有成员都从低地址开始存放。

很多人喜欢使用此特性来检查 CPU 的大小端序（X86 系列 CPU 是小端序，mips 系列 CPU 是大端序）。

- 大端序，是指数据的低位保存在内存的高地址中，而数据的高位，保存在内存的低地址中，这样的存储模式有点儿类似于把数据当作字符串顺序处理，地址由小向大增加，而数据从高位往低位放。
- 小端序，是指数据的低位保存在内存的低地址中，而数据的高位保存在内存的高地址中，这种存储模式将地址的高低和数据位权有效地结合起来，高地址部分权值高，低地址部分权值低，和我们的逻辑一致。

```
/*若处理器是大端序，则返回 0; 若是小端序，则返回 1*/
int checkCPU()
{
    union w
```

```
    {
        int a;
        char b;
    }c;
    c.a = 1;
    return (c.b==1);
}
```

也可以使用更加简单的实现方式，例如：

```
static union
{
    char c[4];
    unsigned long l;
}endian_test = { {'l','0','0','b'} };
/*宏 CHECK_CPU ='l'表示系统为 little endian, 为'b'表示 big endian/
#define CHECK_CPU ( (char)endian_test.l )
```

8.7 枚举类型

如果一个变量只有几种可能的值，则可以将其定义为枚举类型。所谓枚举就是把可能的值一一列举出来，变量的值只限于列举出来的枚举值的范围。

例如，性别分为男和女，颜色分为红橙黄绿青蓝紫这 7 原色，一周有 7 天，这些都是常见的枚举变量。

枚举的格式为：

```
enum 枚举类型{枚举成员列表};        //其中的枚举成员列表是以逗号","相分隔
```

例如：

```
enum WEEK_DAY /*一周 7 天的枚举定义*/
{
    MON=1, TUE, WED, THU, FRI, SAT, SUN
};
enum WEEK_DAY day;              //该语句声明了一个枚举类型的变量
```

上述例子中的 MON、TUE 等称为枚举元素或枚举常量，在没有显式说明的情况下，枚举类型中的第一个枚举常量的值为 0，第二个为 1，以此类推。如果只指定了部分枚举常量的值，那么未指定值的枚举常量的值将依着最后一个指定值向后递增（步长为 1），在上述例子中我们显式（MON=1）指定了枚举值是从 1 开始的。

使用枚举变量有以下几点需要注意。

- 同一枚举类型中的枚举常量的名字必须互不相同，同一枚举类型中的不同的枚举常量可以具有相同的值。
- 不能对枚举常量进行赋值操作（定义枚举类型时除外）。

- 枚举常量和枚举变量可以用于判断语句，实际用于判断的是其中实际包含的值。
- 一个整数不能直接赋值给一个枚举变量，必须用该枚举变量所属的枚举类型进行类型强制转换才行。
- 使用常规的手段输出无法输出枚举常量所对应的字符串，因为枚举常量为整型值。
- 在使用枚举变量的时候，我们不关心其值的大小，而是其表示的状态。

下面几个示例程序，其实是同一个程序的不同写法。

示例 1：先声明枚举变量，再对枚举变量赋值。

```
#include<stdio.h>
/* 定义枚举类型 */
enum WEEK_DAY /*一周 7 天的枚举定义*/
{
    MON=1, TUE, WED, THU, FRI, SAT, SUN
};
void main()
{

    /* 使用枚举类型声明变量，再对枚举类型变量赋值 */
    enum WEEK_DAY yesterday, today, tomorrow;
    yesterday = MON;
    today = TUE;
    tomorrow = WED;
    printf("%d %d %d \n", yesterday, today, tomorrow);
}
```

示例 2：声明枚举变量的同时赋初值。

```
#include<stdio.h>
/* 定义枚举类型 */
enum WEEK_DAY /*一周 7 天的枚举定义*/
{
    MON=1, TUE, WED, THU, FRI, SAT, SUN
};
void main()
{
    /* 使用枚举类型声明变量的同时对枚举型变量赋初值 */
    enum WEEK_DAY yesterday = MON, today = TUE,tomorrow = WED;
    printf("%d %d %d \n", yesterday, today, tomorrow);
}
```

示例 3：定义枚举类型的同时声明枚举变量，然后对枚举变量赋值。

```
#include<stdio.h>
/* 定义枚举类型 */
enum WEEK_DAY /*一周 7 天的枚举定义*/
{
```

```
    MON=1, TUE, WED, THU, FRI, SAT, SUN
} yesterday, today, tomorrow;
void main()
{
    /*对枚举类型变量赋值 */
    yesterday = MON;
    today = TUE;
    tomorrow = WED;
    printf("%d %d %d \n", yesterday, today, tomorrow);
}
```

示例 4：定义枚举类型的同时声明枚举变量、对枚举变量赋值。

```
#include<stdio.h>
/* 定义枚举类型 */
enum WEEK_DAY /*一周 7 天的枚举定义*/
{
    MON=1, TUE, WED, THU, FRI, SAT, SUN
} yesterday= MON, today=TUE, tomorrow=WED;
void main()
{
    printf("%d %d %d \n", yesterday, today, tomorrow);
}
```

示例 5：对枚举变量赋整数值时，需要做类型转换。

```
#include <stdio.h>
enum WEEK_DAY /*一周 7 天的枚举定义*/
{
    MON=1, TUE, WED, THU, FRI, SAT, SUN
};
void main()
{
    enum WEEK_DAY yesterday, today, tomorrow;
    yesterday = TUE;
    today = (enum WEEK_DAY) (yesterday + 1);        //类型转换
    tomorrow = (enum WEEK_DAY) 4; //类型转换
    printf("%d %d %d \n", yesterday, today, tomorrow); //输出: 2 3 4
}
```

　　枚举变量，是由枚举类型定义的变量。对于枚举变量的赋值，一次只能存放枚举结构中的某个常数。所以枚举变量的大小，实质是常数所占内存空间的大小（常数为 int 型，当前主流的编译器中，32 位机器和 64 位机器中 int 型都是 4 字节），所以当 sizeof(enum DAY)或者 sizeof(roday)，其返回值都是 4 字节。

8.8　位字段

位字段是 C 语言中一种实用的存储结构，不同于一般结构体的是，它需要在定义成员的时候指定成员所占的位数。位字段是一个 int 型或 unsigned int 型变量中一组相邻的位（C99 和 C11 新增了 Bool 型的位字段）。位字段通过一个结构声明来建立，该结构声明为每个字段提供标签，并确定该字段的宽度。

例如，下面重新定义了日期的表示：

```
struct Date
{
    unsigned int month : 4;    //1是1月；12是12月，最大能表示到15
    unsigned int day : 5;      //月份中的日（1~31），最大能表示到31
    signed int year : 22;      //（-2097152~+2097151）
    bool isDST : 1;            //如果是夏令时，则为true
};
```

另外，位域可以无位域名，这时它只用来填充或调整位置。无名的位域是不能使用的，例如：

```
  struct testBit
{
    int a:1;
    int :3; /*该2位不能使用*/
    int b:4;
    int c:8;
    int res:16;
}test_bit;
```

从上述例子可以看出，位域在本质上就是一种结构类型，只是其成员是按照二进位分配的，使用时一定要注意位赋值不要超过位定义的长度，例如上述如果 b 最大占用 4 位，其表示范围只能是[-8,7]。

内存分配规则：

- 位字段按声明顺序在机器内存储。
- 位字段没有独立的地址，不能进行取地址操作。
- 位字段没有独立的存储空间，不能进行 sizeof()操作。
- 位字段不能跨越机器字存储，上一个机器字空间不足时，该位字段将

位字段访问规则如下：

- 位字段通过 "." 符号访问（test_bit.a、test_bit.b）。

下面是一个示例。

```
#include <stdio.h>
struct bit1
{
```

```
    unsigned a  :20;
    unsigned b  : 6;
    unsigned c  : 2;
}test_bit1;
struct bit2
{
    unsigned d  :20;
    unsigned e  :6;
    unsigned f  :20;
}test_bit2;                //20+6+20>32(一个机器字的位宽)故需在 2 个机器字内存储
int main()
{
    int n=sizeof(test_bit1);        //flags 占一个机器字，sizeof 为 4
    printf("Size of test_bit1 :%d\n",n);
    n=sizeof(test_bit2);            //flagscopy 占两个机器字，sizeof 为 8
    printf("Size of test_bit2 :%d\n",n);
    test_bit1.a = 0;
    test_bit1.b = 0;
    test_bit1.c=3;
    printf("bit.c is : %d \n",test_bit1.c);
    printf("bit is : %d \n",test_bit1);
    return 0;
}
```

编译运行结果：

```
Size of test_bit1 :4
Size of test_bit2 :8
bit.c is : 3
bit is : 201326592
```

201326592 这个换成十进制为 0xc000000（前两位为 1，后面 26 位为 0，就是我们结构体按位定义经过大小端转换的结果）。

下面我们再看一个联合体中嵌套结构体的例子。

```
#include <stdio.h>
union UN
{
    unsigned int u;
    struct
    {
        unsigned char a :1;
        unsigned char b :2;
        unsigned char c :4;
        unsigned char d :8;
    } ST;
};
int main()
{
```

```
    union UN un;
    un.u = 0;
    un.ST.a = 1;
    un.ST.b = 2;
    un.ST.c = 4;
    un.ST.d = 8;
    printf("0x%x\n", un.u);
    return 0;
}
```

编译运行结果：

```
0x825
```

说明：换成二级制为 100000100101，和我们前面定义的位对应。

位字段是采用空间换时间的思想，压缩存储，但是增加了访问的时延，因为它是违反 Cache Line 原则的，所以位操作一般在嵌入式编程中的控制方面用得比较多，控制层面对性能要求不像数据层面那么高，同时也可以起到压缩存储的目的。

8.9　typedef 简介

typedef，即为现有类型创建一个新的名字，有经验的工程师经常使用 typedef 来编写更美观和可读的代码，它主要用于隐藏笨拙的语法构造以及平台相关的数据类型，来增强跨平台的可移植性，32 位系统向 64 位系统迁移，以及未来的可维护性。

详细来讲，分为四个主要用途。

（1）定义一种类型的别名，而不只是简单的宏替换。可以同时声明指针型的多个对象。例如，字符指针的定义：

```
char *pa, *pb;
```

使用这种定义的方式比较繁琐或经常误写，我们可以使用 typedef 来优化：

```
typedef char* PCHAR;        //一般用大写
PCHAR pa, pb;               //可行，同时声明了两个指向字符变量的指针
```

所以，在大量使用指针的地方，建议使用 typedef。

（2）简化结构体/联合体的变量定义，对于一些老旧代码，经常使用：

```
struct port_config
{
    uint8_t  id;              /* port index*/
    uint16_t rx_queues;       /* RX queues assigned so far*/
    uint16_t tx_queues;       /* TX queues assigned so far*/
    uint64_t pollers;         /* Set of RX polling cores  */
```

```
}
struct port_config port1;
```

可以将其精简如下：

```
typedef struct port_config
{
    uint8_t  id;                 /* port index*/
    uint16_t rx_queues;          /* RX queues assigned so far*/
    uint16_t tx_queues;          /* TX queues assigned so far*/
    uint64_t pollers;            /* Set of RX polling cores  */
} PCONFIG;

PCONFIG port1;                   //每次可以少写一个 struct，并且不容易出错
```

（3）用 typedef 来定义与平台无关的类型。

例如，我们可以对基础类型进行封装：

```
typedef unsigned long long __u64;
typedef signed long long __s64;
typedef unsigned int __u32;
typedef signed int __s32;
typedef unsigned short __u16;
typedef signed short __s16;
typedef unsigned char __u8;
typedef signed char __s8;
typedef char __c8;
typedef float __flt;
```

当跨平台时，只要修改 typedef 本身就行，不用对其他源码做任何修改。标准库就广泛使用了这个技巧，比如 size_t。

（4）为复杂的声明定义一个新的简单的别名。

在原来的声明里逐步用别名替换一部分复杂声明，如此循环，把带变量名的部分留到最后替换，得到的就是原声明的最简化版。

例如，有 10 个指针的数组，该指针指向一个函数，该函数有一个整型参数和一个字符指针参数并返回一个整型数，通常的定义为：

```
_int ( *a[10])( int,char*);
```

可以将其改进为先定义一个模板：

```
typedef int (*pFun)(int, char*);
```

然后，使用模板的定义进行简化：

```
pFun a[5];
```

经过上述介绍，读者或许会发现 typedef 和#define 有一定的相似性，其实两者的区别如下：

- #define 是预处理指令,在编译预处理时进行简单的替换,不做正确性检查, 不管含义是否正确照样带入,只有在编译已被展开的源程序时才会发现可能的错误并报错。
- typedef 在编译时处理。它在自己的作用域内给一个已经存在的类型定义一个别名。

通常来讲, typedef 要比#define 好用,特别是在有指针的场合,例如:

```
typedef char *PSTR1;
#define PSTR2char *;
PSTR1 p1, p2;
PSTR2 p3, p4;
```

在上述变量定义中, p1、p2、p3 被定义为 char *,而 p4 则定义为 char,不是我们所预期的指针变量,根本原因就在于#define 只是简单的字符串替换,而 typedef 则是为一个类型起新名字。

再比如,如下代码的 p2++会报错:

```
typedef char * PSTR;
char string[4] = "abc";
const char *p1 = string;
const PSTR p2 = string;
p1++;
p2++;
```

因为上述代码中, const PSTR p2 的含义是限定数据类型为 char *的变量 p2 为只读,因此 p2++并不等于 const char * p2(它是限制 p2 指向的变量是只读的)。

第 9 章

成长的惊喜——预处理器

正如萧伯纳曾经说过："我年轻时注意到，我每做十件事有九件不成功，于是我就十倍地去努力干下去。"C 语言也是如此，在它的年轻发展期，曾出现各种各样新的标准，有的昙花一现，有的则渊源流传，本章主要讲述的是一些流传下来，简化开发者编程和提升性能的一种精粹"预处理"。

预处理可以改变程序设计环境，提高编程效率，但它们不是 C 语言的基础部分，不能直接对其进行编译，必须在程序进行编译之前进行如下操作。

（1）对程序中这些特殊的命令进行"预处理"。

（2）经过预处理后，程序就不再包括预处理指令。

（3）再由编译程序对预处理之后的源程序进行编译处理，得到可供执行的目标代码。

C 语言提供的 3 种预处理包括：宏定义、文件包含、条件编译。本章将一一介绍。

9.1 宏定义

宏定义的思想是使用标识符来表示替换列表中的内容。标识符称为宏名，在预处理过程中，预处理器会把源程序中所有宏名，替换成宏定义中替换列表中的内容。

一般来说，常见的宏定义有两种，不带参数的宏定义和带参数的宏定义。需要注意的是，宏定义不需要以分号来结尾。

1. 不带参数的宏定义

格式为：

```
#define 标识符 替换列表
```

下面举几个常用的场景。

（1）利用 define 来定义数值宏常量。

例如，定义圆周率：

```
#define PI 3.1415926
```

在后续的代码中可以使用 PI 来代替 3.1415926，当我们想把 PI 的精度提高，只需修改宏定义，这是十分高效的。

（2）利用 define 来定义字符串宏常量。

例如，定义配置文件路径：

```
#define PLUGIN_CONFIG_FILE "/usr/etc/dpi/dpi_plugin.conf"
```

如果需要修改配置文件路径，只需修改宏定义即可。

（3）利用 define 来定义表达式。

例如，定义一年有多少秒：

```
#define SEC_A_YEAR (60*60*24*365)UL
```

使用宏定义表达式的时候注意一定要加外层括号，例如：

```
#define N 3+2              /*本意是将 N 定义成 5*/
int r=N*N;                 /*返回结果为 3+2*3+2=11*/
```

正确的写法应该为：

```
#define N (3+2)
```

（4）利用 define 定义高性能无参函数。

因为宏定义是直接原地展开，不会有压栈、弹栈操作，所以对于核心流程使用宏定义能提高系统性能，当定义函数时，如果定义较长，一行写不下来的时候，可以使用反斜杠接续符"\"，例如：

```
#define dpi_rdtsc() \
    ({ \
        __u32 _hi, _lo; \
        asm volatile ("rdtsc" : "=a" (_lo), "=d" (_hi)); \
        ((__u64) _hi << 32) | _lo; \
    })
```

2．带参数宏定义

格式为：

```
#define 标识符(参数 1,参数 2,...,参数 n) 替换列表
```

（1）利用 definc 来定义高性能有参函数。

例如，使用宏定义来取两个数的大数：

```
#define MAX(a,b) ((a)>(b)?(a) : (b))
```

当有语句 c=MAX(3,2);调用时，预处理器会将带参数的宏替换成如下形式：

```
c=((3)>(3)?(3) : (2));
```

所以计算结果为 c=3。

另外需要注意的是，宏函数被调用时是以实参替换形参，而不是值传递。

3．撤销宏定义

#undef 是用来撤销宏定义的。

例如，当我们在一段代码或者一个文件中需要使用宏定义，其他不需要使用时，可以进行如下定义：

```
#define PI 3.141592654
…
//code
#undef PI
```

此功能经常用在大型工程中，有多人并行开发，此时很难保证每个人定义的宏名称是相同的，所以最好的方法是，限定自己使用的宏的范围，当不使用的时候，将其撤销。

第 5 章已经讲述过函数，本节又讲解了使用宏来定义函数，所有这里有必要讲解带参宏定义和函数调用的区别，以方便读者在编程的时候做出选择。

1．调用时机
- 宏定义的替换是在源程序进行编译之前，即预处理阶段。
- 函数调用则发生在程序运行期间。

2．参数类型检查
- 带参宏在调用中不做参数检查，即宏定义时不需要指定参数类型，需要程序设计者自行确保宏调用参数的类型正确。
- 函数参数类型检查严格。程序在编译阶段，需要检查实参与形参个数是否相等及类型是否匹配或兼容，若参数个数不相同或类型不兼容，则会编译不通过。

3．参数占用空间
- 带参宏在调用中仅是简单的文本替换，且替换完就把宏名对应标识符删除掉，即不需要分配空间。
- 函数调用时，需要为形参分配空间，并把实参的值复制一份赋给形参分配的空间中。

4．执行速度
- 带参宏在调用过程中仅是简单文本替换，不做任何语法或逻辑检查。所以性能较高。
- 函数在编译阶段需要检查参数个数是否相同、类型是否匹配等多个语法，函数在运行阶段，参数需入栈和出栈，所以性能较低。

下面笔者在此列举一些在编程中经常使用的带参宏，以方便读者理解。

1．求最大值和最小值

```
#define MAX(a,b) (((a) > (b)) ? (a) : (b))
#define MIN(a,b) (((a) < (b)) ? (a) : (b))
```

2．得到指定地址上的一个字节或字

```
#define B_MEM(a) (*((byte *)(a)))
#define W_MEM(a) (*((word *)(a)))
```

3．获取变量的地址

```
#define B_ADDR(var) ((byte *)(void *)&(var))
#define W_ADDR(var) ((word *)(void *)&(var))
```

4．获取结构体成员 field 的偏移量

```
#define offsetof(type, field) ((size_t) &( ((type *)0)->field) )
```

5．将字符 c 转换为大写

```
#define UPCASE(c) (((c) >= 'a' && (c) <= 'z') ? ((c) - 0x20) : (c))
```

6．判断字符是不是十进制数

```
#define DECCHK(c) ((c) >= '0' && (c) <= '9')
```

7．判断字符是不是十六进制数

```
#define HEXCHK(c) ( ((c) >= '0' && (c) <= '9') ||\
((c) >= 'A' && (c) <= 'F') ||\
((c) >= 'a' && (c) <= 'f'))
```

8．返回数组元素的个数

```
#define ARR_SIZE(a) (sizeof((a))/sizeof((a[0])))
```

9．跟踪调试

这里使用了 do while(0)语句。

```
#define MESSAGE(msg) do { \
    printf("%s,%s:%d/%s()!\n"msg, __FILE__ , __LINE__ , __FUNCTION__); \
} while (0)
```

10．大小端交换

```
#define EXTRACT_16BITS(p) \
    ((__u16)((__u16)*((const __u8 *)(p) + 0) << 8 | \
            (__u16)*((const __u8 *)(p) + 1)))
#define EXTRACT_24BITS(p) \
    ((__u32)((__u32)*((const __u8 *)(p) + 0) << 16 | \
            (__u32)*((const __u8 *)(p) + 1) << 8 | \
            (__u32)*((const __u8 *)(p) + 2)))
#define EXTRACT_32BITS(p) \
    ((__u32)((__u32)*((const __u8 *)(p) + 0) << 24 | \
```

```
                (__u32)*((const __u8 *)(p) + 1) << 16 | \
                (__u32)*((const __u8 *)(p) + 2) << 8 | \
                (__u32)*((const __u8 *)(p) + 3)))
#define EXTRACT_64BITS(p) \
    ((__u64)((__u64)*((const __u8 *)(p) + 0) << 56 | \
                (__u64)*((const __u8 *)(p) + 1) << 48 | \
                (__u64)*((const __u8 *)(p) + 2) << 40 | \
                (__u64)*((const __u8 *)(p) + 3) << 32 | \
                (__u64)*((const __u8 *)(p) + 4) << 24 | \
                (__u64)*((const __u8 *)(p) + 5) << 16 | \
                (__u64)*((const __u8 *)(p) + 6) << 8 | \
                (__u64)*((const __u8 *)(p) + 7)))
```

9.2 文件包含

代码工程越来越复杂，一个源文件的体量越来越臃肿。于是需要将代码写到不同的多个源文件中。随之而来会遇到各个源文件中函数与变量的调用问题。

通常的编程习惯是将宏定义、结构体、联合体、枚举定义和需要对外的变量声明和函数声明等写入到头文件.h 中去；函数的实现定义、变量定义等写到.c 文件中。这也就导致当某一.c 源文件需要调用某一函数的时候，需要包含这个函数声明的.h 头文件。

在 C 语言中，文件包含有两种形式。

1．#include<文件名>

编译器从标准路径开始搜索文件名。

2．#include "文件名"

- 编译器从工作路径开始搜索。
- 如果找不到，再从操作系统中 path 路径查找。
- 如果再找不到，最后从 C 语言标准路径开始搜索。

使用好文件包含，会使得代码整洁和标准，下面是文件包含的注意事项。

1．#include 一行只能包含一个文件，多个文件必须分开写

```
#include <stdio.h>
#include <stdlib.h>
```

2．#include 指令允许嵌套包含，但是不允许递归包含。

比如，a.h 包含 b.h，b.h 包含 c.h 这些是合法的，但是 a.h 包含 b.h，b.h 包含 a.h 是不合理的。

3．使用#include 指令可能会导致多次引用该文件的内容，降低编译效率。

例如，a.h 头文件中包含：

```
void a();
```

b.h 文件中包含：

```
 #include "a.h"
 void b();
```

在 main 函数中，代码如下：

```
#include "a.h"
#include "b.h"
void main()
{
    //code;
}
```

经过预处理展开后如下：

```
 void a();
 void a();
 void b();
void main()
{
    //code;
}
```

第 1 个 void a()是由#include "a.h"所包含的。

第 2 个 void a()是由#include "b.h"所包含的（因为 b.h 里面包含了 a.h）。

可以看出，a()被声明了两遍，降低了编译效率。

为了处理这种问题，需要引入条件编译。

9.3 条件编译

在 C 语言没有特指时，源程序的所有代码段都参与编译。但有时希望只对满足特定条件的其中一部分内容进行编译，也就是需要对这部分内容指定编译条件，这就是"条件编译"。即希望当满足某条件时对一组语句进行编译，而当条件不满足时编译另一组语句。

C 语言中条件编译相关的预编译指令主要包括如下内容。

- #if：编译预处理中的条件命令，如果条件为真，则执行相应操作，相当于 C 语法中的 if 语句。
- #elif：若前面条件为假，而该条件为真，则执行相应操作，相当于 C 语法中的 else-if。
- #else：若前面条件不满足，则执行#else 之后的语句，相当于 C 语法中的 else。
- #endif：#if、#ifdef、#ifndef 这些条件命令的结束标志。
- #ifdef：如果该宏已定义，则执行相应操作。

- #ifndef：与#ifdef 相反，如果该宏没有定义，则执行相应操作。
- #undef：在后面取消以前定义的宏定义。

下面是一些常用的预处理指令组合的例子。

1．#if…#else…#endif

其格式如下：

```
#if 条件表达式
    程序段1
#else
    程序段2
#endif
```

功能：如果#if 后的条件表达式为真，则"程序段 1"被选中编译，否则"程序段 2"被选中编译。条件编译一定要使用#endif 作为结束。例如：

```
#include<stdio.h>
#define RESULT 0
int main (void)
{
    #if !RESULT
        printf("It's False!\n");
    #else
        printf("It's True!\n");
    #endif //标志结束#if
    return 0;
}
```

有读者可能会问，不用条件编译命令而直接用 if 语句也能达到上述目的，用它有什么好处呢？确实可以不用条件编译处理，但那样做目标程序长（因为所有语句都编译），而采用条件编译，可以减少被编译的语句，从而减少目标长度。当条件编译段较多时，目标程序长度可以大大减少。

2．#ifdef…#endif

其格式如下：

```
#ifdef 标识符
    //...
#endif
```

此格式在调试程序时非常有用，例如：

```
#ifdef DEBUG
    print ("device_open(%p)\n", file);
#endif
```

我们可以在编译前设置#define DEBUG 或者#undef DEBUG 来控制是否进行调试打印，也就是正式发布的 Release 版本和内部调试的 Debug 版本。

3．#ifndef…#define…#endif

其格式如下：

```
#ifndef 标识符 a
    #define 标识符 a 替换列表
    //...
#endif
```

功能：检测程序中是否已经定义了名字为标识符 a 的宏，如果没有定义该宏，则定义该宏，选择从#define 开始到#endif 之间的程序段；如果已定义，则不再重复定义该符号，且相应程序段不被选中。

该条件编译指令更重要的一个应用是防止头文件重复包含。

例如，9.2 节中，可以定义如下头文件 a：

```
#ifndef _A_H_
    #define _A_H_
    void a();
#endif
```

当此头文件第一次被包含时，由于没检测到此头文件名对应的宏_A_H_，所以定义此头文件名对应的宏_A_H_，其值为该系统默认。并且，条件编译指令选中#endif 之前的头文件内容；如果该头文件再次被包含时，由于检测到已存在_A_H_的定义，则忽略该条件编译指令之间的所有代码，从而避免了头文件的重复包含，建议读者在建立 C 语言工程的时候，定义头文件使用上述格式。

4．#if…#elif…#else…#endif

其格式如下：

```
#if 条件表达式 1
    程序段 1
#elif 条件表达式 2
    程序段 2
#else
    程序段 3
#endif
```

功能：先判断条件表达式 1 的值，如果为真，则程序段 1 被编译；如果为假，而条件表达式 2 的值为真，则程序段 2 被编译；其他情况，程序段 3 被选中编译。

此功能对于程序移植非常有用，例如 IPV6 地址在不同平台中的定义：

```
struct ipv6hdr
{
#if defined(__LITTLE_ENDIAN_BITFIELD)
    __u8    priority:4,
                version:4;
#elif defined(__BIG_ENDIAN_BITFIELD)
    __u8    version:4,
```

```
                priority:4;
#else
    #error  "Please fix <asm/byteorder.h>"
#endif
    __u8        flow_lbl[3];
    __u16           payload_len;
    __u8        nexthdr;
    __u8        hop_limit;
    struct  in6_addr saddr;
    struct  in6_addr daddr;
};
```

5．#undef

其格式为：

```
#undef 标识符号
```

取消前面定义的宏标识符。

主要用在一个程序块中用完宏定义后，为防止后面标识符冲突需要取消其宏定义：

```
#include <stdio.h>
int main()
{
    #define MAX 200
    printf("MAX = %d\n", MAX);
    #undef MAX
    {
        int MAX = 10;
        printf("MAX = %d\n", MAX);
    }
    return 0;
}
```

另外一个主要用途是包含系统文件，但是我们不像使用系统文件中的一些接口定义，需要重新定义接口，例如：

```
#undef stream_read
#undef stream_write
int stream_read (struct stream *, int, size_t);
int stream_read_unblock (struct stream *, int, size_t);
int stream_write (struct stream *, u_char *, size_t);
```

6．使用条件编译的注意事项

- 在判断某个宏是否被定义时，避免使用#if，因为该宏的值可能被定义为 0，应当使用#ifdef 或#ifndef。
- #if、#elif 之后的宏只能是对象宏。如果宏未定义，或者该宏是函数宏，则编译器可能会有对应宏未定义的警告。

第 10 章

成人礼——第一次构建多文件工程

正如罗兰曾经说过："成功的快乐在于一次又一次对自己的肯定，而不在于长久满足于某件事情的完成。"当我们学会了 C 语言的所有基本语法，学会了构建第一个"Hello Word"程序，这只是我们学习过程中的一些小的肯定，本章将讲述在实际项目中进行大规模工程的编译、连接、调试，掌握本章之后才能算一个基本合格的 C 程序员。

10.1 多源文件编译

本书前面介绍的部分只停留在单一文件的编译上，大型工程由多人并行开发，所以一般需要由架构团队先做好功能拆分，根据不同的功能将代码分别书写到多个源文件.c 与头文件.h 中，然后将为实现相同功能的代码放在一个源文件中。

这里先从一个简单的例子入手，让读者有一个初步的印象。

我们要实现一个加法和减法操作，将加法和减法看成两个独立的功能，并且将头文件和源文件分离，方便其他开发者使用，这里有一个小技巧，在.c 源文件中提供的可以被外部调用的函数，最好在.h 文件中声明，这样会避免使用 extern。

（1）编辑 add.h 头文件：

```
#ifndef ADD_H
#define ADD_H
int add(int,int);
#endif
```

（2）编辑 sub.h 头文件：

```
#ifndef SUB_H
#define SUB_H
int sub(int,int);
#endif
```

（3）编辑 header.h 头文件，为整个系统的公共头文件：

```
#ifndef HRADER_H
#include <stdio.h>
#include "add.h"
#include "sub.h"
#endif
```

（4）编辑 add.c 源文件：

```
#include "header.h"
int add(int a,int b)
{
    return a+b;
}
```

（5）编辑 sub.c 源文件：

```
#include "header.h"
int sub(int a,int b)
{
    return a-b;
}
```

（6）编辑 main.c 源文件（只需包含一个公共的.h 头文件）

```
#include "header.h"
int main(void)
{
    int a = 2;
    int b = 1;
    printf("a=%d,b=%d,a+b=%d,a-b=%d\n",a,b,add(a,b),sub(a,b));
    return 0;
}
```

因为所有头文件都在当前目录，所有不需要指定，编译如下：

```
[root@ gongcheng]# gcc -o test add.c sub.c main.c
[root@ gongcheng]# ./test
a=2,b=1,a+b=3,a-b=1
```

大型工程编译的时候一般需要用到 Makefile，无论是自动生成还是手动编写，都需要对 Makefile 有一定了解，因为 Makefile 内容较多，而且不是本书涉猎的内容，此处不做详细介绍。

编辑 Makefile 文件如下：

```
objects = add.o sub.o main.o
all: $(objects)
      $(CC) -o test $(objects)
$(objects): %.o: %.c
      $(CC) -c $(CFLAGS) $< -o $@
```

```
.PHONY:clean
clean:
        rm -rf *.o
```

编译过程：

```
[root@ gongcheng]# make all
cc -c  add.c -o add.o
cc -c  sub.c -o sub.o
cc -c  main.c -o main.o
cc -o test add.o sub.o main.o
[root@ gongcheng]# ./test
a=2,b=1,a+b=3,a-b=1
```

清空编译中间文件：

```
[root@ gongcheng]# make clean
rm -rf *.o
```

笔者设计的一个大型工程目录（里面略去很多细节）如图 10.1 所示。

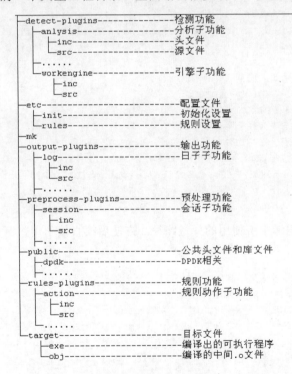

图 10.1　大型工程目录

其中涉及跨平台适配、引用动态库、依赖关系、编译选项设置等复杂操作，下面一一说明如何将这些文件通过统一的方式编译到工程中，并且新增的功能只需要简单的新增 Makefile 定义，即可加入工程。

（1）为了跨平台适配，一般会定义编译选项，例如我们可建立一个文件 platform.mk。

```
#对于一些使用的编译命令进行封装，在块平台移植的时候只需要改定义即可。
DPIECHO = echo
DPIMKDIR = mkdir
DPICP = cp
DPIMV = mv
DPIMAKE = make
DPILN = ln
DPIUNLINK = unlink
DPIRM = rm
AR := ar
CM := gcc
CC := gcc
#定义编译时候所需要的一些参数
CC += -Wno-unused-function -Wno-unused-variable -Wno-unused-parameter
-Wno-unused-label -Wno-unused-but-set-variable -Wno-deprecated-declarations
#定义连接时候所需要的一些参数
DPIFLAGS = -c -W -Wall -g -O3 -fno-common -msse4.2  -finline-limit=500
-fno-strict-aliasing
CCFLAGS += $(CFLAGS)
#调试开关，方便正式发布版本和调试版本
CFLAGS += -D _X86_DPI_DEBUG_
CCFLAGS += $(DPIFLAGS)
#定义连接的动态库和静态库文件
LDFLAGS = -Wl,-L$(DPDK_lib) -Wl,-L$(SSL_lib)
LDLIBS += -Wl,-lpthread -Wl,-ldl -Wl,-lm -Wl,-lrt -Wl,-rpath=$(LD_DIR),
-ldpdk -Wl,-rpath=$(LD_DIR),-lssl -Wl,-rpath=$(LD_DIR),-lcrypto
#定义通用目标文件
DPI_CCOUT = -o $@
```

（2）定义在编译中所使用的变量路径，方便后续直接引用，例如我们可建立一个文件 vars.mk。

```
#定义各个插件的路径
SRV_DIR := $(shell pwd)
DETECT_PLUGINS_DIR = $(SRV_DIR)/detect-plugins
OUTPUT_PLUGINS_DIR = $(SRV_DIR)/output-plugins
PREPROCESS_PLUGINS_DIR = $(SRV_DIR)/preprocess-plugins
RULES_PLUGINS_DIR = $(SRV_DIR)/rules-plugins
PUBLIC_DIR = $(SRV_DIR)/public
#配置文件
#代码工程中的配置文件
CONFIG_DIR = $(SRV_DIR)/etc
RULES_DIR = $(CONFIG_DIR)/rules

#程序运行时的配置文件
```

```
DPI_CONFIG_DIR = /usr/etc/dpi
LOCAL_RULES_DIR = $(DPI_CONFIG_DIR)/rules
LD_DIR = $(DPI_CONFIG_DIR)/lib
#DPDK 配置文件
DPDK_DIR = $(PUBLIC_DIR)/dpdk
DPDK_lib = $(DPDK_DIR)/lib
#SSL 配置文件
SSL_DIR = $(PUBLIC_DIR)/ssl
SSL_lib = $(SSL_DIR)/lib
#定义输出
DPI_TARGET_DIR = $(SRV_DIR)/target
DPI_EXE_DIR = $(DPI_TARGET_DIR)/exe
DPILIBSDIR = $(SRV_DIR)
DPI_OBJ_DIR = $(DPI_TARGET_DIR)/obj
DPI_EXE_FILE = x86_dpi
```

（3）定义通用的编译过程。

```
#指定搜索目录
vpath %.c $(DPI_SRC_DIR)
vpath %.h $(DPI_INCLUDE_DIR)
vpath %.o $(DPI_OBJ_DIR)
vpath %.d $(DPI_OBJ_DIR)
#指定生成的.o文件
DPIOBJECTS += $(addprefix $(DPI_OBJ_DIR)/, $(SRV_OBJS))
#指定清空编译时的目标文件
DPICLEAN += $(addsuffix .clean, $(DPI_EXE_FILE))
#指定虚假目标
.PHONY: all clean install dirs
#编译目标
all:install
#清空目标
clean: $(DPICLEAN)
#生成依赖关系
$(DPI_OBJ_DIR)/%.d: %.c
    @set -e; $(DPIRM) -f $@; \
    $(CM) $(CFLAGS) -MM $< > $@.$$$$; \
    sed 's,\($*\)\.o[ :]*,\1.o $@ : ,g' < $@.$$$$ > $@; \
    $(DPIRM) -f $@.$$$$

#包含依赖生成规则
sinclude $(DPIOBJECTS:.o=.d)
#具体编译过程
install: dirs
    @for dir in $(DPILIBSDIR); do \
        if [ -d $$dir ]; then \
            $(DPIECHO) "+++ Making project: $$dir"; \
            $(DPIMAKE) -C $$dir/ $(DPI_EXE_FILE) || exit 1; \
```

```
                $(DPICP) -rfp $(CONFIG_DIR)/* $(DPI_CONFIG_DIR); \
                $(DPICP) -rfp $(DPDK_lib) $(DPI_CONFIG_DIR); \
                $(DPICP) -rfp $(SSL_lib) $(DPI_CONFIG_DIR); \
                $(DPIECHO) ""; \
        fi; \
        done
$(DPI_EXE_FILE):  $(DPIOBJECTS)
    @$(DPIECHO) "+++ TARGET $(DPI_EXE_DIR)/$@ "
    @$(CC) -o $(DPI_EXE_DIR)/$@ $(DPIOBJECTS) $(LDFLAGS) $(LDLIBS)
$(DPI_OBJ_DIR)/%.o:%.c %.d
    @$(DPIECHO) "+++ Compiling $<"
    @$(CC) $(CCFLAGS) $(DPI_CCOUT) $<
#编译过程中生成一些目标文件夹
dirs: $(DPI_EXE_DIR) $(DPI_OBJ_DIR) $(DPI_CONFIG_DIR)
$(DPI_OBJ_DIR):
    @$(DPIMKDIR) -p $(DPI_OBJ_DIR)
$(DPI_EXE_DIR):
    @$(DPIMKDIR) -p $(DPI_EXE_DIR)
$(DPI_CONFIG_DIR):
    @$(DPIMKDIR) -p $(DPI_CONFIG_DIR)
#具体编译清空过程
%.clean:
    @$(DPIRM) -f $(DPI_OBJ_DIR)/*.o \
    @$(DPIRM) -f $(DPI_OBJ_DIR)/*.d \
    @$(DPIRM) -f $(DPI_EXE_DIR)/$(DPI_EXE_FILE) \
    @$(DPIRM) -rf $(DPI_CONFIG_DIR)
```

有以上 3 个通用过程，我们的 Makefile 文件就具有通用化和跨平台移植化，此时我们建立 Makefile。

```
#包含上述定义的通用文件
include mk/vars.mk
include mk/platform.mk
#下面是工程所包含的插件文件
include $(PUBLIC_DIR)/Makefile
include $(DETECT_PLUGINS_DIR)/Makefile
include $(OUTPUT_PLUGINS_DIR)/Makefile
include $(PREPROCESS_PLUGINS_DIR)/Makefile
include $(RULES_PLUGINS_DIR)/Makefile
#下面添加编译时所需要的全局选项，将各个目录下的.h文件统一加到环境变量中，只要在
#include 的时候不需要包含路径
DPI_INCLUDE_DIR += $(SRV_INC_DIR)
DPI_SRC_DIR += $(SRV_SRC_DIR)
#调用具体编译过程
include ./mk/dpi_make.mk
```

对于每个插件下的 Makefile 只需要简单包含即可，例如 output 下面的 Makefile 如下：

```
#output
include $(OUTPUT_PLUGINS_DIR)/capture/Makefile
include $(OUTPUT_PLUGINS_DIR)/cli/Makefile
include $(OUTPUT_PLUGINS_DIR)/database/Makefile
include $(OUTPUT_PLUGINS_DIR)/debug/Makefile
include $(OUTPUT_PLUGINS_DIR)/log/Makefile
include $(OUTPUT_PLUGINS_DIR)/monitor/Makefile
include $(OUTPUT_PLUGINS_DIR)/stat/Makefile
include $(OUTPUT_PLUGINS_DIR)/warn/Makefile
```

具体到上面提到的 log 下的 Makefile，只需要简单定义：

```
#log module
#定义要生成的目标.o 文件
DPI_LOG_OBJS = dpi_log.o
#定义路径和每个路径添加编译参数即可
SRV_OBJS += $(DPI_LOG_OBJS)
SRV_INC_DIR += $(OUTPUT_PLUGINS_DIR)/log/inc
SRV_SRC_DIR += $(OUTPUT_PLUGINS_DIR)/log/src
CFLAGS += -I $(OUTPUT_PLUGINS_DIR)/log/inc
```

如上代码使得 Makefile 具有层级，编译过程全部脱壳到外部，每个子目录只需要定义自己要生成的目标文件和指定目录，而不需要关心具体的编译过程。这样可以由系统架构师搭建整个系统框架，各研发工程师各司其职地开发自己的模块即可。

10.2　动态库和静态库

库是写好的、现有的、成熟的、可以复用的代码，对于大型工程来说，要依赖很多基础的底层库，不可能每个人的代码都从零开始，因此库的存在意义非同寻常。

同样，在开发过程中对于一些很少修改的，并且是多研发人员都需要调用的基础功能，一般也会编译成库的形式。

生成库的步骤如图 10.2 所示。

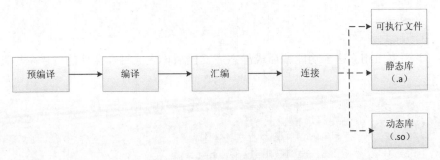

图 10.2　生成库的步骤

在 Linux 系统中，库的形式分为动态库和静态库，其区别是在连接阶段如何处理库，将其连接进可执行程序，分别称为静态连接方式和动态连接方式。

10.2.1 静态库

在程序编译时会被连接到可执行文件中，程序运行时将不再需要该静态库，如图 10.3 所示。

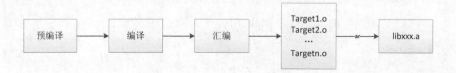

图 10.3 生成静态库步骤

下面通过一个示例来讲述生成静态库的过程，包含 3 个文件。

（1）hello.h 文件：

```
#ifndef HELLO_H
#define HELLO_H
void hello();
#endif
```

（2）hello.c 文件：

```
#include <stdio.h>
void hello()
{
    printf("hello world static.\r\n");
}
```

（3）main.c 文件：

```
#include "hello.h"
void main()
{
    hello();
    return;
}
```

下面将 hello 这个功能编译成静态库，然后再生成目标文件的时候引用此静态库。

```
//第一步：编译出要打包库的.o文件，本例只有一个hello.c
[root@ ku]# gcc -c hello.c
//第二步：将.o文件使用 ar 命令打包成静态库
[root@ ku]# ar crv libmyhello.a hello.o
a - hello.o
//第三步：编译目标文件，引用静态库，L 指定静态库路径（.表示在当前路径），l 指定静
```

态库名称，可以省略库名的前缀（lib）和后缀（.a），直接写 myhello

```
[root@ ku]# gcc -o hello main.c -L. -lmyhello
//查看生成的文件
[root@ ku]# ls
hello hello.c hello.h hello.o libmyhello.a main.c
//执行目标文件
[root@ ku]# ./hello
hello world static.
```

静态库的优缺点：

（1）移植方便。静态库对于函数库的连接是在编译时期完成的，因此程序在运行时与函数库再无瓜葛，移植方便。

（2）浪费空间和资源。所有相关的目标文件与涉及的函数库被连接合成一个可执行文件，静态库在内存中存在多份拷贝，如图 10.4 所示，例如静态库占用 1MB，那么有 100 个程序引用此静态库，则需要占用 100MB。

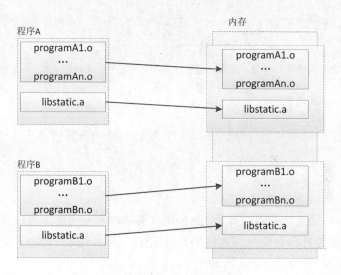

10.4　静态库占用内存示例图

（3）更新、部署和发布繁琐。例如静态库 libxx.a 更新了，所有使用它的应用程序都需要重新编译、发布给用户，但有时候对于客户来说，可能只是要求修改一个很小的功能，却导致整个程序重新下载，全量更新。

10.2.2　动态库

动态库在程序编译时并不会被连接到目标代码中，而是在程序运行时才被载入，因此在程序运行时还需要动态库存在，这也是为什么有的时候编译成功，但是运行阶段缺少动态库。

动态库生成步骤如图 10.5 所示。

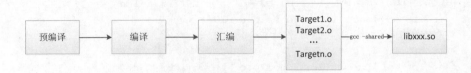

图 10.5　动态库生成步骤

下面依然采用上面的示例程序，将 hello 这个功能编译成动态库，然后再生成目标文件的时候引用此动态库。

这里仅仅修改一下 hello.c 文件：

```
#include <stdio.h>
void hello()
{
    printf("hello world dynamic.\r\n");
}
//第一步，编译动态库：-shared 是指定生成动态链接库，-fPIC 在编译阶段，告诉编译
器产生与位置无关代码（Position-Independent Code）。
gcc -shared -fPIC -o libmyhello.so hello.c
//第二步，编译目标文件，引用动态库，参数和静态库说明一样，也可以省略前后缀。
gcc -o hello main.c -L. -lmyhello
//查看生成的文件
[root@ ku]# ls
hello    hello.c    hello.h    hello.o    libmyhello.a    libmyhello.so
main.c
//执行目标文件
[root@ ku]# ./hello
hello world dynamic.
```

注意：这里连接使用的都是-lmyhello（静态库和动态库去除前后缀后名称一样），但是通过打印我们得知连接的是动态库，所以在同一名录下的同名库，优先连接动态库。

如果我们想强制连接静态库，可以使用如下两种方式。

（1）写静态库全名，例如：

```
[root@ ku]# gcc -o hello main.c -L. libmyhello.a
[root@ ku]# ./hello
hello world static.
```

（2）使用 static 参数指定使用静态库：

```
[root@ ku]# gcc -o hello main.c -L. -static -lmyhello
[root@ ku]# ./hello
hello world dynamic.
```

如果报/usr/bin/ld: cannot find –lc 错误，则需要更新 glibc，使用 glibc-static 包，例如使用 yum 源安装：

```
yum install glibc-static
```

动态库的优缺点：

（1）动态库可以把对库函数的连接载入推迟到程序运行时期。

（2）动态库可以实现进程之间的资源共享。（动态库也称为共享库）

（3）动态库将一些程序升级变得简单，甚至可以真正做到连接载入完全由程序员在程序代码中控制（显式调用）。

（4）动态库是共享的，所以使用中需要考虑并发问题。

动态库占有用内存示例如图 10.6 所示。

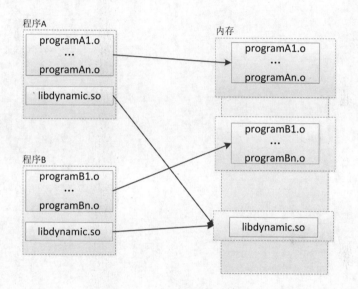

图 10.6　动态库占用内存示例图

第三部分　实战篇

第 11 章

骨骼的发育——经典数据结构

　　一个人随着慢慢成长，骨骼会持续发育，虽然人的体态面部特征区别较大，但是骨骼的组成大同小异，正如数据结构一样，从 1972 年，美国贝尔实验室发明了 C 语言至今，经典的数据结构只有如图 11.1 所示的几种。

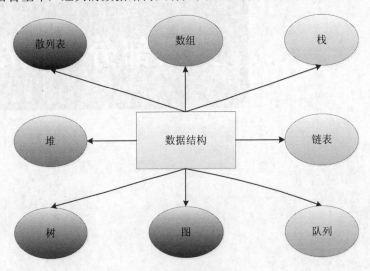

图 11.1　经典数据结构

　　数组在前面已经有过描述，此处不再赘述。

11.1　栈

　　栈是只能在一端插入和删除的线性表，按照后进先出（LIFO）的原则处理数据，先到来的数据被压入栈底，后进入的数据存放在栈顶，需要读取数据的时候需要在栈顶顺序弹出，栈底一般不动，如图 11.2 所示。

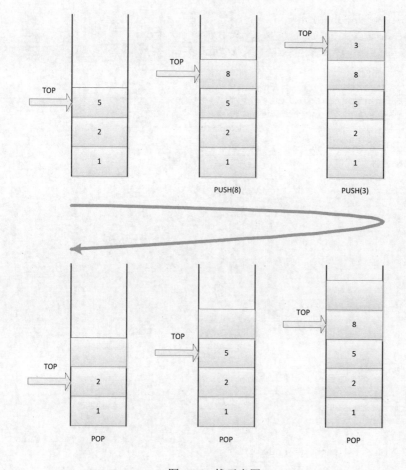

图 11.2 栈示意图

栈主要包括 3 个方法。

- PUSH（向栈中压入元素）。
- POP（从栈中弹出元素）。
- TOP（取栈顶元素）。

另外根据上述介绍，对于一种方法的实现，需要包括：

- 初始化栈。
- 销毁。

栈空间的存储容量是有限的，我们需要判断：

- 栈满（此时不能放入元素）。
- 栈空（此时不能弹出元素）。

下面使用 C 语言来描述上述栈。

```
#include "stdlib.h"
#include "stdio.h"
```

```c
#include "stdbool.h"
#define maxsize 10 /*定义栈的大小为10个元素*/
typedef int stacktype;/*定义栈中元素为int型*/
struct mystack
{
    stacktype data[maxsize];
    int top;
};
struct mystack s;
void init()
{
    s.top= -1;
}
bool isEmpty()
{
if(s.top == -1)
    return true;
else
    return false;
}
bool isFull()
{
if(s.top = maxsize-1)
    return true;
else
    return false;
}
void push(stacktype node)
{
if(!isFull())
{
    s.top++;
    s.data[s.top] = node;
}
else
{
    printf("mystack if full");
}
}
void pop()
{
if(!isEmpty())
{
    s.top--;
}
else
{
```

```
    printf("mystack is empty");
}
}
stacktype top()
{
if(!isEmpty())
{
    return s.data[s.top];
}
else
{
    printf("stack is empty");
}
}
void destroy()
{
    s.top = -1;
}
```

11.2　链表

链表是一种线性表，由一系列结点组成，结点可以在运行时动态创建，每个结点包括两部分。

- 数据域：存储数据元素。
- 指针域：存储下一个结点指针的地址。

数据元素的逻辑顺序是按照链表中的指针链接顺序指定的。

优点：链表在物理存储单元上可以不连续，允许插入和删除表上任意位置上的结点，并且链表可以克服数组需要预先知道数据总大小的缺陷，实现灵活的内存动态管理。

缺点：链表不允许随机读取，而且因为链表增加了结点的指针域，空间开销也比数组较大。

链表有很多种不同的类型，主要包括单向链表、双向链表以及循环链表。

1. 单向链表

示意图如图 11.3 所示。

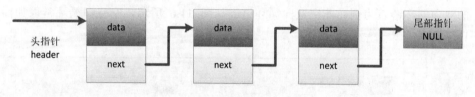

图 11.3　单向链表

2．双向链表

双向链表是单链表的改进，当使用单链表的时候，有时我们需要对当前结点的上一个结点进行操作，必须得从表头开始操作（因为单链表仅仅存储直接后继地址的指针域），由此诞生了双向链表，在双向链表中结点除了包含数据域以外，还包含两个指针域，一个存储直接后继结点地址（称为右指针域），一个存储直接前驱结点地址（称为左指针域）。

示意图如图 11.4 所示。

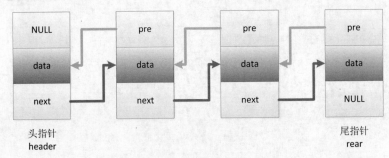

图 11.4　双向链表

3．循环链表

所有结点相互链接，形成一个环的链表，链表尾部没有 NULL 结点，循环链表可以是一个单项链表，亦可以是一个双向链表。其任意结点都可以作为头结点，并可以从任意结点进行链表的遍历，当一个结点被重复访问时，则表示遍历结束。

示意图如图 11.5 所示。

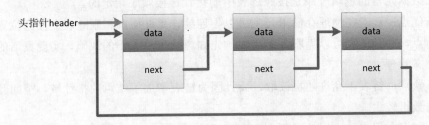

图 11.5　循环链表

链表的操作一般有：创建、遍历、插入、删除、销毁 5 种，我们以带头结点的双向循环链表为例，非空双向循环链表如图 11.6 所示，空双向循环链表如图 11.7 所示。

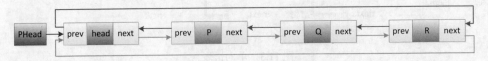

图 11.6　非空双向循环链表

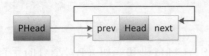

图 11.7 空双向循环链表

数据结构简单描述如下：

```
typedef struct T_ DOUBLE_LIST_NODE          /*链表结点数据结构*/
{
    struct T_ DOUBLE_LIST_NODE *pPrev;      /*指向链表直接前驱结点的指针*/
    struct T_ DOUBLE_LIST_NODE *pNext;      /*指向链表直接后继结点的指针*/
    VOID *pvNodeData;                       /*指向链表数据的指针*/
} DOUBLE_LIST_NODE;
typedef struct                              /*链表数据结构*/
{
    DOUBLE_LIST_NODE    *pHead;             /*指向链表头结点的指针*/
    DOUBLE_LIST_NODE    *pTail;             /*指向链表尾结点的指针*/
    unsigned long        dwNodeNum;         /*链表结点数目*/
}T_OMCI_LIST;
```

1. 创建链表

其实链表在刚刚创建时即为图 11.7 所示的双向空循环链表。

```
#define LIST_INIT_NODE(pNode) do{ \
    (pNode)->pNext = (pNode)->pPrev = (pNode); \
}while(0)
```

2. 遍历链表

从表头结点开始向后依次遍历链表，直至重新返回到表头结点，主要用于查找操作。

```
/*pList: 链表指针; pLoopNode: 链表结点，用作循环计数器*/
#define LIST_ITER_LOOP(pList, pLoopNode) \
  for(pLoopNode = (pList)->pHead->pNext; \
      pLoopNode != (pList)->pHead; \
      pLoopNode = pLoopNode->pNext)
```

3. 插入链表结点

将一个结点插入双向循环链表中，如图 11.6 所示，P 和 Q->pPrev 指向同一个结点，当我们要插入结点 S 的时候，可想象为孩子（S）先后去拉爸爸（Q）和妈妈（P）的手，爸爸（Q）妈妈（P）再先后拉住孩子（S）的手。

```
#define LIST_INSERT_NODE(prevNode, insertNode) do{ \
    (insertNode)->pNext     = (prevNode)->pNext; \
    (insertNode)->pPrev     = (prevNode);         \
    (prevNode)->pNext->pPrev = (insertNode);      \
    (prevNode)->pNext       = (insertNode);       \
```

```
    }while(0)
```

4．删除链表结点

可想想象为孩子（S），将自己和妈妈（P）牵着的手直接交给爸爸（Q），将自己和爸爸（Q）牵着的手直接交给妈妈（P），然后将自己的双手放开。这里不包含结点资源的回收操作。

```
#define LIST_REMOVE_NODE(removeNode) do{ \
    (removeNode)->pPrev->pNext = (removeNode)->pNext; \
    (removeNode)->pNext->pPrev = (removeNode)->pPrev; \
    (removeNode)->pNext = (removeNode)->pPrev = NULL; \
}while(0)
```

5．判断链表是否为空的操作（即是否仅仅包含头结点）

```
#define LIST_IS_EMPTY(pHeadNode) do{ \
    (((pHeadNode)->pPrev  ==  (pHeadNode))&&((pHeadNode->pNext  ==
pHeadNode))); \
}while(0)
```

6．销毁链表

上述操作的组合，从链表的头结点开始遍历链表，从链表中删除结点，然后对删除的结点进行资源回收，当遍历完链表的全部结点后，此时链表为只包含头结点的空链表，再将链表的头结点的资源回收，链表销毁即完成。

11.3　队列

队列是一种特殊的线性表，其限制为结点插入操作在一端进行，结点删除操作在另一端进行。可以将其比喻为一个排队的过程，刚来的人入队要排在队尾（rear），每次出队的都是队首的人（front），不包含结点的队列称为空队列，其特点是先进入队列的结点一定先出队，因此队列又被称为先进先出表（FIFO）。

队列从实现方式上可分为两种。

- 数组队列：队列的总大小在初始时已经确定，且队列中的元素在物理内存上是连续的。
- 链表队列：队列的总大小是可变的，队列中的元素是随时申请和释放的，其在物理内存上是不连续的。

队列在逻辑形态上分为两种。

（1）顺序队列：以元素入队和出队两个示意图来进行说明，如图 11.8 和图 11.9 所示。

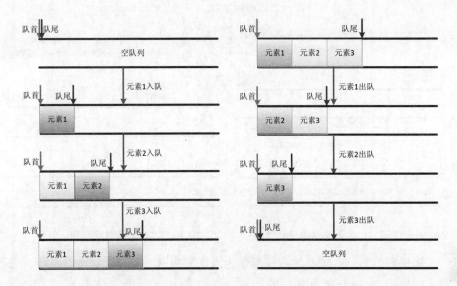

图 11.8　元素入队示例图　　　　　图 11.9　元素出队示例图

（2）循环队列：一般以数组作为底层数据结构时，队列实现需要是循环队列，这是因为队列在顺序存储上的不足，如果实现成顺序队列则每次从数组头部删除元素后（出队操作），都需要将头部以后的所有元素都向前移动一个位置，此操作时间复杂度为 O(n)。

假设我们的队列是以数组 a[6]来实现的。

第一种情况：当顺序队列时，将元素 1 出队，且不进行任何位置的移动。此时，当再有一个元素 7 想要入队，因为队尾指针已指向数组的最末，所以显示队列已满，入队失败，如图 11.10 和图 11.11 所示。

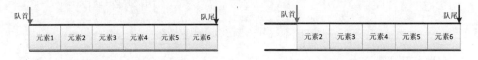

图 11.10　6 元素队列示例图　　　　图 11.11　6 元素出队示例图

但其实队列还是有一个剩余空间的，为了解决此问题，引入下列两种方式。

第二种情况：当队首有元素出队的情况下，将整体队列前移，此时空余的位置则到了队尾，空余接受新的元素进入，但是开销较大，为 O(n)，如图 11.12 所示。

第三种情况：将队列实现为循环队列的情况，当数组尾部没有空间的时候，看头部是否有空间来决定新的元素是否可以入队，如图 11.13 所示。

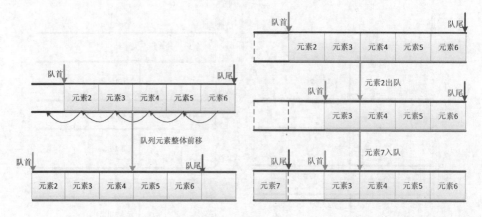

图 11.12　6 元素队列前移示例图　　图 11.13　6 元素循环队列示例图

上述提到的队列，主要的两种操作为入队和出队，我们以数组的循环队列方式为示例，图 11.14 更加直观。

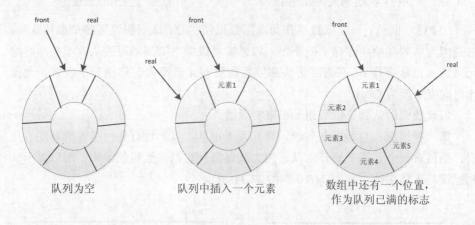

图 11.14　6 元素循环队列逻辑图

实现代码如下：

```
#define SIZE 10                 /*队列大小*/
typedef struct queue
{
    int arr[SIZE];              /*队列底层的数据结构*/
    int front;                  /*队列头指针*/
    int rear;                   /*队列尾指针*/
} Queue;
/*1.初始化队列*/
void Queue_Init(Queue *q)
{
    q->front = 0;
    q->rear = 0;
```

```
}

/*2.判断队列是否满*/
bool Queue_IsFull(Queue *q)
{
    return ((q->rear + 1) % SIZE == q->front);
}
/*3.入队操作*/
Void EnQueue(Queue *q, int key)
{
    if(Queue_IsFull (q))
        return;
    q->arr[q->rear] = key;
    q->rear = (q->rear + 1) % SIZE;
}
/*4.判断队列是否空*/
bool Queue_IsEmpty(Queue *q)
{
    return (q->rear == q->front);
}
/*5.出队,并且出队元素返回*/
int DeQueue(Queue *q)
{
    int temp;
    if (IsEmpty(q))
        return -1;
    temp = q-> arr[q-> front];
    q->front = (q->front + 1) % SIZE;
    return temp;
}
```

使用链表实现队列和上述大同小异，这里不再赘述。

11.4 树

数据结构中有很多树的结构，从大体上可以分为以下两种。

- 无序树：树中任意结点的子结点之间没有顺序关系，也称为自由树。
- 有序树：树中任意结点的子结点之间有顺序关系。

有序树主要包括二叉树、霍夫曼树、B 树等，其中二叉树为树家族中最为基础的数据结构，本节主要介绍二叉树的基本概念和用途。

二叉树定义：二叉树的每个结点至多只有两棵子树（不存在度大于 2 的结点），二叉树的子树有左右之分，次序不能颠倒。二叉树的第 i 层至多有 2^{i-1} 个结点；深度为 k 的二叉树至多有 2^k-1 个结点；对任何一棵二叉树 T，如果其终端结点数为 n0，度为 2 的结点数为 n2，则 n0=n2+1。

二叉树如图 11.15 所示。

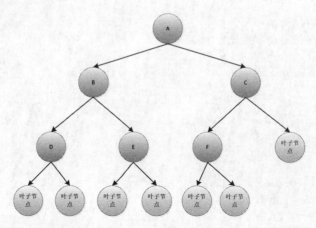

图 11.15 二叉树示例

二叉树同时引申出两种形态。

（1）满二叉树：除叶子结点外的所有结点均有两个子结点。结点数达到最大值，所有叶子结点必须在同一层上。

（2）完全二叉树：若设二叉树的深度为 h，除第 h 层外，其他各层（1～(h-1)层）的结点数都达到最大个数，第 h 层所有的结点都连续集中在最左边，这就是完全二叉树。

两种形态如图 11.16 所示。

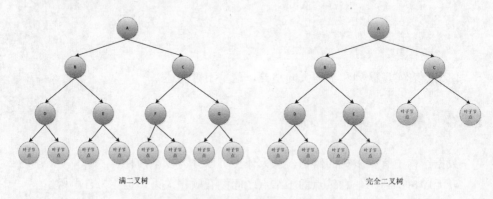

图 11.16 满二叉树和完全二叉树示例

用途：完全二叉树是效率很高的数据结构，例如下节中将介绍的堆就是一种完全二叉树或者近似完全二叉树，同时很多常用的排序算法、Dijkstra 算法、Prim 算法等都要用堆才能优化，二叉排序树的效率也要借助平衡性来提高，而平衡性基于完全二叉树。

现在我们以实际应用重点介绍一下二叉排序树。

二叉排序树：也称为二叉查找树或者二叉搜索树，当其不为空树的时候，则一定具备下述性质。

- 若左子树不为空，则左子树上所有结点值均小于它的根结点值。
- 若右子树不为空，则右子树上所有结点值均大于它的根结点值。
- 左、右子树也分别为二叉排序树。

对二叉排序树进行中序遍历，即可得到有序队列。我们有必要提一下树的 3 种遍历方式（这里我们使用递归的方式描述）：

首先定义树的数据结构：

```
typedef struct Tree_Node {
    int data;
    struct Tree_Node *left;
    struct Tree_Node *right;
} TreeNode;
```

- 前序遍历：

```
void pre_traverse _tree(TreeNode* root)
{//前序遍历
    if(root==NULL)
        return;
    printf("%d", root->data);              /*访问根结点*/
    if(root->left)
        pre_traverse _tree (root->left);    /*递归访问左子树*/
    if(root->right)
        pre_traverse _tree (root->right);   /*递归访问右子树*/
}
```

按图 11.15 所示的二叉树，其访问顺序为：ABDECF。

- 中序遍历：

```
void mid_traverse _tree(TreeNode* root)
{//中序遍历
    if(root==NULL)
        return;
    if(root->left)
        mid_traverse _tree (root->left);    /*访问左子树*/
    printf("%d", root->data);              /*访问根结点*/
    if(root->right)
        mid_traverse _tree (root->right);   /*访问右子树*/
}
```

按图 11.15 所示的二叉树，其访问顺序为：DBEAFC。

- 后序遍历：

```
void post_traverse _tree(TreeNode* root)
{//后序遍历
```

```
    if(root==NULL)
        return;
    if(root->left)
        post_traverse _tree(root->left);        /*访问左子树*/
    if(root->right)
        post_traverse _tree(root->right);       /*访问右子树*/
  printf("%d", root->data);                      /*访问根结点*/
}
```

按图 11.15 所示的二叉树，其访问顺序为：DEBFCA。

本节上述提到按照中序遍历二叉排序树，即可得到排列好的有序队列，下面我们讲解一下如何构造二叉排序树，以及二叉排序树的插入、删除等操作。

二叉排序树插入结点算法大体流程：

（1）执行查找算法，找出被插结点的父亲结点。

（2）判断被插结点是其父亲结点的左、右儿子。将被插结点作为叶子结点插入。

（3）若二叉树为空，则首先单独生成根结点。

```
/*在二叉排序树中插入查找结点，递归实现*/
TreeNode * Insert_Tree_NODE(TreeNode *t,int key)
{
    if (t == NULL)
    {
        t = malloc(TreeNode);
        t-> left = t-> right = NULL;
        t->data = key;
        return t;
    }
    if (key < t->data)
        t-> left = Insert_Tree_NODE (t-> left, key);
    else
        t-> right = Insert_Tree_NODE (t-> right, key);
    return t;
}
//n个数据在数组d中，tree为二叉排序树根
TreeNode * Create_Tree(TreeNode *tree, int d[], int n)
{
    for (int i = 0; i < n; i++)
        tree = Insert_Tree_NODE (tree, d[i]);
}
```

二叉排序树删除结点算法大体流程：

（1）若待删除结点为叶子结点，直接删除。

（2）若待删除结点只有左子树（称为 L1）或只有右子树（称为 R1），此时只需要让其左子树 L1 或右子树 R1 成为其父亲结点的左子树或者右子树即可。此时也不会破坏树的结构。

（3）若待删除结点的左子树和右子树均不为空，此时删除结点会破坏树的结构，我们可以按照中序遍历保持有序进行调整。

```
/*在二叉排序树中删除结点，递归实现*/
bool Delete(TreeNode *);              //必须先声明
bool Del_Tree_NODE(TreeNode *t,int key)
{
    if(!t)                            //不存在关键字等于 key 的数据元素
        return false;
    else
    {
        if(key == t->data)            //找到关键字等于 key 的数据元素
            return Delete(t);
        else if(key < t->data)
            return Del_Tree_NODE (t-> left,key);
        else
            return Del_Tree_NODE (t-> right,key);
    }
    return true;
}
bool Delete(TreeNode *p)
{/*从二叉排序树中删除结点 p，并重建它的左或右子树*/
    TreeNode *q;
    if(!p->right)
    {/*右子树空则只需重接它的左子树*/
        q=p;
        p=p->left;
        free(q);
    }
    else if(!p->lchild)
    {/*左子树空只需重接它的右子树*/
        q=p;
        p=p->right;
        free (q);
    }
    else
    {/*左右子树均不空，此时需要重构树*/
        q=p;
        s=p->left;                    //转左
        while(s->right)               //然后向右到尽头
        {
            q=s;
            s=s->right;
        }                             //此时 q 是 s 的父结点
        p->data=s->data;              //s 指向被删结点的"前驱"
        if(q!=p)                      //以上循环至少执行了一次
            q->right=s->left;         //将 s 的左子树作为 q 的右子树
```

```
        else
            q->left=s->left;        //重接*q的左子树
        free(s);
    }
    return true;
}
```

因为树类数据结构的变种较多，这里不再一一列举，感兴趣的读者请参考数据结构类图书。

11.5　堆

前面提到堆这种数据结构本质上是一个完全二叉树，和二叉树一样，它的每一个子结点又可以看成一个堆。

在实现上分类，堆可以分为两种。

- 最大堆：每个父结点都大于孩子结点。
- 最小堆：每个父结点都小于孩子结点。

通常的操作是从堆底插入元素，从堆顶取走元素。每次当堆中插入和删除元素的时候，都需要重建堆。

我们以最大堆为例来图解在堆中插入和删除元素，如图 11.17 和图 11.18 所示。

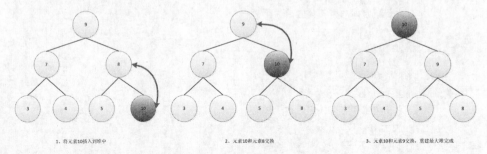

图 11.17　最大堆插入元素示例

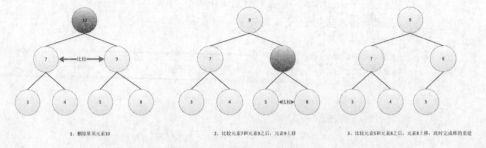

图 11.18　最大堆删除元素示例

由此我们可以引申出堆排序的思想：

（1）将初始待排序关键字（K[0]，K[2]，…，K[n-1]）构成最大堆。

（2）当 n>=2 的时候，将堆顶元素 K[0]与最后一个元素 K[n-1]交换，此时得到新的无序区（K[1]，…，K[n-2]）和新的有序区 K[n-1]。

（3）对交换后得到的无序区（K[1]，…，K[n-2]）重新构造成新堆，重复步骤（2）的过程，直至有序区中元素个数为 n-1，则排序完成.

算法的时间复杂度为 n*logn。

我们以一个只含有 6 个元素的例子来描述堆排序时的数据顺序变化。

开始前数据序列为：4，2，1，6，5，3，我们将其表示为堆，并构造最大堆：浅色表示交换的元素，深色表示排好序的元素集合，如图 11.19 所示。

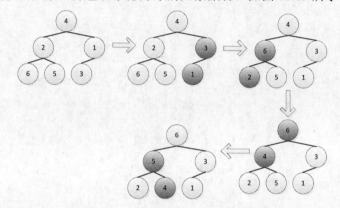

图 11.19　无序元素构建最大堆的过程

我们使用上述构建好的最大堆进行堆排序，如图 11.20 所示。

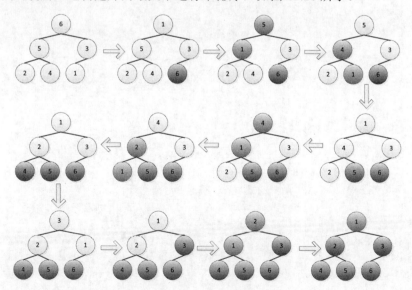

图 11.20　堆排序图解

　　下面列举一个完整的建立堆以及堆排序的算法：

```c
#include <stdio.h>
#include <stdlib.h>
/*构建最大堆：
arr[]是待调整的数组，i是待调整的数组元素的位置，length是数组的长度
这里从第0个元素开始排序*/
void HeapAdjust(int arr[], int i, int length)
{
    int Child;
    int temp;
    while(2 * i + 1 < length)
    {
        Child = 2 * i + 1;               //左子结点的位置
        if(Child < length - 1 && arr[Child + 1] > arr[Child])
        //得到子结点中较大的结点
                Child++;                 //右子结点位置
        if(arr[i] < arr[Child])
        { //如果较大的子结点大于父结点，那么把较大的子结点往上移动，替换它的父结点

            temp = arr[i];
            arr[i] = arr[Child];
            arr[Child] = temp;
        }
        else
        {
                break;
        }
        i = Child;
    }
}
//堆排序算法
void HeapSort(int arr[], int length)
{
    int i;
    for(i = length/2 - 1; i >= 0; --i)/*建立堆*/
        HeapAdjust(arr, i, length);
    for(i = length - 1; i > 0; --i)
    {/*将堆顶元素放入有序区*/
        arr[i] = arr[0]^arr[i];
        arr[0] = arr[0]^arr[i];
        arr[i] = arr[0]^arr[i];
        HeapAdjust(arr, 0, i);           //递归调整堆
    }
}
```

11.6　散列表

散列表也被叫作哈希表，是根据关键码值（Key）直接进行访问的数据结构，也就是说，它通过把关键码值映射到表中一个位置来访问记录，以加快查找的速度。这个映射函数叫作散列函数，存放记录的数组叫作散列表。

```
散列值=f(Key);
```

通俗地讲，散列表 hashtable(key, value) 就是把 Key 通过一个固定的函数 f(哈希函数)转换成一个整型数字，然后将该数字对数组长度进行取余，其结果当作数组的下标，将 value 存储在以该数字为下标的数组空间里，如图 11.21 所示。

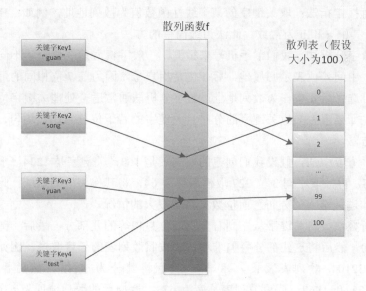

图 11.21　散列表示意图

当我们要查找关键字"guan"所对应的记录，不需要像数组或者链表那样一条一条记录遍历，只需要使用函数 f("guan")就可以找到"guan"所对应的记录的地址，从而取到此条记录中我们关心的一些其他字段。

通过上述描述读者可以发现：

- 散列表的设计核心是希望能尽量做到不经过任何比较，通过一次存取就能得到所查找的数据记录。
- 散列函数的设计核心是从关键字到地址区域的镜像，好的散列函数能够使得关键字经过散列后得到一个随机地址，一组关键字的散列地址均匀地分布在整个地址区间中，从而减少冲突。

所以一个好的散列函数设计可以使得对数据序列的访问更加快捷有效，在实际中散列函数的设计需要考虑如下一些因素：

- 散列函数执行所需要的时间。
- 关键字的长度以及分布情况。
- 散列表的大小。
- 记录的查找频率。

散列表大小最好去素数（原理在一般的算法导论中都有介绍），下面列举一些常用的散列表大小：

17, 37, 79, 163, 331, 673, 1361, 2729, 5471, 10949, 21911, 43853, 87719, 175447, 350899,701819, 1403641, 2807303, 5614657, 11229331, 22458671, 44917381, 89834777, 179669557, 359339171, 718678369, 1437356741, 2147483647

散列函数大体分为以下几种。

（1）直接定指法：取关键字的某个线性函数值为散列地址，例如：H(key) = a·key + b，其中 a 和 b 为常数。此法为最简单的方法。

（2）数字分析法：我们拿手机号来举例，一般手机号前 3 位表示不同运营商的子品牌，中间 4 位表示归属地，后 4 位是用户号，因为前 7 位相同的可能性很大，所以可选择后 4 位作为散列地址。数字分析法通常适合处理关键字位数比较大的情况，如果事先知道关键字的分布且关键字的若干位分布比较均匀，则可以考虑这个方法。

（3）平方取中法：假设我们创建的散列表是 163，关键字是 1234，平方之后是 1522756，再抽取中间 3 位 227 取模后值为 64，将其作为散列地址。此法比较适合于不知道关键字的分布，而位数又不是很大的情况。

（4）折叠法：将关键字从左到右分割成位数相等的几部分，最后一部分位数不够时补 0，然后将这几部分叠加求和，并按照散列表的长度取模。例如关键字为 9876543210，散列表表长为 3 位，我们将其分为 4 组，然后叠加求和 987+654+321+0=1962，假设散列表长度为 673，取模后的散列地址为 616。折叠法事先不需要知道关键字的分布，适合关键字位数较多的情况。

（5）除留余数法：f(key) = key mod p (p≤m)，m 为散列表长。这种方法不仅可以对关键字直接取模，也可在折叠、平方取中后再取模。根据经验，若散列表长为 m，通常 p 为小于或等于表长（最好接近 m）的最小质数，可以更好地减少冲突。

（6）随机数法：f(key) = random(key)，这里 random 是随机函数。当关键字的长度不等时，采用这个方法构造散列函数是比较合适的。

但是在现实情况下，即使 hash 函数设计再好，也有可能会出现 hash 冲突，即两个不同的 key，通过 hash 函数的计算后映射到同一个散列地址上。此时我们就需要解决 hash 冲突，

下面列举 4 种方法。

（1）线性探测法：冲突发生时，顺序查看表中下一单元，直到找出一个空单

元或查遍全表。其变种有二次探测再散列、伪随机探测再散列，这里就不一一介绍了。

（2）再 hash 法：当哈希地址 ads=f1（key）发生冲突时，再计算 ads=f2（key）…，直到冲突不再产生。这种方法不易产生聚集，但增加了计算时间。

（3）链式地址法：将所有哈希地址相同（例如为 i）的元素构成一个同义词链的单链表，并将单链表的头指针存在哈希表的第 i 个单元中，因而查找、插入和删除主要在同义词链中进行。链地址法适用于经常进行插入和删除的情况。

（4）建立公共溢出区：将哈希表分为基本表和溢出表两部分，凡是和基本表发生冲突的元素，一律填入溢出表。

一般使用第三种方法来解决 hash 冲突的居多，如图 11.22 所示。

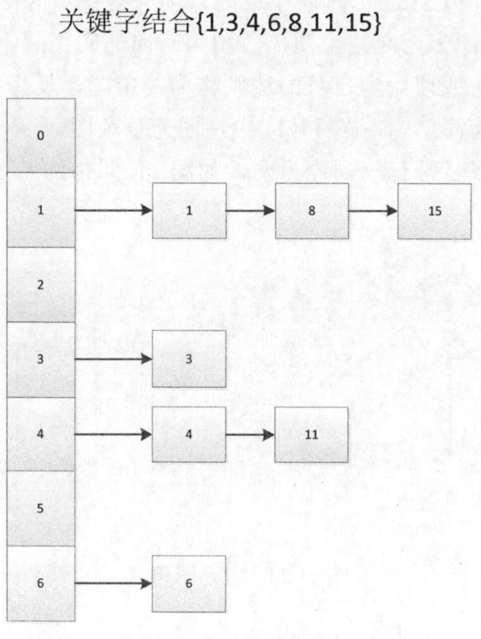
关键字结合{1,3,4,6,8,11,15}
0
1
2
3
4
5
6
1
8
15
3
4
11
6

图 11.22　链式地址法

11.7　图

图（Graph）是由顶点的有穷非空集合和顶点之间边的集合组成，通常表示为 G(V,E)，其中 G 表示一个图，V 是图 G 中顶点的集合，E 是图 G 中边的集合。

线性表中的元素是“一对一”的关系，树中的元素是“一对多”的关系，本章所述的图结构中的元素则是“多对多”的关系。

图按照无方向和有方向分为无向图和有向图，如图 11.23 所示。

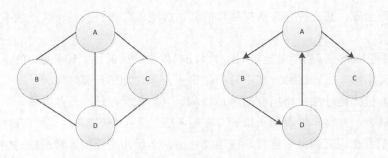

图 11.23　无向图和有向图

- 左图是无向图，由顶点和无向边组成。
- 右图是有向图，由顶点和有向边构成（有向边也称为弧）。
- 如果任意两个顶点之间都存在边则称为完全图，反之称为非完全图，图 11.23 中的左图为无向完全图，右图为有向非完全图。
- 若无重复的边或顶点到自身的边则称为简单图，反之为复杂图，图 11.23 中的两个图为简单图，图 11.24 中左图为复杂图。
- 当图上的边或弧带有权则称为网，如图 11.24 中的右图所示。

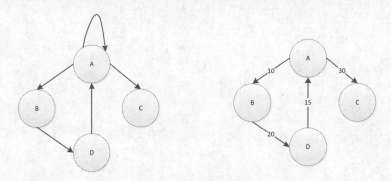

图 11.24　复杂图和网

图数据结构中有几个关键的名词。

（1）顶点的度：顶点关联边的数目，如图 11.25 左图中顶点 A 的度为 3 所示。对于有向图来说，度分为入度（方向指向顶点的边，如图 11.23 右图顶点 A 的入度为 1）和出度（从顶点出发的边，如图 11.25 右图顶点 A 的出度为 2 所示，顶点 C 的出度为 0）。

（2）路径长度：路径上边或者弧的数量，如图 11.25 右图中 A 到 D 的路径长度为 2。

（3）连通图：在无向图中，任意两个顶点相通的图称为连通图。如图 11.25 中左图所示是连通图，右图是非连通图。

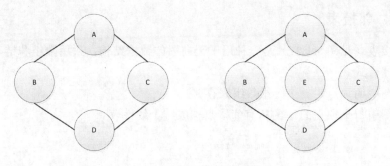

图 11.25 连通图和非连通图

图数据结构较为复杂，无法使用简单的顺序结构来表示，一般使用邻接矩阵、邻接表、十字链表、邻接多重表来表示，下面会简单介绍这几种数据结构。

11.7.1 邻接矩阵

邻接矩阵是一种可以用于有向图和无向图的数据结构，使用两个数组来存储图的信息。

- 一个一维数组存储顶点信息。
- 一个二数组存储边（或者弧）的信息。
- 假设图有 n 个顶点，那么二维数组就是一个 n*n 的方阵，方阵中每个元素值定义如下：

```
If (<vi,vj>是图 G 中的边)
G[i][j]=1;
    else
          G[i][j]=0;
```

具体如图 11.26 所示。

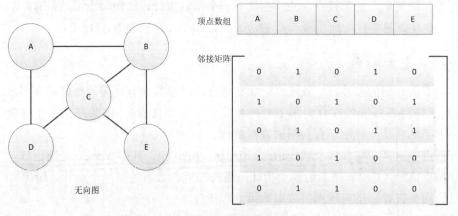

图 11.26 邻接矩阵

注意：邻接矩阵对于边数相对顶点较少的图，就是对存储空间极大的浪费。

11.7.2 邻接表

邻接表（见图 11.27）是一种用于无向图的数据结构，采用数组和链表相结合的存储方式。

- 图中的顶点用一个一维数组来存储。
- 图中每个顶点的 v_i 的所有邻接点构成一个线性表。

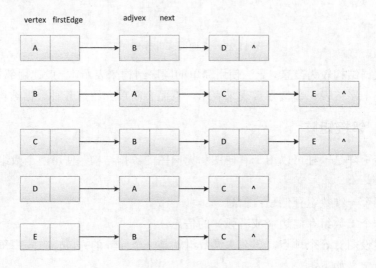

图 11.27 邻接表

从图 11.27 中可知（使用的是图 11.26 为例子）：

- 顶点表的定义，各个顶点有 vertex 和 firstEdge 两个域表示，vertex 是数据域，存储顶点信息，firstEdge 是指针域，指向顶点的第一个连接结点。
- 边表结点的定义，由 adjvex 和 next 两个域组成，其中 adjvex 是邻接点域，存储某顶点的邻接点，next 存储下一个结点指针，比如顶点 C，和 B、D、E 互为邻接点，则在顶点 C 的边表中，adjvex 分别为 B、D、E。

11.7.3 十字链表

上节所介绍的邻接表，虽然设计非常合理，但是其对有向图的处理略有不足（理论上使用邻接表处理有向图需要再建立一个逆邻接表），由此产生了十字链表，十字链表是一种用于有向图的数据结构。

顶点表定义：包含三个域 vertex、firstIn、firstOut，其中 vertex 是数据域，存储顶点信息，firstIn 是入边表头指针，指向顶点入边表的第一个指针，firstOut 是出边扁头指针，指向顶点出边表的第一个指针。

边表定义：包含四个域 tailvex、headvex、headlink、taillink，其中 tailvex 是指弧起点在顶点表的下标，headvex 是指弧终点在顶点表的下标，headlink 是入边表指针域，指向终点相同的下一条边，headlink 是出边表指针域，指向起点相同的下一条边。

具体如图 11.28 所示。

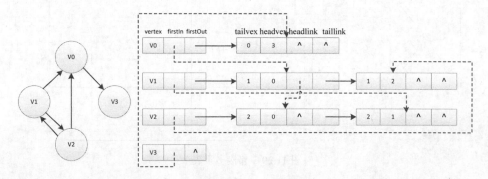

图 11.28 十字链表

图中实线表示出边，虚线表示入边。

- 如 V0 有一个出边，所以边结点只有一个，有两个入边，所以 V0 的 firstIn 指向 V1，V1 的 headlink 指向 V2，V2 后再无 V0 的入边顶点，所以其 taillink 为空。
- V1 有两个出边，所以 V1 的 firstOut 指向 V0 后，V0 的 taillink 指向 V2。V1 只有一个入边，所以其 firstIn 指向 V2。

十字链表的好处就在于将邻接表和逆邻接表整合在了一起，这样既方便找到入弧，也方便找到出弧，因此容易计算顶点的出度和入度。

十字链表除了结构比较复杂外，其创建图算法的时间复杂度和邻接表相同。

11.7.4 邻接多重表

邻接多重表也是一种表示无向图的数据结构，因为邻接表的数据结构主要侧重于结点，因此产生了可以方便边操作的邻接多重表，例如：当使用邻接表存储无向图的时候，每条边的两个边结点分别在以该边所依附的两个顶点的头结点链表中，当我们要对访问过的边做标记或者要删除一条边的时候，都要找到表示同一条边的两个结点，操作复杂，这时候使用邻接多重表较合适。

- 顶点表定义：主要包括顶点值域和指针域，顶点值域即 vertex 域，指针域即 firstEdge 域。
- 表结点定义：主要包含 6 个域，mark 为标记域（用来标记该条边是否被搜索过）；ivex 和 jvex 为该边依附的两个顶点在图中的位置，ilink 指向下一条依附于顶点 ivex 的边，jlink 指向下一条依附于顶点 jvex 的边，Info 为指向和边相关的各种信息的指针域。具体如图 11.29 所示。

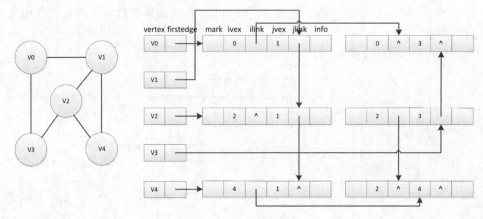

图 11.29　邻接多重表

由图 11.29 所示，在邻接多重表中，所有依附于同一顶点的边串联在同一链表中，由于每条边依附于两个顶点，则每个边结点同时链接在两个链表中。可见，对无向图而言，其邻接多重表和邻接表的差别，仅仅在于同一条边在邻接表中用两个结点表示，而在邻接多重表中只有一个结点。因此，除了在边结点中增加一个标志域和一个信息域外，邻接多重表所需的存储量和邻接表相同。在邻接多重表上，各种基本操作的实现亦和邻接表相似。

11.8　一个具体的例子——协议识别引擎

这里列举一个模式匹配的使用，在一些搜索中，常常需要匹配效率和字典表无关，因为匹配的时候，可能会有一些模糊匹配，所以 hash 算法不使用，这个时候字典树（trie 树）的优势就显示出来了。

总体思想是：

- 将待输入的规则库，在启动阶段按照正则类别分成各个小的规则库，并且将分解后的小规则库存储到 Linux 文件中，通过 mmap 映射到内存中。
- 对于每个小的规则库进行简单的预处理（如去除 http://等前导字符等）建立对应的 trie 树结构。使得每条规则就是 trie 树的一条边（对于汉字可统一转成 GB2312 编码，将一个汉字拆成两个连接结点的边），查询的时候，只需要沿着边遍历，遍历到叶子结点即为查找成功，如有 reg 规则为 a.cntv.cn，存储结构如图 11.30 所示。

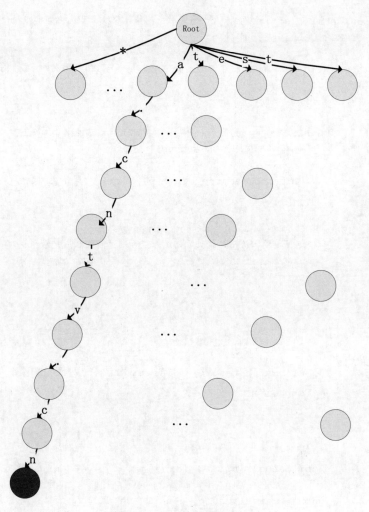

图 11.30 字典树示例

查询速度和规则库大小无关，规则库越大，建立的 trie 树结点越多，是一种典型的空间换时间算法。

具体实现代码如下：

```
/*type 表示是哪类正则表达式，str 为待匹配字符串*/
__s32 dpi_do_search(__u32 type,char *str)
{
    struct dpi_buf *dbuf = dpi_current_buff(); //获取报文指针
    __s32 ret = STR_IS_NOT_IN_TRIE;//默认识别返回值
    if(NULL == str)
    {
        dpi_debug("%s %d match str is NULL!\n", __FUNCTION__, __LINE__);
        return DPI_ERR;
    }
```

```
        dpi_strlwr(str);/*要求大小写不敏感，整体替换，可优化到单字符使用替换*/
        if(REG_URL == type)
        {
            if(dpi_memcmp(str, "http://", 7) == 0)/*因为 trie 树中是不存储
http://的*/
                str+=7;
        }
        if((REG_HOST == type) || (REG_HOST_NUM == type) || (REG_IP == type)
|| (REG_URL == type) ||(REG_UA == type))
        {
            ret = dpi_trie_search_str(type,str); /*见下述函数*/
            if(ret >= 0)
            {
                BUG_ON((__u32)ret>=reg_num[type]);
                /*这里要返回给用户拷贝后的结果，否则可能存在用户修改我们的库*/
                dbuf->match_result = g_trie_dic[type]+ret;
                return DPI_OK;
            }
            else
            {
                dpi_debug("%s not found in type %s\n",str,REG_STRING_
NAME[type]);
                dbuf->match_result = g_no_match_dic;//没有匹配上
                return ret;
            }
        }
        else
        {
            dpi_debug("%s not found in type %s\n",str,REG_STRING_
NAME[type]);
            dbuf->match_result =g_no_match_dic;
            return ret;
        }
    }
    else
    {
        dpi_debug("type(%d) error!\n",type);
        dbuf->match_result = g_no_match_dic;
    }
    return DPI_ERR;
}


__s32 dpi_trie_search_str(__u8 index,char *str)
{
    struct dpi_trie_node * root = g_trie_tree[index];
    __u8 flag = 0;/* *通配符发现的标志*/
    if(NULL==root || *str=='\0')
```

```
    {
        return TRIE_TREE_EMPTY;
    }
    __u8 *p=(__u8 *)str;
    struct dpi_trie_node *t=root;
    while((*p!='\0') && (*p >= BFGIN_CHAR))
    {
        if(t->child[*p-BFGIN_CHAR] != NULL)
        {
            t=t->child[*p-BFGIN_CHAR];
            p++;
        }
        else/*str字符需要有特殊处理*/
        {
            /*1、host_num的时候'^'通配所有数字*/
            if((t->child[HOST_NUM_CHAR-BFGIN_CHAR]) && (index == REG_
HOST_NUM))
            {
                /*用户使用数字了，例如^通配1,22,3333,121321都合法，但是1a1
这就不合法*/
                if(!dpi_is_char_digit(*p))
                {
                    break;
                }
                while(dpi_is_char_digit(*p))
                {
                    p++;
                }
                t=t->child[HOST_NUM_CHAR-BFGIN_CHAR];/*是用trie树的'^'
边*/
            }
            /*2、host\url\ua需要支持模糊匹配，也就是字符'*' */
            else if((index == REG_HOST) ||(index == REG_URL) || (index
== REG_UA) )
            {
            /*这里为提高效率，分为三种情况*/
            /*情况1:前面全匹配，后面是*字符，这种情况在规则库中比较多*/
            if(t->child[HOST_UA_URL_CHAR-BFGIN_CHAR])
            {
                while(t->child[HOST_UA_URL_CHAR-BFGIN_CHAR])/*防止有多个
字符'*' */
                    t=t->child[HOST_UA_URL_CHAR-BFGIN_CHAR];
                if((t->index != INVALID_TRIE_INDEX))/*字符'*'为最后一个字
符，才是完整的规则串，才会有index*/
                {
                    return t->index;
                }
```

```
                else/*情况2:字符*不是最后,后面继续正则匹配*/
                {
                    int ret = STR_IS_NOT_IN_TRIE;
                    dpi_printf("%d index=%d\n",__LINE__, t->index);
                    ret = dpi_trie_search_str_pattern(t,p);/*见下述函数*/
                    if(ret >= 0)
                        return ret;
                }
            }
            /*情况3:回溯到根结点,直接进行正则匹配,最耗时间 */
                return dpi_trie_search_str_pattern(root,str);
            }
            else/*非任何需要特殊处理的字符*/
            {
                break;
            }
        }
    }

    while(t->child[HOST_UA_URL_CHAR-BFGIN_CHAR])/*此为最后字符*匹配空
字符的情况*/
        t=t->child[HOST_UA_URL_CHAR-BFGIN_CHAR];
    if(*p=='\0')
    {
        if(t->index == INVALID_TRIE_INDEX)
        {
            return STR_IS_PREFIX;
        }
        else
        {
            return t->index;
        }
    }
    else
    {
        return STR_IS_NOT_IN_TRIE;
    }
}

/*带*(表示匹配0个到多个字符)的正则匹配,这个耗费性能,不使用递归,但是状态机会
有很多时候空转*/
__s32 dpi_trie_search_str_pattern(struct dpi_trie_node * t,char *str)
{
    __u8 match_num = 0;/* 表示在匹配此字符前,前面已经匹配了多少个字符*/
    if(NULL==t || *str=='\0')
    {
        return TRIE_TREE_EMPTY;
    }
```

```
        __u8 *p=(__u8 *)str;/*待匹配字符串的游标*/
        struct dpi_trie_node * mark = t;/* 指向通配符*后面的字符对应的 trie 树
的边，默认进来就是通配符*/
        while((*p!='\0') && (*p >= BFGIN_CHAR) && (t !=NULL))
        {
            if(t->child[HOST_UA_URL_CHAR-BFGIN_CHAR])
            {
            /*发现通配符*的时候，更新 t 指向*后的第一个字符对应的 trie 边，使用 mark
记录*/
            /*从当前点开始继续下一个块的匹配，并使用 match_num 记录匹配次数，一遍状
态机回走*/
                t=t->child[HOST_UA_URL_CHAR-BFGIN_CHAR];
                mark = t;
                match_num = 0;
                continue;
            }
            /*
        当比较的时候出现 trie 树边为 NULL 的时候，则证明没有此状态规则
        trie 树边返回到 mark 处，
        p 需要返回到下一个位置。
        因为*前已经获得匹配，所以 mark 打标之前不需要再比较
        */
            if(t->child[*p-BFGIN_CHAR] == NULL)
            {
                p -= match_num - 1;
                t = mark;
                match_num = 0;
                continue;
            }
            t=t->child[*p-BFGIN_CHAR];
            p++;
            match_num++;
        }
        if(*p=='\0')
        {
            if(t->index != INVALID_TRIE_INDEX)
            {
            return t->index;
            }
            else
            {
                while(t->child[HOST_UA_URL_CHAR-BFGIN_CHAR])
                    t = t->child[HOST_UA_URL_CHAR-BFGIN_CHAR];
                if(t->index != INVALID_TRIE_INDEX)
                {
                    return t->index;
                }
```

```
            return STR_IS_PREFIX;
        }
    }
    else
    {
        return STR_IS_NOT_IN_TRIE;
    }

}
```

第 12 章

社会经验的积累——经典设计模式

正如赫尔岑曾经说过："经验和抽象——这是同一种知识所必需的、真正的、实际可行的两个阶段。"程序设计亦是如此，我们需要将前人的一些经典理念抽象成一类设计模式，使得我们在程序开发中，可以选择一种可用的设计模式作为基础框架。我们的程序实际上只是这些经典模式的使用和实例化。

大多数数据采用 C++或者 Java 等面向对象的语言来描述设计模式，本书采用单纯 C 语言的形式来进行，并且借用了 C++类的概念，争取让读者学习完本章之后，可以达到 C 语言的简洁高效和 C++语言的面向对象化的有效整合。

设计模式是一种很复杂的描述，包含六大原则，23 种经典模式，可以单独写一本书，所以本书只起到抛砖引玉的作用，让读者对设计模式的概念、核心思想有一个大体了解，并且在每种设计模式后面均附一套示例代码供读者参考。

12.1 程序设计理念

所谓程序设计，就是给出解决特定问题的程序的过程，是软件构造活动中的重要组成部分，是在各种约束条件和相互矛盾的需求之间寻找一种平衡，程序设计一般分为：分析、设计、编码、测试、编写使用手册等阶段。

具体描述如下。

（1）分析：根据给定的约束条件，对任务的需求进行分析，设定最后应达到的目标，找出解决问题的规律，选择解决问题的方法，完成实际问题的解决。

（2）设计：找出解决问题的算法，并描述具体步骤。

（3）编码：将算法翻译成计算机设计语言，对源程序进行编辑、编译和链接。

（4）测试：对运行结果进行分析，看其是否合理，对于不合理的地方需要进行程序调试，从而排除程序中的故障。

（5）因为程序是提供给用户的，必须向用户提供程序说明书，内容应该包括：

程序名称、程序功能、运行环境、程序的安装和启动、输入的数据源说明、输出的结果说明、使用时的注意事项等。

12.2　设计模式原则

软件基本的设计原则为：以人为本，模块分离，层次清晰，简约至上，适用为先，抽象为主。

根据上述的基本设计原则，经典的设计模式大体分为六大原则：

1．单一职责原则

应该有且只有一个原因引起类的变化。

主要思想：一个类（在 C 语言中叫"过程"）不能太"累"，在软件系统中，当一个类承载的责任越多，它被复用的可能性就越小，同时也相当于将这些职责耦合在一起，当其中一个职责改变时，可能会影响其他职责的功能，因此要将这些职责分离，将不同的职责封装到不同的类中，即将不同的变化原因封装到不同的类中，对于多个职责同时发生改变的情况，则可将这些职责封装到一个类中。

2．里氏代换原则

子类可以扩展父类的功能，但是不能改变父类原有的功能。

此原则告诉我们，在软件中将一个基类对象替换成它的子类对象，程序将不会产生任何错误和异常，反过来则不成立。例如：我喜欢动物，那我一定喜欢猫，因为猫是动物的子类；但是我喜欢猫，不能据此断定我喜欢动物，因为我并不喜欢蛇，虽然它也是动物。

在使用里氏代换原则时需要注意以下两个问题。

- 子类的所有方法必须在父类中声明，或子类必须实现父类中声明的所有方法。根据里氏代换原则，为了保证系统的扩展性，在程序中通常使用父类来进行定义，如果一个方法只存在子类中，在父类中不提供相应的声明，则无法在以父类定义的对象中使用该方法。
- 我们在运用里氏代换原则时，尽量把父类设计为抽象类或者接口，让子类继承父类或实现父接口，并实现在父类中声明的方法，运行时，子类实例替换父类实例，我们可以很方便地扩展系统的功能，同时无须修改原有子类的代码，增加新的功能可以通过增加一个新的子类来实现。里氏代换原则是开闭原则的具体实现手段之一。

3．依赖倒置原则

高层模块不应该依赖低层模块，二者都应该依赖其抽象；抽象不应该依赖细节；细节应该依赖抽象。

- 此原则要求我们传递参数时或在关联关系中，尽量引用层次高的抽象层类，即使用接口和抽象类进行变量类型声明、参数类型声明、方法返回类型声明，以及数据类型的转换等，而不要用具体类来做这些事情。为了确保该原则的应用，一个具体类应当只实现接口或抽象类中声明过的方法，而不要给出多余的方法，否则将无法调用在子类中增加的新方法。

- 在引入抽象层后，系统将具有很好的灵活性，在程序中尽量使用抽象层进行编程，并将具体类写在配置文件中，这样一来，如果系统行为发生变化，只需要对抽象层进行扩展，并修改配置文件，而无须修改原有系统的源代码，从而满足开闭原则的要求。

4．接口隔离原则

客户端不应该依赖它不需要的接口。

当一个接口太大时，我们需要将它分割成一些更细小的接口，使用该接口的客户端仅需知道与之相关的方法即可。每一个接口应该承担一种相对独立的角色。

这里的"接口"往往有两种不同的含义。

- 一种是指一个类型所具有的方法特征的集合，仅仅是一种逻辑上的抽象。
- 一种是指某种语言具体的"接口"定义，有严格的定义和结构。

5．迪米特原则

一个对象应该对其他对象保持最小的影响。

当其中某一个模块发生修改时，尽量少地影响其他模块，扩展会相对容易，这是对软件实体之间通信的限制，迪米特法则要求限制软件实体之间通信的宽度和深度。迪米特法则可降低系统的耦合度，使类与类之间保持松散的耦合关系。

迪米特法则可以形象地表示为：不要和"陌生人"说话、只与你的"直接朋友"说话，在迪米特法则中，对于一个对象，其朋友包括以下几类：

- 当前对象本身（this）。
- 以参数形式传入到当前对象方法中的对象。
- 当前对象的成员对象。
- 如果当前对象的成员对象是一个集合，那么集合中的元素也都是朋友。
- 当前对象所创建的对象。

任何一个对象，如果满足上面的条件之一，就是当前对象的"朋友"，否则就是"陌生人"。在应用迪米特法则时，一个对象只能与直接朋友发生交互，不要与"陌生人"发生直接交互，这样做可以降低系统的耦合度，一个对象的改变不会给太多其他对象带来影响。

6．开闭原则

一个软件实体，模块和函数应该对扩展开放，对修改关闭，开闭原则也是其他 5 个原则的基石。

- 任何软件都会面临一个重要的问题，即需求会随着时间而发生改变，但是我们仍然需要尽量保证系统的架构设计是稳定的，这样才可以方便地对系统进行扩展，并且扩展时无须修改现有代码，使得我们设计的软件系统具有适用性、灵活性、稳定性、延续性等特征。

- 为了满足上述要求，我们对系统进行抽象化设计，可以为系统定义一个相对稳定的抽象层，同时将不同的实现行为放到具体的适配层中来执行，正如很多高级程序设计语言中都提供了接口、抽象类等机制，此时可以通过它们定义系统的抽象层，再通过具体类来进行扩展，使用这种设计方法时，如果需要修改系统的功能或新增功能，无须对抽象层进行任何改动，只需要增加新的具体类来实现新的业务功能即可。

一般说到经典的设计模式，大多数将其分为 3 大类，23 种。

- 创建型模式：单件模式、工厂模式、抽象工厂模式、创建者模式、原型模式。
- 结构性模式：适配器模式、装饰器模式、代理模式、外观模式、桥接模式、组合模式、享元模式。
- 行为性模式：策略模式、模板方法模式、观察者模式、迭代器模式、责任链模式、命令模式、备忘录模式、状态模式、访问者模式、终结者模式、解释器模式。

本章后续小结将会逐一介绍每种模式的核心思想、UML 图以及简单的示例代码，以便读者参考学习。

12.3　单件模式

单件模式是入门级的设计模式。

核心思想：确保一个类或过程只有唯一一个实例，也就是说，当这个类或过程被创建后，有且只有一个实例可以访问它。例如，线程表，缓存这些对象就只能有一个实例。

可能某些读者会认为单件模式类似于全局变量，但实际上两者并不是完全相等的，因为全局变量有一个非常大的缺点，就是必须在程序一开始就创建好，但万一其非常消耗资源，并且程序还没有用到，那就非常浪费。另外，如果和全局对象进行比较，全局对象方法亦不能阻止人们将一个类或过程实例化多次（除了全局实例外，开发人员仍然可以通过类的构造函数创建类的多个局部实例），而单件模式是将保证只有一个实例的这个任务交给了类或过程本身，使得开发人员无法再通过其他途径获得类的实例。

示例图如图 12.1 所示。

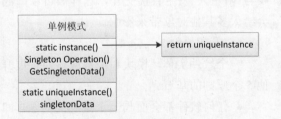

图 12.1　单件模式

其实现过程主要基于以下两点：

（1）不能直接使用类的构造函数，需要额外提供一个 public 的静态方法来构造类的实例。

（2）将类的构造函数设为 private，即隐藏起来。

```
public class Singleton
{
    //利用静态变量来记录类的唯一实例
    private static Singleton uniqueInstance;
    private Singleton() {}      //只有自己才能调用构造器
    public static Singleton getInstance()
    {
        if (uniqueInstance == null)
        {
//当 uniqueInstance 不存在时才创建
        uniqueInstance = new Singleton();
        }
        return uniqueInstance;
    }
}
```

上面使用 C++中的类描述比较方便，但是本书讲解的是 C 语言，所以下面我使用 C 语言的代码来描述单件模式。

```
#define MAKE_INSTANCE 1
#define FREE_INSTANCE 0
typedef struct
{
    int  age;
    char name[32];
}record;

static record * operate_instance(int flage)
{
    static record *pRecord = NULL; //利用静态变量来记录类的唯一实例
    if(MAKE_INSTANCE == flage)
    {
        if(NULL != pRecord)
        {
            printf("the instance is exist!\n");
            return pRecord;
        }
        else
        {
            pRecord = (record *)malloc(sizeof(record)); //不存在时才创建
            if(NULL == pRecord)
            {
```

```c
                printf("malloc is faild!\n");
                return NULL;
            }
            else
            {
                printf("malloc is success!\n");
                return pRecord;
            }
        }
    }
    else if(FREE_INSTANCE == flage)
    {
        if(NULL != pRecord)
        {
            printf("free memory!\n");
            free(pRecord);
            pRecord = NULL;
            return pRecord;
        }
        else
        {
            printf("the point is NULL!\n");
            return pRecord;
        }
    }
}

record *make_instance()
{
    record *pRecord = operate_instance (MAKE_INSTANCE);
    return pRecord;
}

void free_instance()
{
    record *pRecord = operate_instance (FREE_INSTANCE);
    printf("free is over!\n");
}

int main()
{
    record *pRecord1 = make_instance ();
    record *pRecord2 = make_instance ();/*调用多次也只会有唯一的实例*/
    free_instance();
    return 0;
}
```

12.4　工厂模式

工厂模式同样是较为简单的设计模式。

核心思想：根据不同的要求输出不同的产品。

例如，一个数据库工厂，可以返回一个数据库实例，可以是 mysql、oracle 等，这个工厂可以把数据库连接需要的用户名、地址、密码等封装好，直接返回对应的数据库对象就好，不需要调用者自己初始化。

示例图如图 12.2 所示。

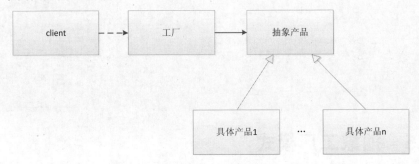

图 12.2　工厂模式

以生产鞋子的工厂为例，它既能生产皮鞋又能生产休闲鞋，示例代码如下：

```
typedef struct _shoes
{
    int type;
    void (*produce_shoes)(struct _shoes);
}myShoes;
void produce_leather_shoes(myShoes *pshoes)
{
    if(NULL != pshoes)
        printf("produce the leather shoes");
}
void produce_travel _shoes(myShoes *pshoes)
{
    if(NULL != pshoes)
        printf("produce the travel shoes");
}
```

通过上述描述，我们可以知道生产什么样的鞋子就看我们输入的参数是什么，具体封装过程如下：

```
#define LEATHER_TYPE  0x1
#define TRAVEL_TYPE   0x2
myShoes *produce_new_shoes(int type)
{
```

```
    if((type != LEATHER_TYPE) || (type != TRAVEL_TYPE))
        return NULL;
    myShoes *pshoes = malloc(sizeof(myShoes));
    if(NULL == pshoes)
        return NULL;
    memset(pshoes,0,sizeof(myShoes));
    if(LEATHER_TYPE == type)
    {
        pshoes ->type = LEATHER_TYPE;
        pshoes -> produce_shoes = produce_leather_shoes;
    }
    Else
    {
        pshoes ->type = TRAVEL_TYPE;
        pshoes -> produce_shoes = produce_ travel _shoes;
    }
    return pshoes;
}
```

12.5　抽象工厂模式

前面介绍的工厂模式实际上是对产品的抽象，但是在实际生产中，对于不同的客户需求，我们可以给予不同的产品，而且这些产品的接口都是一致的，这就引申出抽象工厂模式，即我们的工厂是不唯一的。

核心思想：为创建一组相关或相互依赖的对象提供一个接口，无须指定他们的具体类或过程。

示例图如图 12.3 所示。

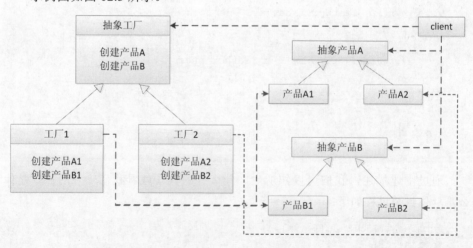

图 12.3　抽象工厂模式

例如，我们使用下述例子进行描述。

有两个咖啡茶叶专卖店，都卖咖啡和茶叶，其中一个卖黑咖啡和红茶，一个卖白咖啡和绿茶，所以对于这两个店来说都在卖咖啡和茶叶，但是卖的品种不一样。

对于这种情况，我们要先定义咖啡和茶叶：

```
typedef struct _Coffee
{
    void (*have_coffee)();
} Coffee;
typedef struct _Tea
{
    void (*have_tea)();
}Tea;
```

上面的定义分别对咖啡和茶叶进行了抽象，下面我们再定义一下它们实现的具体函数：

```
void have_black_coffee ()
{
    printf("have black coffee!\n");
}
void have_white_coffee ()
{
    printf("have white coffee!\n");
}
void have_red_tea()
{
    printf("have red tea!\n");
}
void have_green_tea()
{
    printf("have green tea!\n");
}
```

完成了具体的咖啡和茶叶的定义，下面就该定义工厂了，和咖啡茶叶一样，我们也需要进行抽象处理，定义如下：

```
typedef struct _CoffeeTeaShop
{
    Coffee * (*sell_coffee)();
    Tea* (*sell_tea)();
} CoffeeTeaShop;
```

对于卖黑咖啡和红茶的店应该如下设计：

```
Coffee * sell_black_coffee()
{
    Coffee * pCoffee = (Coffee*) malloc(sizeof(Coffee));
    if(NULL == pCoffee)
```

```
        return NULL;
    pCoffee ->have_coffee = have_black_coffee;
    return pCoffee;
}
Smoke* sell_red_tea()
{
    Tea* pTea = (Tea *) malloc(sizeof(Tea));
    if(NULL == pTea)
        return NULL;
    pTea -> have_tea = have_red_tea;
    return pTea;
}
```

同样对于卖白咖啡和绿茶的店应该设计如下：

```
Drink * sell_white_coffee()
{
    Coffee * pCoffee = (Coffee *) malloc(sizeof(Coffee));
    if(NULL == pCoffee)
        return NULL;
    pCoffee ->have_coffee = have_white_coffee;
    return pCoffee;
}
Smoke* sell_green_tea()
{
    Tea* pTea = (Smoke *) malloc(sizeof(Tea));
    if(NULL == pTea)
        return NULL;
    pTea -> have_tea = have_green_tea;
    return pTea;
}
```

综上所述，基本框架就已经搭建完毕，后续创建工厂的时候可以使用如下方法：

```
CoffeeTeaShop * create_CoffeeTea_shop(int type)
{
    CoffeeTeaShop *pCoffeeTeaShop= (CoffeeTeaShop *) malloc(sizeof
(CoffeeTeaShop));
    if(NULL == pCoffeeTeaShop)
        return NULL;
    if(shopA == type)
    {
        pCoffeeTeaShop ->sell_coffee = sell_black_coffee;
        pCoffeeTeaShop ->sell_tea = sell_red_tea;
    }
    else
    {
        pCoffeeTeaShop ->sell_drink = sell_white_coffee;
        pCoffeeTeaShop ->sell_smoke = sell_green_tea;
```

```
    }
    return pCoffeeTeaShop;
}
```

12.6　创建者模式

创建者模式又称为建造者模式，前面的工厂模式是对接口进行抽象化，建造者模式是对流程本身的一种抽象化。

以生产汽车进行举例，其中包含引擎、轮子、玻璃等部件，用户不需要关注部件的装配细节，建造者模式可以将部件和其组装过程分开，一步一步创建一个完整的汽车。

核心思想：将一个复杂对象的构建与其表示分离，使得同样的构建过程，可以创建不同的表示。其示例图如图 12.4 所示。

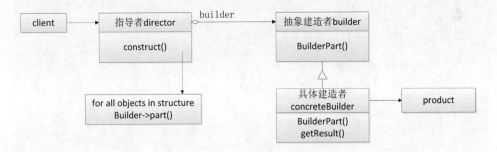

图 12.4　创建者模式

- 指导者（director）：调用具体建造者角色以创建产品对象的各个部分。指导者并没有涉及具体产品类的信息，真正拥有具体产品的信息是具体建造者对象。它只负责保证对象各部分完整创建或按某种顺序创建。
- 抽象建造者角色（builder）：为创建一个 product 对象的各个部件指定抽象接口，以规范产品对象的各个组成成分的建造。本角色规定要实现复杂对象的哪些部分的创建，并不涉及具体的对象部件的创建。
- 具体建造者（concreteBuilder）：实现 builder 的接口以构造和装配该产品的各个部件。即实现抽象建造者角色 builder 的方法。

下面我们以生产汽车来举例：

```
typedef struct _produceCar /*抽象建造者 builder*/
{
    void abstractBuildEngine();
    void abstractBuildGlass();
    void abstractBuildWheel();
}ProduceCar;
void buildAudiEngine() /*具体建造者(ConcreteBuilder)的 builderPart 部分*/
```

```
{
    printf("audi engine");
}
void buildAudiGlass()
{
    printf("audi glass");
}
void buildAudiWheel()
{
    printf("audi wheel");
}
ProduceCar getCar()/*具体建造者(ConcreteBuilder)的getResult部分*/
{
    ProduceCar *audiCar = (ProduceCar *) malloc(sizeof(ProduceCar));
    audiCar-> abstractBuildEngine = buildAudiEngine;
    audiCar-> abstractBuildGlass = buildAudiGlass;
    audiCar-> abstractBuildWheel = buildAudiWheel;
    return audiCar;
}
void constructCar() /*指导者director*/
{
    ProduceCar *car = getCar();
    car -> abstractBuildEngine();
    car -> abstractBuildWheel();
    car -> abstractBuildGlass();
    return;
}
```

12.7　原型模式

核心思想：对当前数据进行复制。

我们使用简历来进行举例，选手写一份简历，然后使用打印机打印出多份简历，我们要修改简历中的某一项，只需要修改之后重新打印即可，这里准备的初始简历就是原型，复制是原型模式的精髓。其示例图如图12.5所示。

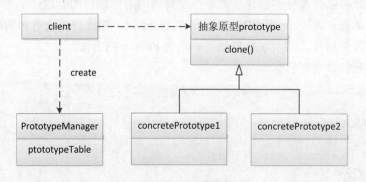

图12.5　原型模式

- client：向原型管理器提出创建原型的请求。
- 抽象原型 prototype：给出所有具体原型所需要的接口。
- 具体原型 concretePrototype：被复制的对象，此角色要实现抽象原型角色所需要的所有接口。
- 模型管理器 prototypeManager：记录每一个被创建的原型。

如果使用 C++进行编写，只需要先写一个基类，再编写子类即可，下面是 C 的实现示例：

```c
typedef struct _DATA                    /*抽象原型定义*/
{
    int protoType_data;                 /*原型模式的示例数据*/
    struct _DATA* (*copy) (struct _DATA* pData);
}DATA;
DATA* data_copy_func(DATA* pData)       /*具体原型*/
{
    DATA* pResult = (DATA*)malloc(sizeof(DATA));
    if(NULL == pResult)
        return NULL;
    memmove(pResult, pData, sizeof(DATA));   /*当然这里可以不完全复制*/
    return pResult;
};
DATA* clone(DATA* pData)                /*抽象原型*/
{
    return pData->copy(pData);
}
void prototype_test()
{
    DATA* Data_A, Data_B, Data_C;
    Data_A = malloc(sizeof(_DATA));
    Data_A->copy = data_copy_func;
    Data_B = clone(Data_A);
    Data_C = clone(Data_A);
}
```

12.8　适配器模式

核心思想：将一个结构提供的接口转化为客户所需要的另外一个接口，适配器模式可以让那些接口不兼容的结构一起工作。

用移动办公的笔记本来举例，美国的电压是 110V 的，中国的电压是 220V，笔记本要在美国使用，必须用变压器转换电压才可以。这个变压器就是个适配器。示例图如图 12.6 所示。

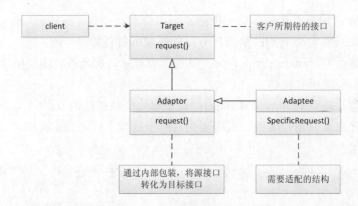

图 12.6　适配器模式

实现中主要定义一个 Adapter 的数据结构，然后把所有的 Adapter 工作都由 Adaptee 来做。

```
typdef struct _Adaptee
{
    void (*SpecificRequest)(struct _Adaptee* pAdaptee);
}Adaptee;
typedef struct _Adapter
{
    void* pAdaptee;
    void (*Request)(struct _Adapter* pAdapter);
 }Adapter;
void request(struct _Adapter* pAdapter)
{/*实际使用的时候用 Adaptee 实现的方法替换 Adapter 中的 Request 方法即可*/
    pAdaptee * pAdaptee = (Adapter *)malloc(sizeof(pAdaptee));
    pAdaptee-> SpecificRequest();
}
```

12.9　装饰器模式

核心思想：添加新的功能，而不去改变原来的结构，即可以通过包装，动态地为原来的功能扩展越来越多的功能。

可以将其形象地理解为贪吃蛇，每新增一个功能就好比贪吃蛇蛇身长了一节，当其不断地吃，则所携带的功能就会越来越丰富。

其示例图如图 12.7 所示。

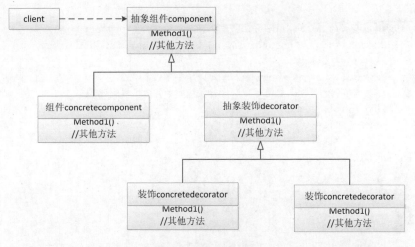

图 12.7　装饰器模式

- component：统一接口，装饰类（过程）和被装饰类（过程）的基本类型。
- concreteComponent：具体实现类（过程），本身是具有一些功能的完整的类（过程）。
- decorator：装饰类（过程），通常采用默认实现，仅仅是一个声明，即我要生产出一些用于装饰的子类（过程）。而其子类（过程）才是赋有具体装饰效果的装饰产品。
- concreteDecorator：具体的装饰产品，每一种装饰产品都具有特定的装饰效果。

如下是使用 C 语言进行的简单描述。

```c
/*组件 concretecomponent 方法*/
int add(int num1,int num2)
{
    int sum = num1 + num2;
    printf("%d+%d=%d\n", num1, num2, sum);
    return sum;
}
/*实际的 concreteDecorator 方法*/
int sub(int num1,int num2)
{
    int sub = num1 - num2;
    printf("%d-%d=%d\n", num1, num2, sub);
    return sub;
}
//可以继续拓展其他函数
int mul(int num1, int num2)
{
    int mul = num1* num2;
    printf("%d*%d=%d\n", num1, num2, mul);
    return mul;
```

```
}
/* 装饰器模式的 decorator 方法，这个函数也被称为架构函数 */
void decorator(int(*func)(int,int),int num1,int num2)
{
    printf("enter decorator \n");
    //类似回调函数，函数前后可以进行装饰或者其他逻辑处理
    func(num1, num2);
    printf("leave decorator\n");
}
int main(int argc, char *argv[])
{
    decorator (add, 20, 30);
    decorator (sub, 20, 30);
    decorator (mul, 20, 30);
    return 0;
}
```

12.10　代理模式

代理模式也称为委托模式。

核心思想：为其他对象提供一种代理以控制对这个对象的访问。在某些情况下，一个对象不适合或者不能直接引用另一个对象，而代理对象可以在客户端和目标对象之间起到中介的作用。

代理的方法在程序员编码时很常见，例如代理上网，自己本身（PC1）没有上网的权限，但是连接上代理服务器（PC2），只需要将 PC1 的 IE 代理指向 PC2 即可。

其示例图如图 12.8 所示。

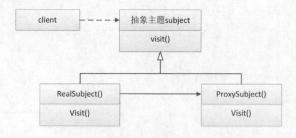

图 12.8　代理模式

```
/*PC 上网中实际的一些操作*/
typedef struct _surf_internet
{
    void (*request)();
} surf_internet;
void ftp_request()
```

```
{
    printf("request from ftp!\n");
}
void smtp_request()
{
    printf("request from smtp!\n");
}
void web_request()
{
    printf("request from web!\n");
}
/*建立一个代理，通过代理来执行上述操作*/
typedef struct _Proxy
{
    surf_internet * Client;
}Proxy;
void process(Proxy* pProxy)
{
    if(NULL == pProxy)
        return;
    pProxy->Client->request();
}
```

12.11　外观模式

外观设计模式主要为了实现子系统与客户端之间的松耦合关系。

核心思想：为子系统中的一组接口提供一个共同的对外接口，此模式定义了一个高层接口，这个接口使得这一子系统更加容易使用。

例如，现在比较火的智能家居控制器，只需要一键就能开关灯，开关电视、空调等，就好比一个统一的对外接口。

示例图如图 12.9 所示。

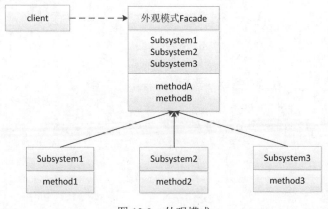

图 12.9　外观模式

以旅游来举例，当到达一个景点的时候，既想品尝当地的美食，又想购买当地的特色商品，还想了解一下风土人情。示例代码如下：

```c
typedef struct _ FoodClass
{
    void (*eat)();
} FoodClass;
void eat()
{
    printf("I want to eat !\n");
}
typedef struct _ShopClass
{
    void (*buy)();
} ShopClass;
void buy()
{
    printf("I want to buy !\n");
}
typedef struct _PlayClass
{
    void (*play)();
} PlayClass;
void play()
{
    printf("I want to play!");
}

typedef struct _Tour
{
    FoodClass* pFood;
    ShopClass* pShop;
    PlayClass* pPlay;
    void (*facade)(struct _Tour * p Tour);
} Tour;
void facade(Tour * pTour)
{
    if(NULL == pTour)
        return;
    pTour ->pFood->eat();
    pTour ->pShop->buy();
    pTour -> pPlay >play();
}
```

12.12　桥接模式

桥接模式：即在两个有关系的物体之间搭建一座桥，使得两者之间可以相互独立，降低耦合和强依赖关系。

核心思想：基于类（过程）的最小设计原则，通过使用封装、聚合及继承等行为让不同的类（过程）承担不同的职责，把抽象部分和实现部分分开，使得各自可以独立变化。换句话说，就是把类（过程）的继承关系转化为关联关系，降低了类（过程）间的耦合度，同时也减少了代码的开发工作量。

举个例子，现在有很多生产汽车的厂商，例如奔驰、宝马、奥迪等，车也分为轿车、商务车和越野车等，若使用多重继承的方式，其类或过程是以乘积的方式增长的，而使用桥接方式则是以和的方式增长。

示例图如图 12.10 所示。

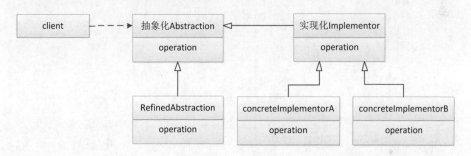

图 12.10　桥接模式

- 抽象化（Abstraction）角色：抽象化给出的定义，并保存一个对实现对象的引用。
- 修正抽象化（RefinedAbstraction）角色：扩展抽象化角色，改变和修正抽象化的定义。
- 实现化（Implementor）角色：这个角色给出实现化角色的接口，但不给出具体的实现。实现化角色应当只给出底层操作，而抽象化角色应当只给出基于底层操作的更高一层的操作。
- 具体实现化（Concrete Implementor）角色：这个角色给出实现化角色接口的具体实现。

下面举例来说明，例如有一个健身广场，里面有一些基本健身器材，后来有人提出要有一些球类的运动场地，再后来又有人提出需要丰富健身器材，丰富球类场地。

示例代码如下：

/*我们先按照共同的属性归类

```
具体实现concreteImplementorA，可继续扩充多种健身器材*/
typedef struct _BodyBuilder
{
    void (*play)();
} BodyBuilder ;
/*具体实现concreteImplementorB，可继续扩充多种球类运动*/
typedef struct _BallPlaying
{
    void (*play)();
} BallPlaying ;
/*Implementor定义，type指定类型*/
typedef struct _PlayReuqest
{
    int type;
    void* pPlayling;
} PlayReuqest ;
/*抽象Abstraction实现，其中type可以任意扩充*/
void person_playing(PlayReuqest  * pPlayReuqest )
{
    if(NULL == pPlayReuqest )
        return;
    if(BALL_TYPE == pPlayReuqest  ->type)
        return (BallPlaying *)( pPlayReuqest  -> pPlayling)-> play
();
    else
        return (BodyBuilder *)( pPlayReuqest  -> pPlayling)-> play
();
}
```

12.13　组合模式

组合模式：又称为"整体-部分"设计模式。

核心思想：将对象组织到树形结构中，使得单个对象和组合对象的使用具有一致性。它主要描述了如何将容器对象和叶子对象进行递归组合，使得用户在使用时无须对它们进行区分，可以一致地对待容器对象和叶子对象。

例如，我们拿文件系统类比，A文件夹下有B文件夹、C文件夹和D文件夹，B文件夹下又有B1文件夹和B2文件夹，当你要在一个文件夹下添加文件，那么直接添加即可，不需要关心它位于哪层文件夹下面。

示例图如图12.11所示。

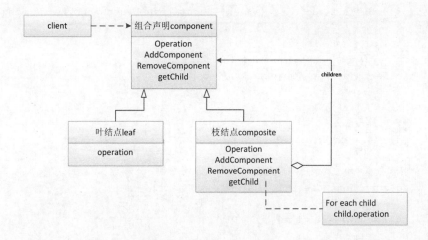

图 12.11　组合模式

composite 对象的结构如图 12.12 所示。

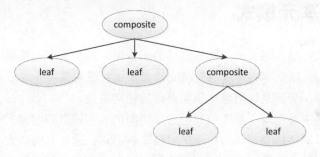

图 12.12　composite 对象描述

示例代码如下：

```
typedef struct _Object
{
    struct _Object** ppObject;
    int num;
    void (*operate)(struct _Object* pObject);
}Object;
/*对于 composite 的 operation 示例如下*/
void composite_operate (Object* pObject)
{
    int index;
    if(NULL == pObject)
        return;
    if(NULL == pObject->ppObject || 0==pObject->num)\
        return;
    for(index = 0; index < pObject->num; index ++)
    {
```

```
        pObject->ppObject[index]->operate(pObject->ppObject[index]);
    }
}
对于 leaf 结点的 operation 示例如下:
void leaf_operate (Object* pObject)
{
    if(NULL == pObject)
        return;
    printf("child node!\n");
}
/*对于与客户所见的调用, 其实就是 component 中的 operation 方法*/
void component_operation(Object* pObject)
{
    if(NULL == pObject)
        return;
    pObject->operate(pObject);
}
```

12.14　享元模式

享元模式:顾名思义就是共享底层的元数据,减少顶层的实例。

核心思想:以共享的方式高效地支持大量细粒度对象,并通过复用内存中已经存在的对象,降低系统创建对象实例时的性能消耗。

享元模式主要应用在系统中某个对象类型的实例较多的时候。例如,拼音,如果对每个单词的拼音都初始化一个对象实例的话,这样实例就太多了。使用享元模式只需要提前初始化基本拼音,就可以任意组装成不同的拼音。

示例图如图 12.13 所示。

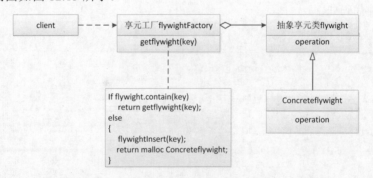

图 12.13　享元模式

示例代码如下:

```
/*我们拿 Word 模板进行举例, 通用模板都会包含标题、字体、行间距等*/
/*首先定义模板的抽象享元结构*/
```

```
    typedef struct _Templet
    {
        int title;
        int font;
        int lineDistance;
        void (*operate)(struct _ Templet * pTemplet);
    } Templet;
    /*定义模板的 flywightFactory 结构*/
    typedef struct _TempletFactory
    {
        Templet** ppTemplet;
        int num;
        int size;
        Templet* GetTemplet
(TempletFactory* pTempletFactory, int title, int font, int lineDistance
);
    }TempletFactory;
    /*这里的 GetTemplet 功能为对当前的 Templet 进行判断，如果 Templet 存在，那么返
回；否则创建一个新的 Templet 模式*/
    Templet* GetTemplet(TempletFactory* pTempletFactory, int title, in
t font, int lineDistance)
    {
        int index;
        Templet * pTemplet;
        Templet ** ppTemplet;
        if(NULL == pTempletFactory)
            return NULL;
        for(index = 0; index < pTempletFactory->num; index++)
        {  /*模板在模板工厂中如果存在，则直接返回*/
            if(title!= pTempletFactory -> ppTemplet[index]-> title)
                continue;
            if(font!= pTempletFactory -> ppTemplet[index]-> font)
                continue;
            if(lineDistance != pTempletFactory  ->  ppTemplet[index]->
lineDistance)
                continue;
            return pTempletFactory -> ppTemplet[index];
        }
        /*模板不存在，创建*/
        pTemplet = (Templet *)malloc(sizeof(Templet));
        if(NULL == pTemplet)
            return NULL;
        pTemplet -> title = title;
        pTemplet -> font = font;
        pTemplet ->lineDistance = lineDistance;
        /*当模板工厂未满的时候，将其添加到模板工厂中*/
        if(pTempletFactory -> num < pTempletFactory ->size)
```

```
    {
        pFontFactory-> ppTemplet [index] = pTemplet;
        pFontFactory->num ++;
        return pTemplet;
    }
    /*模板工厂满的时候, 则扩容*/
    ppTemplet = (Templet **)malloc(sizeof(Templet *) * pTempletFactory
->size * 2);
    if(NULL == ppTemplet)
        return NULL;
    memmove(ppTemplet, pTempletFactory->ppTemplet, pTempletFactory
->size);
    free(pTempletFactory -> ppTemplet);
    pTempletFactory ->size *= 2;
    pTempletFactory ->num++;
    pTempletFactory -> ppTemplet = ppTemplet;
    return ppTemplet;
}
```

12.15　策略模式

策略模式：指有一定行动内容的相对稳定的策略名称，它是一种行为模式。用于某一个具体的项目有多个可供选择的算法策略，客户端在其运行时根据不同需求决定使用某一具体算法策略。

核心思想：将算法和对象分开，使算法独立于使用它的用户，将一个类（或过程）中经常改变或将来可能改变的部分提取出来，作为一个接口（抽象策略），然后在类（或过程）中包含这个对象的实例，这样在运行时就可以调用实现了这个接口类（或过程）的行为。即准备一组算法，并将每个算法封装起来，使之可互换，策略算法是相同行为的不同实现。

示例图如图 12.14 所示。

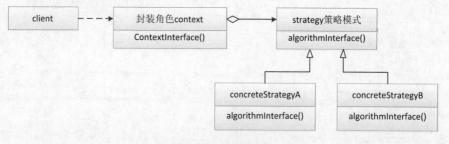

图 12.14　策略模式

下面是角色描述。

● context：封装角色，也叫作上下文角色，屏蔽高层模块对策略、算法的直接访问，封装可能的变化。

- strategy：抽象策略角色，策略算法家族的抽象，通常为接口定义每个算法必须具有的方法和属性。
- concreteStrategy：具体策略角色，实现抽象策略中的操作，该类含有具体的算法。

示例代码如下：

```
/*很多播放器是采用策略模式开发的，因为播放器模仿每种类型的影片使用的算法是不一样的，每种影片的解码是一种算法（即具体策略角色），播放器（抽象策略角色）对所有算法进行了抽象，使得不同的文件会调用相应的算法*/
typedef struct _ConcreteFilmPlay
{/*具体策略角色*/
    HANDLE hFile;
    void (*play)(HANDLE hFile);
}ConcreteFilmPlay;
typedef struct _FilmPlay
{/*抽象策略角色*/
    ConcreteFilmPlay* pConcreteFilmPlay;
}FilmPlay;
/*对 client 来说，同样的文件接口（即封装角色 context）就是 FilmPlay */
void play_file(FilmPlay * pFilmPlay)
{
    ConcreteFilmPlay * pConcreteFilmPlay;
    if(NULL == pFilmPlay)
        return;
    pConcreteFilmPlay = pFilmPlay -> pConcreteFilmPlay;
    pConcreteFilmPlay ->play(pConcreteFilmPlay ->hFile);
}
/*下面就是对每种视频格式的具体实现*/
void play_avi_film(HANDLE hFile)
{
    printf("play avi film!\n");
}
void play_rmvb_film (HANDLE hFile)
{
    printf("play rmvb film!\n");
}
void play_mpeg_film (HANDLE hFile)
{
    printf("play mpeg film!\n");
}
```

12.16　模板方法模式

模板方法模式定义一个操作中的算法的骨架，而将具体实现步骤延迟到子类

（或过程）中。模板方法使得子类（或过程）可以不改变一个算法的结构即可重定义该算法的某些特定步骤。

核心思想：将一些复杂流程的实现步骤封装在一系列基本方法中，在抽象父类（或过程）中提供方法来定义这些基本方法的执行次序，而通过其子类（或过程）来覆盖某些步骤，从而使得相同的算法框架可以有不同的执行结果。

示例图如图 12.15 所示。

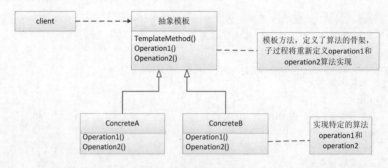

图 12.15　模板方法模式

看了上述描述，可能好多读者想知道策略模式和模板模式有什么区别？

用一句话概述是：策略模式通过组合方式实现算法的异构，模板方法模式则采取的是继承方式。具体可以看一下两者的出发点。

- 策略模式：定义一系列的算法，把它们一个个封装起来，使它们可相互替换。本模式使得算法可独立于使用它的客户而变化。
- 模板方法模式：定义一个操作中的算法的骨架，将一些步骤延迟到子类中。TemplateMethod 使得子类可以不改变算法的结构即可重定义该算法的某些特定步骤。

从意图上来看，两者都在试图解决算法多样性对代码结构的冲击。只是，策略模式通过将算法封装成类（或过程），通过组合使用这些类（或过程）。而模板方法则将算法的可变部分封装成 Hook，由子类（过程）定制。

但是在大多数情况下和两种模式解决的问题是类似的，经常可以互换，它们都可以分离通用的算法和具体的上下文，并且都能很好地遵循依赖倒置原则。

我们拿泡茶和泡咖啡来举例，都是冲调饮料，所以骨架是相同的，但是两者的冲调方法不一样，这就是具体的算法。

示例代码如下：

```c
typedef struct
{/*抽象模板*/
    size_t size;
    void* (*operation1)(void * params);
    void* (*operation2) (void * params);
    void (*templateMethod) (void * params);
```

```
    char *description;
} AbstractClass;
typedef struct
{/*具体实现A*/
    const void *abstractClass;
    void (*primitiveOperation1) (void * params);
    void (*primitiveOperation2) (void * params);
    char *descriptionA;
} _ConcreteA;
typedef struct
{/*具体实现B*/
    const void *abstractClass;
    void (*primitiveOperation1) (void * params);
    void (*primitiveOperation2) (void * params);
    char *descriptionB;
} _ConcreteB;
```

12.17　观察者模式

在许多设计中，经常涉及多个对象（或过程）都对一个特殊对象中的数据变化敏感，并且这些对象都希望能跟踪那个特殊对象中的数据变化，在这样的情况下就可以使用观察者模式。

核心思想：该模式必须包含两个角色，即观察者（observer）和被观察者（listenser），被观察者维护观察者对象的集合，当被观察者对象变化时，它会通知观察者。也就是说，listenser 对象发出 Notify 通知所有 observer 进行修改（调用Update），观察者模式主要用于解决对象之间一对多关系。

示例图如图 12.16 所示。

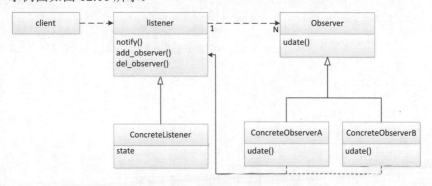

图 12.16　观察者模式

使用当前最流行的微博为例，可以将某一明星的微博公众号看作 listener，将关注微博的追星族看作 observer，关注的时候就可以收到推送消息（notify），取消关注的时候就不会收到推送消息。

示例代码如下：

```
/*首先定义被观察者Listener*/
typedef struct _Listener
{
    Observer * pListener_List [MAX_BINDING_NUM];
    int num;
    void (*notify)(struct _Listener * pListener);
    void (*add_observer)( Observer * pObserver);
    void (*del_observer)( Observer * pObserver);
}Listener;
/*定义观察者Observer */
typedef struct _Observer
{
    Listener* pListener;
    void (*update)(struct _Observer* pObserver);
}Observer;
/*Observer在创建的时候，把Observer自身绑定到Listener上面*/
void bind_observer_to_listener(Observer* pObserver, Listener * pListener)
{
    if(NULL == pObserver || NULL == pListener);
        return;
    pObserver-> pListener = pListener;
    pListener ->add_observer(pObserver);
}
void unbind_observer_from_listener (Observer* pObserver, Listener *
pListener)
{
    if(NULL == pObserver || NULL == pListener);
        return;
    pListener->del_observer(observer* pObserver);
    memset(pObserver, 0, sizeof(Observer));
}
/*上述Observer在创建时已经把自己绑定在一个具体的Listener上，那么Listener
发生改变时，只需要使用下述的notify来通知绑定的Observer即可*/
void notify(Listener* pListener)
{
    Obserer* pObserver;
    int index;
    if(NULL == pObject)
        return;
    for(index = 0; index < pObject->num; index++)
    {
        pObserver = pListener->pObserverList[index];
        pObserver->update(pObserver);
    }
}
```

12.18　迭代器模式

使用过 C++编程的读者应该对迭代器都有一定了解，在 C++中迭代器就是一种基础操作，队列有迭代器，向量有迭代器。

核心思想：提供一种顺序访问聚合对象中各个元素的方法，并且不需暴露该对象的内部表示，也就是说，将遍历功能从聚合对象中分离出来。

示例图如图 12.17 所示。

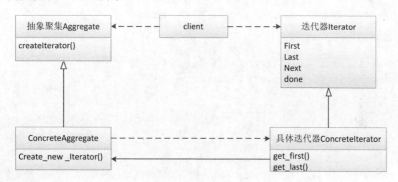

图 12.17　迭代器模式

目前最典型的例子是 Linux 内核的 list_head 操作，它不管链表中对象的实际定义的数据结构如何，可以通过遍历方式，对我们按照规范定义的链表进行遍历、插入、删除等操作，同时提供安全类的另一套接口。整套机制代码较多，感兴趣的读者可仔细查阅学习 list.h 源码。

这里仅使用部分源码来举例：

```
/*我们定义一个定时器链表，不管定时器内部数据结构实现如何*/
struct list_head dpi_timer_queue;
/*1.初始化定时器*/
INIT_LIST_HEAD(&dpi_timer_queue[nlcoreid]);
/*2.向定时器内部添加元素，此处所有遍历操作和定时器实现内部数据结构无关*/
/*插入到链表头*/
static inline void list_add_befor_node(struct list_head *new,struct
list_head *head)
{
    list_add(new,head->prev);
}
/*向定时器链表中插入新的定时器，以超时时间进行排序*/
static void timer_add(struct timer *t)
{
    struct list_head *tmp;
    struct timer *temp;
    if (!t)
```

```
    {
        return;
    }
    /*检查定时器链表是否为空，空就加到最后面*/
    if (list_empty_careful(&dpi_timer_queue))
    {
        list_add_tail(&t->list,&dpi_timer_queue);
        return;
    }
    /*如果不空，找是否有，有就删除，再加入新的*/
    temp = timer_node_get((char *)t->name);
    if(temp)
    {
     list_del(&temp->list);
     memcpy(temp,t,sizeof(struct timer));
    }
    else
    {
        temp = t;
    }
    /*遍历当前定时器链表，找到插入点，插入后直接返回，如超时时间大于所有定时器现
有结点，则退出循环，在定时器链表尾部插入*/
    list_for_each(tmp,&dpi_timer_queue)
    {
        struct timer *curr;
        curr = (struct timer *) tmp;
        if (dpi_time_before_eq(t->expire_jiffies, curr->expire_jiffies))
        {
            list_add_befor_node(&temp->list,tmp);
            return;
        }
    }
    list_add_tail(&temp->list,&dpi_timer_queue);
}
```

12.19   责任链模式

责任链模式：使多个对象（或过程）都有机会处理请求，从而避免请求的发送者和接受者之间的耦合关系，将这个对象（或过程）连成一条链，并沿着这条链传递该请求，直到有一个对象（或过程）能处理它为止。

核心思想：clinet 只需要将请求发送到责任链上即可，无须关心请求的处理细节和请求的传递，责任链的职责就是将请求的发送者和请求的处理者解耦。

示例图如图 12.18 所示。

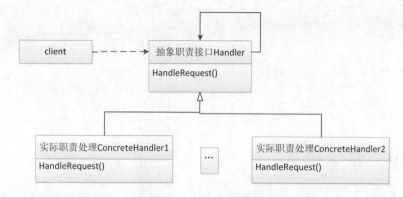

图 12.18 责任链模式

举个例子，一般公司的员工请假，可能部门经理能批一天，超过三天需要中心经理审批，超过一周需要总经理审批，那么请假的员工就是 client，请假的过程就是抽象职责接口，部门经理、中心经理、总经理就是责任链上的具体职责处理者。

示例代码如下：

```
typedef struct _Manager
{
   struct _Manager * next;
   int holidays;
   int (*request)(strcut _Manager * pManager, int days);
} Manager;
/*设置每个级别的经理可处理的请假天数*/
void set_holidays (Manager * pManager, int days)
{
   if(NULL == pManager);
      return;
   pManager -> holidays = days;
      return;
}
/*设置下一级别处理者*/
void set_next_manager(Manager * pManager, Manager * next)
{
   if(NULL == pManager || NULL != next);
      return;
   pManager ->next = next;
   return;
}
/*一个员工的请假处理流程(client)如下*/
bool request_for_manager(Manager * pManager, int days)
{
   if(NULL == pManager || 0 == days);
```

```
        return;
    if(days < = pManager-> holidays)
        return true;
    else if(pManager ->next)
        return request_for_manager(pManager ->next,days);
    else
        return false;
}
```

12.20　命令模式

命令模式：是一个高内聚的模式，它是将请求封装成对象，使用不同的请求把客户端参数化，对请求排队等提供了命令的撤销和恢复功能。

核心思想：将行为请求者（invoker）和行为实现者（receiver）解耦，实现二者之间的松耦合。

示例图如下：

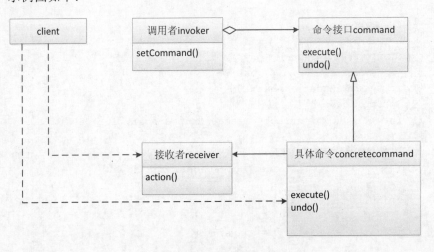

图 12.19　命令模式

client：负责创建一个具体命令。

invoker：持有一个命令对象，接受到命令，并执行命令，是命令的发动者和调用者。

command：需要执行的命令都在这里声明。

concretecommand：实现命令的具体接口。

receiver：接收命令并执行。

```
/*命令封装*/
struct command
{
```

```
    int cmd_mode;
    char buf[cmd_len];
    int (*cmd_func)(char *buf);
}
/*命令的具体实现*/
int cmd_handle(char *buf)
{
    print("concrete command");
    return 0;
}
/*invoker 的实现*/
int invoker()
{
    struct command cmd_case;
    memset(&cmd_case, 0, sizeof(cmd_case));
    cmd_case.cmd_code = CMD_1;
    put_queue(&cmd_case); //send cmd_case to queue
    return 0;
}
/*receiver 监视命令队列，取出命令调用 handler*/
int receiver()
{
    struct command *cmd_case;
    while(1)
    {
        //get cmd_case from queue while queue is not empty
        cmd_case = get_queue();
        cmd_case->cmd_func(cmd_case->buf);
    }
    return 0;
}
```

Linux 内核中有许多使用命令模式的场景，例如 wireless extension 的接口，上层应用通过 ioctl 下发命令到内核，内核解析后，调用相应的 wireless extension 内核侧处理函数。这就是典型的不同运行环境的命令模式。

12.21　备忘录模式

备忘录模式：又称快照模式或 Token 模式，是在不破坏封闭的前提下，捕获一个对象的内部状态，并在该对象之外保存这个状态。这样以后就可将该对象恢复到原先保存的状态。

核心思想：保存一个对象的某个状态，以便在适当的时候恢复对象。其实就是我们俗称的"后悔药"。

这种设计模式的实例非常多，例如，windows 的 ctrl+z 模式、系统恢复到前一个时间点、虚拟机快照、IE 浏览器中的"回退"按钮、打游戏时候的存档、数据库中的 rollBack 等。

示例图如图 12.20 所示。

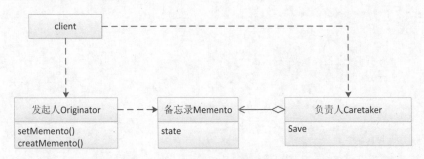

图 12.20 备忘录模式

- Originator（发起人）：负责创建一个备忘录 Memento，用以记录当前时刻自身的内部状态，并可使用备忘录恢复内部状态。
- Memento（备忘录）：负责存储 Originator 对象的内部状态，并可以防止 Originator 以外的其他对象访问备忘录。备忘录有两个接口：Caretaker 只能看到备忘录的窄接口，只能将备忘录传递给其他对象。Originator 却可看到备忘录的宽接口，允许它访问返回到先前状态所需要的所有数据。
- Caretaker（管理者）：负责备忘录 Memento，不能对 Memento 的内容进行访问或者操作。

我们使用 Word 撤销操作来举例，示例代码如下：

```c
/*创建一个撤销操作的备忘录*/
typedef struct _Memento
{
    struct _ Memento* next;
    void* pData; /*撤销的数据*/
    void (*process)(void* pData);/*恢复的操作*/
} Memento;
/*定义撤销动作的管理者*/
typedef struct _Organizer
{
    int number;   /*可支持撤销的层级*/
    Memento * pActionHead;  /*指向备忘录*/
    Memento * (*create)();  /*撤销函数的创建函数*/
    void (*restore)(struct _Organizer* pOrganizer); /*恢复函数*/
}Organizer;
/*如上所述，数据在创建和修改的过程中都会有相应的恢复操作，那么恢复原来的数据也就
变得很简单*/
    void restore(struct _Organizer* pOrganizer)
    {
```

```
          Memento * pHead;
          assert(NULL != pOrganizer);
          pHead = pOrganizer->pActionHead;
          pHead->process(pHead->pData);
          pOrganizer->pActionHead = pHead->next;
          pOrganizer->number --;
          free(pHead);
          return;
     }
```

备忘录这种模式，使用 C 语言比较难描述，读者可以尝试使用 C ++来应用这种思想。

12.22　状态模式

状态模式：允许对象在内部状态发生改变时改变它的行为，其主要解决的是当控制一个对象状态的条件表达式过于复杂时的情况。把状态的判断逻辑转移到表示不同状态的一系列类中，可以把复杂的判断逻辑简化。

核心思想：创建表示各种状态的对象（或过程）和一个行为随着状态对象（或过程）改变而改变的 context 对象（或过程）。

在现实中，有许多使用状态模式的例子，例如闹钟程序（工作日响铃，周末不响），在协议交互中使用（不同协议中的启动、保持、终止等不同状态），电梯状态的控制（开门、关门、停止、运行），手机电话（关机、停机、注销）。

示例图如图 12.21 所示。

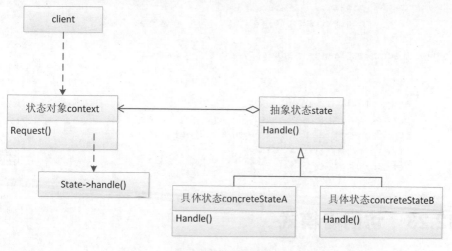

图 12.21　状态模式

- Context：是含有状态的对象，它可以处理一些请求，这些请求最终产生的响应会与状态相关。

- State：状态接口，定义了每一个状态的行为集合，这些行为会在 Context 中得以使用。
- ConcreteState：具体状态，实现相关行为的具体状态。

示例代码如下：

```c
/*定义抽象状态，以及状态改变的操作*/
typedef struct _State
{
    void (*process)();/*普通的数据操作*/
    struct _State* (*change_state)();/*状态改变操作，获取下一个状态*/
}State;
void process()
{
    printf("data process!\n");
}
State* change_state()
{
    State* pNextState = NULL;
    pNextState = (State*)malloc(sizeof(State));
    assert(NULL != pNextState);
    pNextState ->process = next_process;
    pNextState ->change_state = next_change_state;
    return pNextState;
}
/*定义context结构，里面包含state变量和state转换函数，此为客户感兴趣的接口*/
typedef struct _Context
{
    State* pState;
    void (*context_change)(struct _Context* pContext);
}Context;
void context_change(struct _Context* pContext)
{
    State* pPre;
    assert(NULL != pContext);
    pPre = pContext->pState;
    pContext->pState = pPre->changeState();
    free(pPre);
    return;
}
```

12.23　访问者模式

访问者模式：是一种将数据操作与数据结构分离的设计模式，它可以算是 23 种设计模式中最复杂的一个，却是一个小众的模式，使用频率并不是很高。

核心思想：封装一些作用于某种数据结构中的各元素的操作，它可以在不改变这个数据结构的前提下定义作用于这些元素的新的操作。

通俗一点的解释为：有这么一个操作，它是作用于一些元素之上的，而这些元素属于某一个对象结构。同时这个操作是在不改变各元素类的前提下，在这个前提下定义新操作是访问者模式的核心思想。精简为一句话就是"不同的人对不同的事物有不同的感觉。"

说它是小众，因其主要用于"对象结构比较稳定，当经常需要在对象结构中定义新的操作"的场景。

例如，对一个公司的财务，总体分为收入和消费，结构是不会变的，但是访问此结构的可能有老板、财务总监、会计等，每个人的操作是不一样的。

示例图如图 12.22 所示。

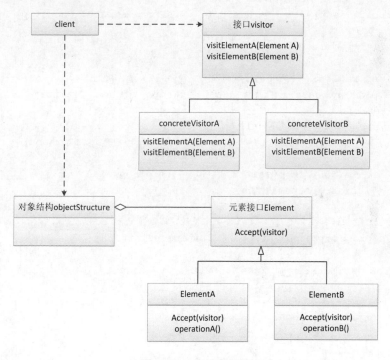

图 12.22　访问者模式

- Visitor：抽象接口，它定义了对每一个元素（Element）访问的行为，它的参数就是可以访问的元素，因此，访问者模式要求元素的类族要稳定，如果经常添加、移除元素类，必然会导致频繁地修改 Visitor 接口，如果这样则不适合使用访问者模式。
- ConcreteVisitorA、ConcreteVisitorB：具体的访问接口，它需要给出对每一个元素接口访问时所产生的具体行为。
- ObjectStructure：定义当中所说的对象结构，对象结构是一个抽象表述，它内部管理了元素集合，并且可以迭代这些元素以供访问者访问。

- Element：元素接口或者抽象类，它定义了一个接受访问者的方法（Accept），其意义是指每一个元素都可以被访问者访问。
- ConcreteElementA、ConcreteElementB：具体的元素，它提供接受访问方法的具体实现，而这个具体实现，通常情况下是使用访问者提供的访问该元素的方法。

示例代码如下：

```c
/*以一个实例来进行说明，排骨可以做成糖醋排骨和红烧排骨，不同地方的人喜欢不同的口味，排骨就是元素，人就是接口*/
typedef struct _Chops
{
    int type;/*表示不同的排骨做法*/
    void (*eat)(struct _Visitor* pVisitor, struct _Chops* pChops);
} Chops;
typedef struct _Visitor
{
    int region;/*表示不同区域的人*/
    void (*process)(struct _Chops* pChops, struct _Visitor* pVisitor);
}Visitor;
/*当 eat 的时候就需要做不同的判断了*/
void eat(struct _Visitor* pVisitor, struct _Chops* pChops)
{
    assert(NULL != pVisitor && NULL != pChops);
    pVisitor->process(pChops, pVisitor);
}
 /*eat 的操作需要靠不同的 Visitor 来处理，下面定义 process 函数*/
void process(Chops* pChops, Visitor* pVisitor)
{
    assert(NULL != pChops && NULL != pVisitor);
    if(pChops ->type == BRAISED_CHOP && pVisitor->region == SOUTH ||
        pChops->type == SWEET_SOUR_CHOP && pVisitor->region == NORTH)
    {
        printf("I like the food!\n");
        return;
    }
    printf("I hate the food!\n");
}
```

12.24　中介者模式

中介者模式：包装了一系列对象相互作用的方式，使得这些对象不必相互明显作用，从而使它们可以松散耦合。当某些对象之间的作用发生改变时，不会立即影响其他对象之间的作用。保证这些作用可以彼此独立的变化。

核心思想：定义了一个中介对象来封装一系列对象之间的交互关系。中介者使各个对象之间不需要显式地相互引用，从而使耦合性降低，而且可以独立地改变它们之间的交互行为。

示例图如图 12.23 所示。

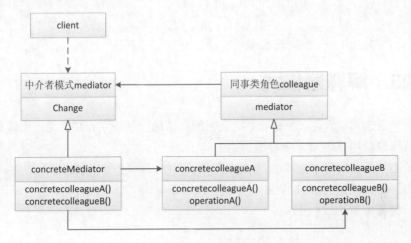

图 12.23　中介者模式

- Mediator：抽象中介者角色，定义了同事对象到中介者对象的接口。
- ConcreteMediator：具体中介者角色，它从具体的同事对象接收消息，向具体同事对象发出命令。
- Colleague：抽象同事类角色，定义了中介者对象的接口，它只知道中介者而不知道其他的同事对象。
- ConcreteColleagueA、ConcreteColleagueB：具体同事类角色，每个具体同事类都知道本身在小范围的行为，而不知道在大范围内的目的。

在现实生活中，有很多中介者模式的例子，例如 QQ 游戏平台、QQ 群、短信平台或者房产中介。

示例代码如下：

```
/*我们用一个中介买卖房屋的例子来介绍*/
/*买方找到中介，提出买房要求，中介提供符合条件的卖家房源*/
typedef struct _Mediator/*中介的数据结构*/
{
    People* buyer;
    People* seller;
}Mediator;
/*买卖方的数据结构，也就是上述的colleague角色*/
typedef struct _People
{
    Mediator* pMediator;
    void (*request)(struct _People* pPeople);
    void (*process)(struct _Peoplle* pPeople);
```

```
}People;
/*如果是买方的要求，那么这个要求应该卖方去处理*/
void buyer_request(struct _People* pPeople)
{
    assert(NULL != pPeople);
    pPeople->pMediator->seller->process(pPeople->pMediator->buyer);
}
```

12.25　解释器模式

解释器模式：给定一个语言，定义它的文法的一种表示，并定义一个解释器，这个解释器使用该表示来解释语言中的句子。

核心思想：实现了一个表达式的接口，该接口解释一个特定的上下文。

主要使用场景为 SQL 解析、符号处理引擎等。

示例图如图 12.24 所示。

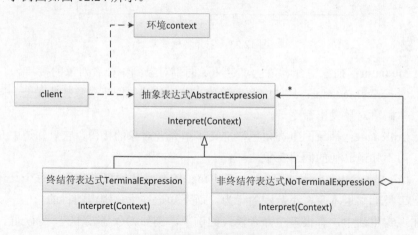

图 12.24　解释器模式

- AbstractExpression：抽象表达式，声明一个所有的具体表达式都需要实现的抽象接口；此接口主要是一个 Interpret()方法，称做解释操作。
- TerminalExpression：终结符表达式，实现了抽象表达式所要求的接口；文法中的每一个终结符都有一个具体终结表达式与之相对应。比如，公式 E=E1+E2，E1 和 E2 就是终结符，对应的解析 E1 和 E2 的解释器就是终结符表达式。
- NoTerminalExpression：非终结符表达式，文法中的每一条规则都需要一个具体的非终结符表达式，非终结符表达式一般是文法中的运算符或者其他关键字，比如，公式 E=E1+E2 中，"+"就是非终结符，解析"+"的解释器就是一个非终结符表达式。
- Context：环境，它的任务一般是用来存放文法中各个终结符所对应的具体值，比如，E=E1+E2，给 E1 赋值 1，给 E2 赋值 2，这些信息需要存放到环境中。

示例代码如下：

```
/*我们以一个变量定义来举例，在 C 语言中变量的定义为一个不以数字开头的由字母、数字
和下画线构成的字符串，这种定义可以用解析器来实现*/
typedef struct _Interpret
{
    int type;/*字母、数字、下画线类型的解析器*/
    void* (*process)(void* pData, int* type, int* result);/*处理函数*/
}Interpret;
#define DIGITAL_TYPE 1
#define LETTER_TYPE  2
#define BOTTOM_LINE  3
void* digital_process(void* pData, int* type, int* result)
{
    UINT8* str;
    assert(NULL != pData && NULL != type && NULL != result);
    str = (UNT8*)pData;
    while (*str >= '0' && *str <= '9')
    {
        str ++;
    }
    if(*str == '\0')
    {
        *result = TRUE;
        return NULL;
    }
    if(*str == '_')
    {
        *result = TRUE;
        *type = BOTTOM_TYPE;
        return str;
    }
    if(*str >= 'a' && *str <= 'z' || *str >= 'A' && *str <= 'Z')
    {
        *result = TRUE;
        *type = LETTER_TYPE;
        return str;
    }
    *result = FALSE;
    return NULL;
}
void* letter_process(void* pData, int* type, int* result)
{
    UINT8* str;
    assert(NULL != pData && NULL != type && NULL != result);
```

```c
        str = (UNT8*)pData;
        while (*str >= 'a' && *str <= 'z' || *str >= 'A' && *str <= 'Z')
        {
            str ++;
        }
        if(*str == '\0')
        {
            *result = TRUE;
            return NULL;
        }
        if(*str == '_')
        {
            *result = TRUE;
            *type = BOTTOM_TYPE;
            return str;
        }
        if(*str >= '0' && *str <= '9')
        {
            *result = TRUE;
            *type = DIGITAL_TYPE;
            return str;
        }
        *result = FALSE;
        return NULL;
    }
    void* bottom_process(void* pData, int* type, int* result)
    {
        UINT8* str;
        assert(NULL != pData && NULL != type && NULL != result);
        str = (UINT8*)pData;
        while ('_' == *str )
        {
            str ++;
        }
        if(*str == '\0')
        {
            *result = TRUE;
            return NULL;
        }
        if(*str >= 'a' && *str <= 'z' || *str >= 'A' && *str <= 'Z')
        {
            *result = TRUE;
            *type = LETTER_TYPE;
            return str;
        }
        if(*str >= '0' && *str <= '9')
        {
```

```
        *result = TRUE;
        *type = DIGITAL_TYPE;
        return str;
    }
    *result = FALSE;
    return NULL;
}
```

第 13 章

成长的挫折——再论程序调试

正如契诃夫曾经说过:"困难和折磨对于人来说,是一把打向胚料的锤,打掉的应该是脆弱的铁屑,锻成的将是锋利的钢。"

在程序设计中亦是如此,再高明的程序设计师也会不可避免地陷入自己的盲区,一个产品或程序在发布之前,一定会有各种各样的问题(也就是 BUG),我们需要对这些 BUG 进行定位以及修复,这就是本章将主要讲述的程序调试方法。

13.1　断言

在使用 C 语言编写代码的时候,我们总希望对某些入口条件或假设条件进行检查,当条件不符合限定的时候,抛出异常,中断处理,这就是断言的作用。可以将断言看成异常处理的一种高级形式。

原型定义如下:

```
void assert( int expression );
```

assert 宏的原型定义在<assert.h>中,其作用是先计算表达式 expression,如果 expression 的值为假(即为 0),那么它先向 stderr 打印一条出错信息,然后通过调用 abort 来终止程序运行。

代码如下:

```
#include <stdio.h>
#include <assert.h>
char div(int i,int j)
{
    assert(j);/*被除数不能为 0*/
    float result;
    result=(float)i/j;
    printf("%d\n", result);
}
```

```
int main( void )
{
        div(1,3);
        div(0,3);
        div(3,0);
        return 0;
}
```

在 Linux 下编译运行结果：

```
[root@probe assert]# gcc assert.c -o assert
[root@probe assert]# ./assert
0.333333
0.000000
assert: assert.c:5: div: Assertion 'j' failed.
Aborted (core dumped)
```

由此可知，在 div(3,0)的时候抛出异常，并且会生成 core 文件，在 13.3 节中我们会讲述使用 core 文件进行程序调试。

当使用断言的时候我们就能快速定位程序的错误点，并通过产生的 core 文件找到程序的执行调用关系。

下面根据经验总结 assert 一般使用到的场景。

（1）可以在预计正常情况程序不会到达的地方放置断言，如 assert (0);。

（2）使用断言来检查函数的前置条件（代码执行之前必须具备的特性，如入口参数是否合法）和后置条件（代码执行之后必须具备的特性，如执行结果是否合法）。

（3）使用断言来保证变量的状态合法（例如某个变量的变化范围）。

另外在使用断言的时候，应该明确断言是为我们程序调试服务的，所以应该养成一些良好的习惯，总结如下：

（1）每个断言应该只检查一个条件，多个条件应该使用多个断言进行检查。例如：assert((i!=0) && (j!=0));就不是好的习惯，应该拆解成两行：assert(i!=0);assert(j!=0);。

（2）不要使用改变环境的语句，例如 assert(i++);就不是一个好的习惯，其本意是当 i 等于 0 的时候，触发断言生成异常，当 i 不等于 0 的时候，将 i 加 1，所以应该写成：assert(i);i++;。

（3）需要明确的是 assert 不能代替条件过滤。

（4）断言一个最常用的地方就是放在函数实现的入口处，来检查参数传入的合法性。

（5）断言语句不要有任何边界效应。

上面讲述了断言 assert 的优点，但它也有不可避免的缺点，例如其频繁调用会极大地影响程序的性能，所以在实际使用中我们要区分场合。

例如成熟的产品，都会有发布版和 DEBUG 版，使用 gcc 默认的 NDEBUG 开关即可控制，简单的代码如下：

```
#include <stdio.h>
#define NDEBUG/*此时断言不生效*/
#include <assert.h>
int main( void )
{
    int i=0;
    assert(i);
    printf("%d\n",i);
    return 0;
}
```

编译执行结果：

```
[root@probe assert]# gcc assert1.c -o assert1
[root@probe assert]# ./assert1
0
```

当将上述#define NDEBUG 注释掉：

```
#include <stdio.h>
//#define NDEBUG/*此时断言不生效*/
#include <assert.h>
int main( void )
{
    int i=0;
  assert(i);
    printf("%d\n",i);
    return 0;
}
```

编译执行结果：

```
[root@probe assert]# gcc assert1.c -o assert1
[root@probe assert]# ./assert1
assert1: assert1.c:7: main: Assertion 'i' failed.
Aborted (core dumped)
```

此时可以发现断言生效，所以在实际发布的版本中，我们可以在同一个头文件中定义#define NDEBUG，来控制实际发布版和 DEBUG 版的区别。

同样，我们也可以自己定义 DEBUG 开关和 assert 来进行调试控制，例如：

```
//#undef _DEBUG_ASSERT                  //禁用断言
#define _DEBUG_ASSERT_                  //启用断言

#ifdef_DEBUG_ASSERT_
void my_assert(const char* file_name,const char* func_name,unsigned
int line_num)
```

```
{
    printf("\n  ERROR  file=%s,function=%s,line=%d\n",  file_name,
func_name, line_num);
    abort();
}
define MY_ASSERT ( condition )\
do{
    if(condition)\
        NULL;\
    else\
        my_assert(__FILE__,__FUNCTION__,__LINE__);
}while(0)
#else
#define MY_ASSERT ( condition )  NULL
#endif /* end of ASSERT */
```

当打开#undef _DEBUG_ASSERT_ 断言不生效。

当打开#define _DEBUG_ASSERT_ 断言生效。

另外，在我们自己定义的断言中，可以增加感兴趣的信息，例如上述代码中，我们在断言产生异常之前，先打印了问题产生的文件名、函数名和函数的哪行，对于后续问题的具体定位有一定意义。

13.2　万能的打印

可能这里描述打印是"万能的"，很多读者会不屑一顾，甚至觉得在实际调试中打印是一个很 low 的手段。

注意这里的打印不是终端打印，如果是在终端打印，当多进程（或线程）的时候，会导致打印混乱，另外 printf 函数会导致进程切换，亦同样影响我们程序的执行性能。

这里我们描述的是向内存中的打印，同时提供命令行的方式，查看内存中的打印内容，这个对于程序的示踪非常有用。

同时对于设计好程序的产品，需要同时有打印开关、打印级别、打印子类等，例如我们可以对所有 IP 或者 TCP 或者 HTTP 的处理流程分别进行追踪。并根据级别显示追踪的粒度。

示例代码如下：

```
/*以下代码可以全部写到 debug.h 中*/
struct debug_para
{
    __u32    debug_switch;/*打印开关*/
    __u16    debug_level;/*打印级别*/
    __u16    debug_max_buff;/*打印缓存区*/
```

```
};
/*对外提供的接口*/
extern struct debug_para debug_para;
static __inline__ int get_debug_switch(void)
{
    return debug_para.debug_switch;
}
static __inline__ int get_debug_level(void)
{
    return debug_para.debug_level;
}
static __inline__ int get_debug_max_buff(void)
{
    return debug_para.debug_max_buff;
}
/*设置打印级别，粒度从粗到细*/
#define DEBUG_LEVEL0      0
#define DEBUG_LEVEL1      1
#define DEBUG_LEVEL2      2
/*设置打印开关，每个开关占用一位*/
#define DEBUG_ALL         0xffffffff
#define DEBUG_OBJ 0x00000001
#define DEBUG_IP 0x00000002
#define DEBUG_TCP         0x00000004
#define DEBUG_UDP         0x00000008
#define DEBUG_ICMP 0x00000010
#define DEBUG_HTTP        0x00000020
#define DEBUG_HTTPS       0x00000040
#define DEBUG_DNS         0x00000080
/*后续直接编号就行，*/
/*下面是向内存中打印的具体实现*/
//#undef _DEBUG_PRINT_            //禁用打印
#define _DEBUG_PRINT_             //启用打印
#ifdef _DEBUG_PRINT_
extern char *debug_buff;
extern __u16 debug_len;
extern spinlock_t debug_lock;
#define debug_printf(flag, level, fmt, ...)\
    if( (get_debug_level()>level) && (get_debug_switch() & flag)))\
        do{\
            if(debug_len< get_debug_max_buff()){\
                spinlock_lock(&debug_lock);\ /*加锁是为了防止多核打印乱
序*/
                debug_len      +=     snprintf(debug_buff+debug_len,
get_debug_max_buff()-debug_len, "%d(%d):"fmt , get_lcoreid(), getpid(),
##__VA_ARGS__ );\
                spinlock_unlock(&debug_lock);\
```

```
            }\
        }while(0)
#else
#define debug_printf(flag, level, fmt, ...)
#endif
```

后续在我们程序任何需要跟踪的地方插入：

```
    dpi_debug(DEBUG_IP, DEBUG_LEVEL1, "enter %s %d\n", __FUNCTION__,
__LINE__);
```

如此即可以对程序起到特定的流程追踪作用，当然对于成熟的产品方案，打印级别、打印开关都是可以通过命令行进行动态调整的，打印的缓冲区也可以重置，这些读者可以自行实现。

13.3　GDB 调试浅谈

GDB 是调试程序、跟踪问题的一个非常有效的手段，本节将根据实际的例子来说明 GDB 的基本调试手段。

13.3.1　基础命令

下面以一个简单的示例程序作为切入点，详细解释单进程 GDB 各种调试手段的应用。

```
#include <stdio.h>
int func()
{
    int i=0;
    int j=0;
    for(i=0; i < 10; i++)
    {
        j+=2;
        printf("i=%d\n", i);
        printf("j=%d\n", j);
    }
    return 0;
}
int main()
{
    int i=1;
    i=i + 1;
    printf("func= %s, line= %d, i= %d\n", __FUNCTION__, __LINE__, i);
    func();
    i++;
    printf("func= %s, line= %d, i= %d\n",__FUNCTION__,__LINE__, i);
    return 0;
```

```
}
```

如果想使用 GDB 调试程序，在编译的时候一定要使用-g 选项，例如上述示例代码保存为 gdb.c，编译为：gcc gdb.c -g -o gdb_test。

（1）以 GDB 模式调试，有两种方式，第一种方式为"gdb+可执行程序"，如图 13.1 所示。

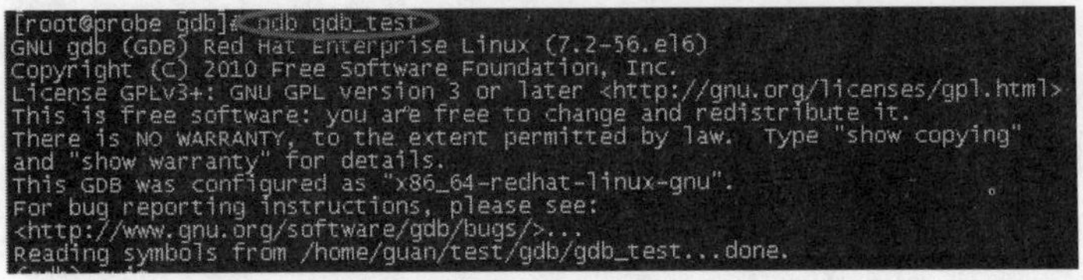

图 13.1　进入 GDB

第二种方式为先进入 gdb，然后使用 file 命令装载文件，例如：

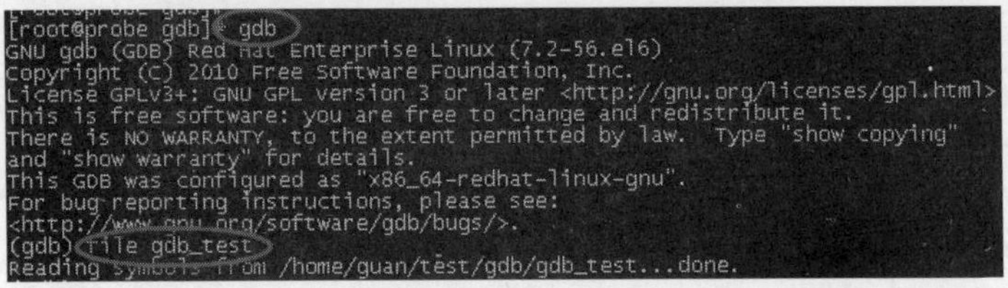

图 13.2　进入 GDB

读者可以选择自己习惯的方法。

（2）输入 run 命令（简写 r 也可以）将程序以 GDB 的形式运行起来。例如我们程序的运行结果如图 11.3 所示

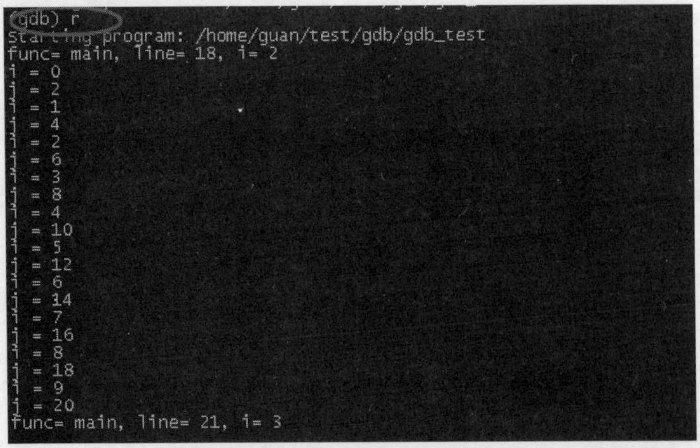

图 13.3　GDB 中运行程序

因为我们是单进程程序，并且没有死循环或者断点，多在 GDB 中打印程序运行结果后结束。

（3）查看函数源码：list+函数名、list+行号，结果如图 11.4 所示。

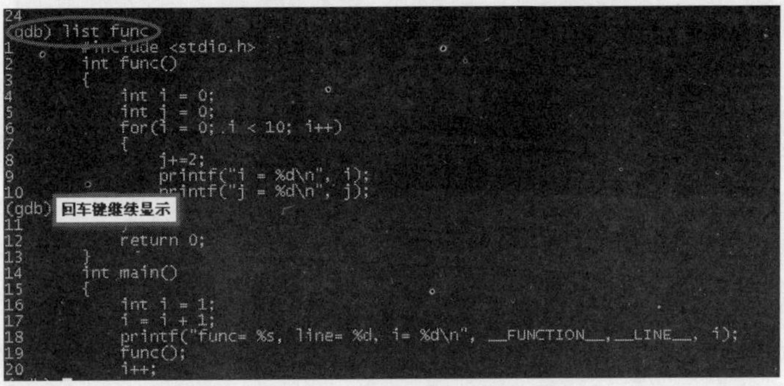

图 13.4　GDB 中查看函数源码

（4）查看函数反汇编：disassemble+函数名，结果如图 11.5 所示。

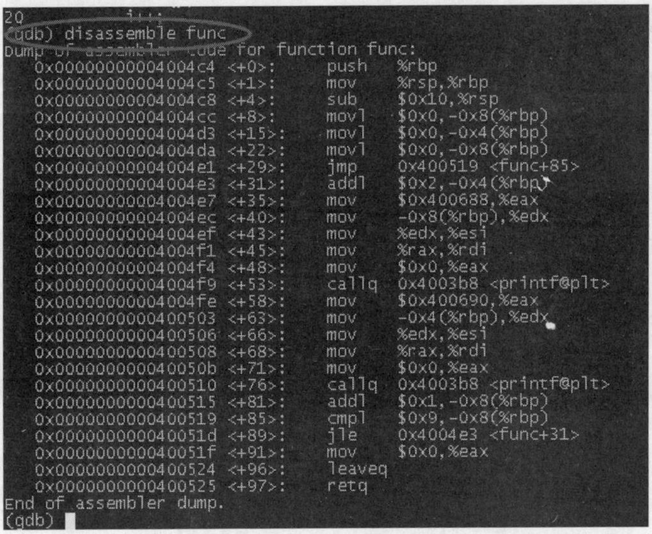

图 13.5　GDB 中查看函数反汇编

（5）程序断点相关操作。

- 对行打断点。例如对程序的第三行，命令为：b 3，同时一个软件工程中支持对特定文件的行打断点，命令为：b gdb.c:3。
- 对函数进行打断点，例如对本例子中的 func 打断点，命令为：b func，同时对一个软件工程中支持对特定文件的行打断点，命令为：b gdb.c: func。
- 以条件表达式设置断点，命令为：break 18 if i==2。

例如，我们对程序设置两个断点，如图 13.6 所示。

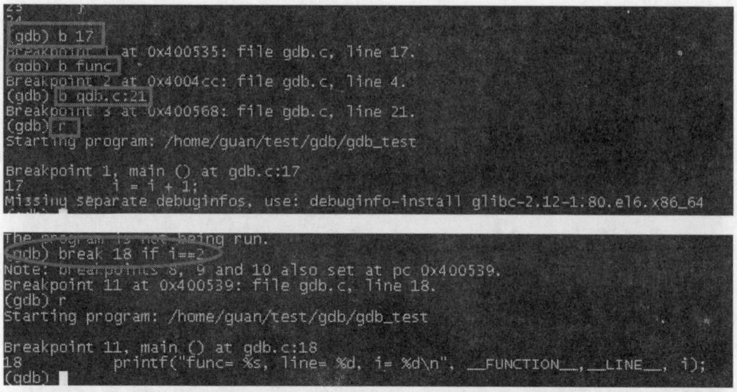

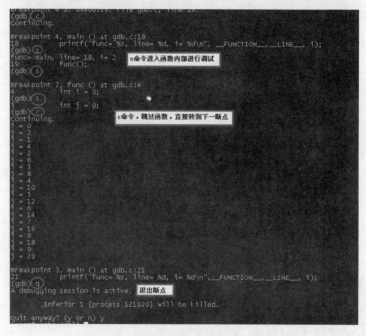

图 13.6 GDB 中断点的设置

- 如上程序会停到第一个断点处，如果想让程序继续运行，可以使用命令 c，如果想让程序进入调用函数内部，则使用 s，想退出程序使用命令 q，如图 13.7 所示。

图 13.7 GDB 中断点的继续运行和退出

（6）查看/使能/删除断点命令。

- disable break n：禁用某个断点 n 为断点号。
- enable break n：使能某个断点 n 为断点号。
- delete break：删除所有的断点。
- delete break n：删除某个断点 n 为断点号。

- clear 行号：删除设在某一行的断点。
- clear 函数名：删除该函数的断点。
- info breakpoints：查看系统中设置的所有断点。

具体操作如图 13.8 所示。

图 13.8　GDB 中断点的相关命令

（7）和变量、内存相关的操作（见图 13.9）。

① 查看内存中变量值：p 变量名。

② 查看内存地址中存储的值：x/<n/f/u> <addr>，其中 n、f、u 为可选参数。

- n 是一个正整数，表示需要显示的内存单元的个数。至于一个单元要显示
  的大小则是由 u 来指定。
- f 表示显示的格式。
  - ➢ x：按十六进制格式显示变量。
  - ➢ d：按十进制格式显示变量。
  - ➢ u：按十六进制格式显示无符号整型。
  - ➢ o：按八进制格式显示变量。
  - ➢ t：按二进制格式显示变量。
  - ➢ a：按十六进制格式显示变量。
  - ➢ c：按字符格式显示变量。
  - ➢ f：按浮点数格式显示变量。
- u 表示从当前地址往后请求的字节数，如果不指定的话，GDB 默认是 4
  字节。u 参数可以用字符代替：b 表示单字节，h 表示双字节，w 表示 4 字
  节，g 表示 8 字节。

例如 x/3uh 0x1234 表示：从内存地址 0x1234 读取内容，以十六进制的方式
显示 3 个双字节的长度。

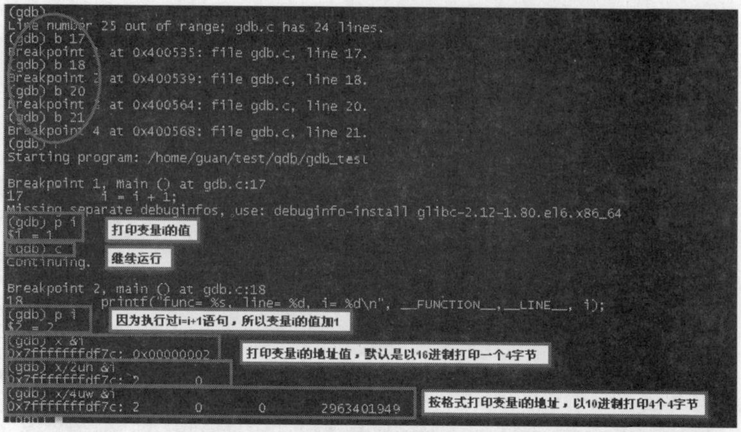

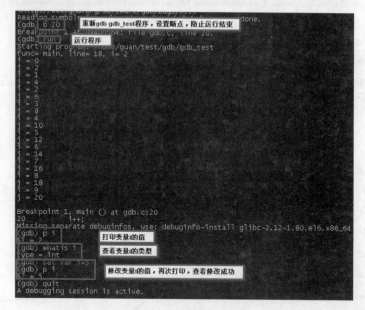

图 13.9　GDB 中查看的相关命令

③ 查看变量的类型：what is <变量名>。

④ 并修改变量的值：set var <变量名>=<新设置的变量值>。

具体应用如图 13.10 所示。

图 13.10　GDB 中查看变量的类型并修改变量的值

　　上面简单地描述了 GDB 常用的基本命令，后续如果有需要，可以在 GDB 中使用命令 help all 查找全集命令，如图 13.11 所示。

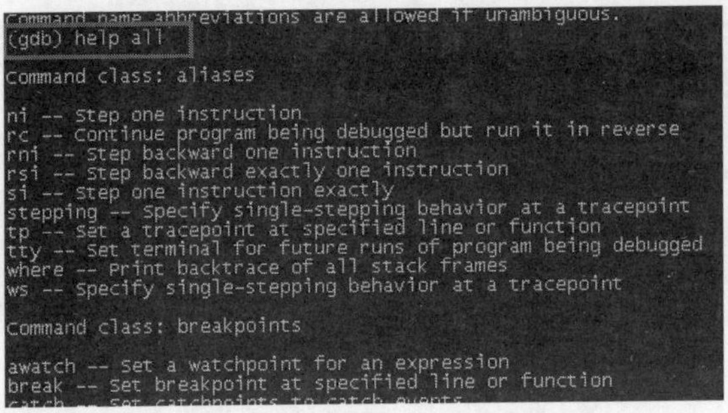

图 13.11　GDB 中显示所有命令

13.3.2　进阶多线程命令

下面以一个实际工程来进行 GDB 的调试，一般对于实际部署程序，大多数为多线程且一直在工作的，这个时候我们只需要附着到此进程上，即可查看，例如我们继续使用 dpdk 开发包下的 testpmd 进行举例。

启动程序如下：./build/app/testpmd -c 3 -n 2 -- -i

然后我们看程序的进程号，然后使用进程号关联进程，进入 GDB，操作如图 13.12 所示。

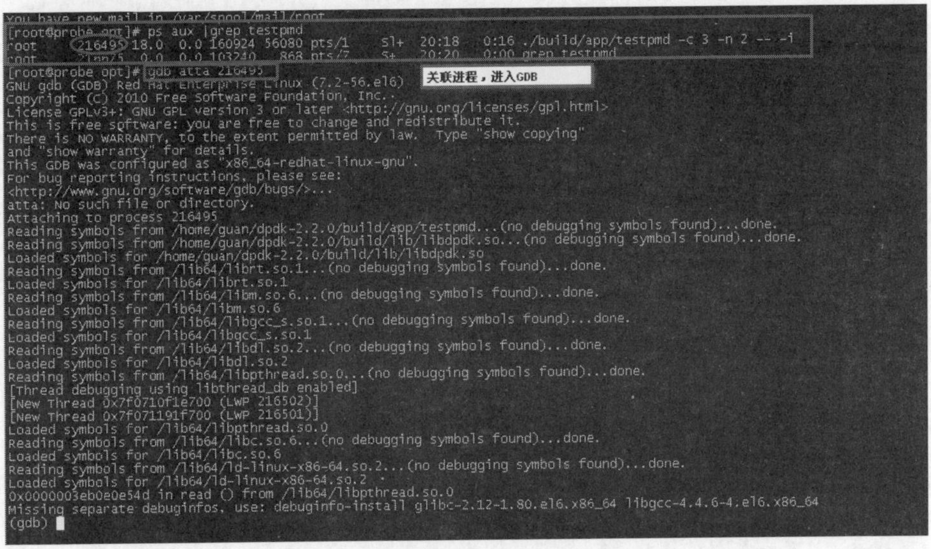

图 13.12　GDB 进入正在运行的进程

如图 13.13 所示，测试线程就算切换到 thread 3，其他线程还是在运行的，我们用 set scheduler-locking on 命令只让待调试的线程运行，其他线程阻塞。当调试完毕，再使用命令 set scheduler-locking off，使得其他线程不再阻塞。

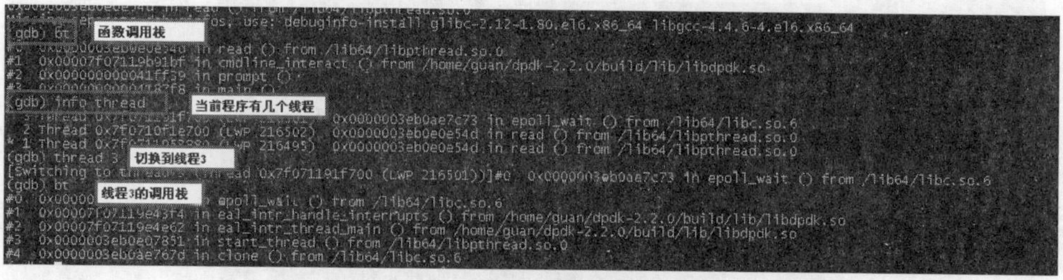

图 13.13 GDB 线程切换和调用栈

13.3.3 调试 core 文件

这里人为设计一个程序的 BUG，使得程序挂掉，产生 core 文件，然后以此为例来讲述一下简单的调试过程。

```c
#include <stdio.h>
#include <stdlib.h>
#include <unistd.h>
#include <time.h>
void print_arg(int a[],int len)
{
    int i=0;
    for(i=0;i<len;i++)
    {
        printf("%d  ",a[i]);
    }
    printf("\n");
}
#define ARRY_LEN(arry) (sizeof(arry)/sizeof(*arry))

#define PRINF_ARRS(arry) \
        print_arg(arry,ARRY_LEN(arry))
int test_arry(void)
{
    int i=0;
    int a[10]={0};
    int *ptr=NULL;
    printf("len=%d\n",ARRY_LEN(a));
    PRINF_ARRS(a);
    /*数组填写随机数*/
    srand((unsigned)time(NULL));
    for(i=0; i<ARRY_LEN(a); i++)
        a[i]=rand()%11;
    PRINF_ARRS(a);
    printf("modify arry......\n");
    ptr=a;
    *ptr=111;
```

```
    *(ptr+1)=222;
    PRINF_ARRS(a);
    sleep(10);
    /*访问空地址*/
    ptr=NULL;
    *ptr=0;
    return 0;
}
int main(void)
{
    printf("test arry......\n");
    test_arry();
    return 0;
}
```

将上述文件保存为 gdb1.c，编译 gcc gdb1.c -g -o gdb1，设置生成 core 文件的规则，注意此规则只对当前的 vty 有效，配置规则如下：

```
root@localhost:/> ulimit -c unlimited
root@localhost:/> mkdir /coredump
root@localhost:/>  echo  "/coredump/core.%p" >  /proc/sys/kernel/
core_pattern
```

第一句：设置生成的 core 文件的大小。

第二句：生成的 core 文件所在目录。

第三句：生成的 core 文件命名规则。

然后运行./gdb1。此时程序会挂掉，同时生成 core 文件，如图 13.14 所示。

图 13.14　生成 core 文件

下面我们对 core 文件进行调试，使用命令 gdb –c <core 文件名> <core 挂掉的进程名>，如图 13.15 所示。

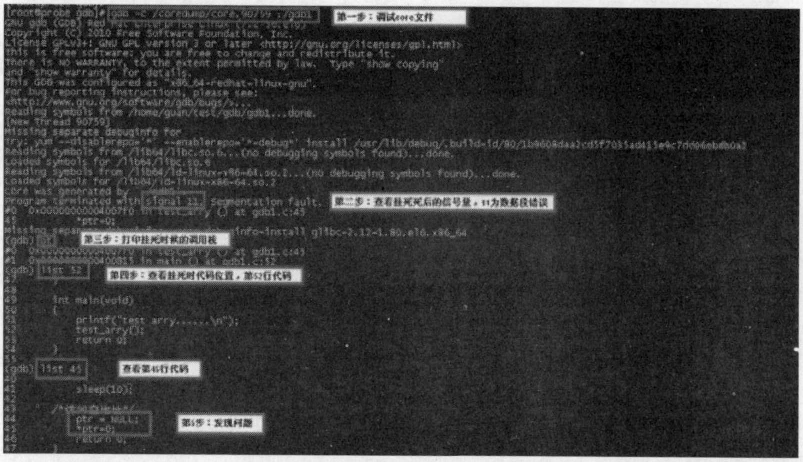

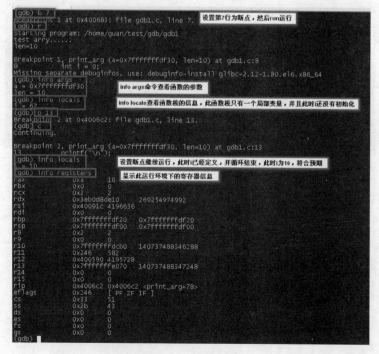

图 13.15　core 文件的调试步骤

上面只是举了一个简单的例子，GDB 还有一些常用的进阶命令，例如 info 查看信息，还是使用上述的例子，我们在 GDB 中运行。运行命令 gdb gdb1，使用 list print_arg 查看代码，设置断点，运行过程如图 13.16 所示。

- info args：查看函数的参数。
- info locals：查看函数栈信息。
- info registers：查看寄存器信息。

图 13.16　运行过程

再譬如 watch 命令和 continue 命令，也是常用的，例如，还是使用上述的 gdb1 进行调试，gdb gdb1 进入调试状态，然后设置如图 13.17 所示。

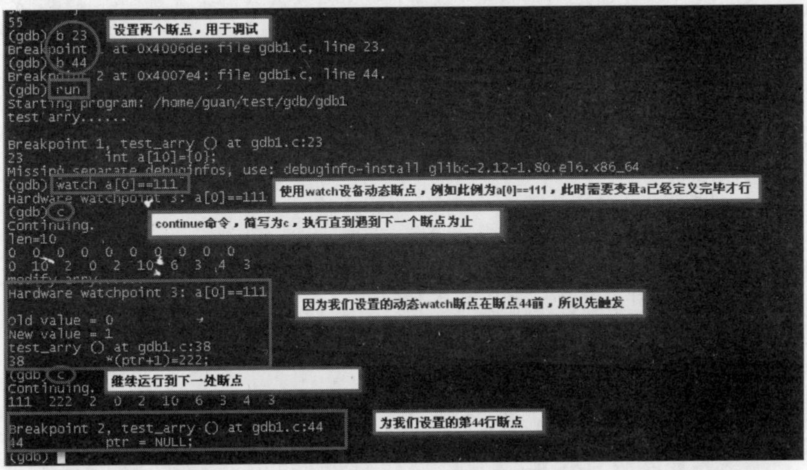

图 13.17　调试状态

同样使用 watch 也可以观察变量的变化，我们使用下述的示例程序：

```c
#include <stdio.h>
#include <stdlib.h>
#define ARRY_LEN(arry) (sizeof(arry)/sizeof(*arry))
int a[5];
int test_arry(void)
{
    int i=0;
    for(i=0; i<ARRY_LEN(a); i++)
        a[i]=i;
    for(i=0; i<ARRY_LEN(a); i++)
        printf("%d ",a[i]);
    printf("\n");
    return 0;
}
int main(void)
{
    test_arry();
    return 0;
}
```

将此代码文件保存为 gdb2.c。

编译如下：

```
gcc gdb2.c -g -o gdb2
```

使用 gdb gdb2 进入调试阶段（查看数组 a 是如何赋值的），设置如图 13.18 所示。

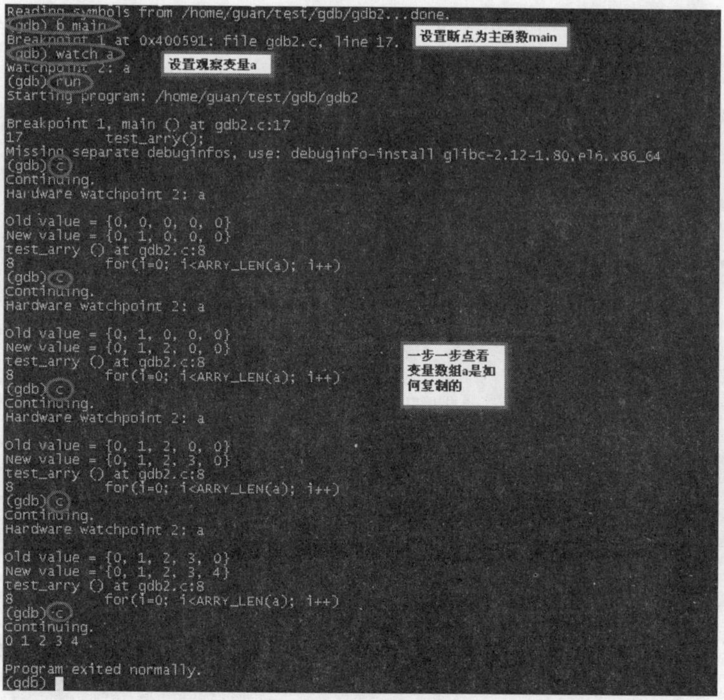

图 13.18　调试设置

　　GDB 调试是一个孰能生巧的过程，笔者只能在这里通过几个例子将经常使用的 GDB 命令介绍一下，后续读者需要多实操才能真正掌握。

13.4　符号表与反汇编

　　说到反汇编，这里就有必要先介绍一下寄存器。

　　（1）x86 64 位系统共有 16 个 64 位寄存器，分别是：%rax、%rbx、%rcx、%rdx、%esi、%edi、%rbp、%rsp、%r8、%r9、%r10、%r11、%r12、%r13、%r14、%r15。

　　各个寄存器具体功能描述如下。

- %rax：作为函数返回值寄存器。
- %rsp：作为栈指针寄存器，指向栈顶。
- %rdi、%rsi、%rdx、%rcx、%r8、%r9：作为函数参数寄存器，依次对应第1参数、第2参数，由此可见最多只有6个寄存器可使用寄存器传参，那么超过6个参数怎么传递呢？具体请查看 15.4 高性能函数章节。
- %rbx、%rbp、%r12、%r13、%14、%15：作为数据存储寄存器，遵循被调用者使用规则，简单说就是随便用，调用子函数之前要备份它，以防他被修改。

- %r10、%r11：作为数据存储寄存器，遵循调用者使用规则，简单说就是使用之前要先保存原值

（2）x86 32 位系统也有 16 个 32 位寄存器，下面分别介绍。

- ebp：基址指针寄存器，存放堆栈基址。
- esp：堆栈指针寄存器，一直会变。
- EAX、EBX、ECX、EDX：4 个数据寄存器，保存操作数和运算结果等信息。
- ESI，EDI：变址寄存器，主要用于存放存储单元在段内的偏移。
- ES、CS、SS、DS、FS、GS：段寄存器。根据内存分段管理模式设置的。
- EIP：指令指针寄存器，存放下次要执行的指令在子代码中的偏移量。
- EFlags：标志寄存器，存放运算结果标志位，运算控制标志位等。

这里反汇编主要使用命令 objdump。

（1）objdump –t 可执行程序文件：查看可执行程序文件的符号表，例如我们仍用上述 13.3.1 中最后一个例子来说明，如图 13.19 所示。

图 13.19　查看程序符号表

对于大工程来说我们可以将符号表保存到文件中，便于查看和搜索，例如：

```
objdump -t gdb2 1>sys.txt 2>&1
```

sym.txt 文件保存在当前目录下。

（2）objdump -S 可执行程序文件：显示程序链接的动态库文件，如图 13.20 所示。

图 13.20　查看程序动态链接库

（3）objdump -S 可执行程序文件 1>file_name2>&1，代表把标准输出和标准错误重定向合并到 file_name 所表示的文件中，例如 objdump –S gbd2 1>con.txt

2>&1，使用 VI 打开 con.txt 文件，并搜索转到 test_arry 函数，如图 13.21 所示。

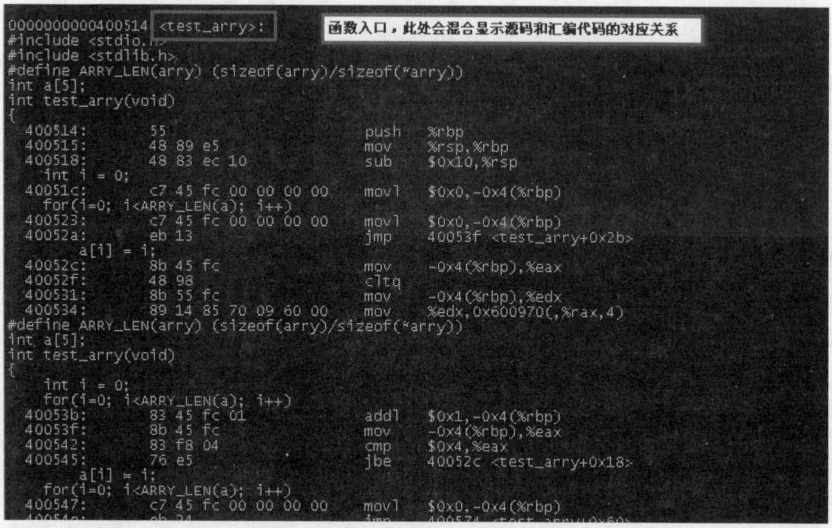

图 13.21 查看反汇编文件

对于一个程序设计高手，读懂汇编是必要的技能，根据汇编我们可以进行程序优化，程序排错等。因汇编篇幅较多，可独立成书，这里不详细介绍，想成为高手的同学请自行学习汇编语法。

13.5　core 文件的配置

通用配置规则如下：

```
root@localhost:/> ulimit -c unlimited
root@localhost:/> mkdir /coredump
root@localhost:/> echo "/coredump/core.%p" > /proc/sys/kernel/
core_pattern
```

第一句：设置生成的 core 文件的大小。

第二句：生成的 core 文件所在目录。

第三句：生成的 core 文件命名规则。

进阶配置：很多同学在使用 GDB 调试 core 文件的时候，有时候会非常郁闷地发现想查看的内存地址的内存，使用 x 命令显示不出内容，这是因为我们 core 文件生成规则的配置问题。

core 文件的生成规则描述如下（摘自 /usr/src/linux/Documentation/sysctl/kernel.txt 中的 3.4 小节）：

```
The following 7 memory types are supported:
```

```
       - (bit 0) anonymous private memory  //匿名私有内存段
       - (bit 1) anonymous shared memory   //匿名共享内存段
       - (bit 2) file-backed private memory  //file-backed 私有内存段
       - (bit 3) file-backed shared memory   //file-bakced 共享内存段
       - (bit 4) ELF header pages in file-backed private memory areas (it
is effective only if the bit 2 is cleared)  //ELF 文件映射,只有在 bit 2 复
位的时候才起作用
       - (bit 5) hugetlb private memory           //大页面私有内存
       - (bit 6) hugetlb shared memory            //大页面共享内存
```

　　默认 coredump_filter 的值一般是 0x23，至于代表什么，请换成二进制 00100011，从右向左看，bit 0、bit 1、bit 5 被置位，也就是，说会转储所有的匿名内存段和大页面私有内存段。这就导致了，对于我们需要调试的变量或者地址为共享内存中是不可访问的，所以这种情况下，我们可以修改生成的 core 文件规则，有两种方法：

　　（1）未启动程序时，echo 设置值> /proc/self/coredump_filter，然后启动程序。

　　（2）启动程序后，先找到程序 pid 值，然后 echo 设置值>/proc/PID/coredump_filter。

　　例如：echo 0x4a > /proc/self/coredump_filter，即全局内存设置上了，当程序挂掉生成 core 文件的时候，在其中就能查看共享内存中变量的值，但是会发现生成的 core 文件明显变大很多。

　　所以，建议在调试程序的时候先使用默认的 core 文件生成规则，在实际 core 掉之后 i 进行调试，如果正好 core 掉的地方是在共享内存中，则再修改 core 生成规则，重新运行程序，再次触发 core，然后再进行调试。否则可能会导致我们生成的 core 文件过大过多，导致系统磁盘占满。

第 14 章

适应社会——可移植性

正如吉姆梅尔曾经说过："最高明的处世术不是妥协，而是适应。"

对于高明的程序设计亦是如此，当我们的程序设计可以适应所有主流平台或场景，这就是一个完美的程序设计（但这通常很难做到，因为如果想要程序简洁高效，那么有必要在可移植性上做一定的妥协），那么适应多种平台或多种场景，就是我们追寻的一个目标，这种设计可称为高明的设计，如果想要从一个程序员进阶成一名合格的架构师，这是一条必须要走的路。

14.1 为什么需要可移植

可移植性是软件质量之一，良好的可移植性可以提高软件的生命周期。

软件可移植性：指软件程序从一个环境转移到另一个环境下的难易程度（注意：可移植性并不是指所写的软件程序不作修改就可以在任何计算机环境上运行，而是指当条件有变化时，程序无须作很多修改就可运行。）。

例如，我们使用 C 语言进行编程的时候，有的 CPU 是大端序（例如 MIPS 体系），有的 CPU 是小端序（例如 Intel 体系），有的操作系统是 Windows，有的操作系统是 Linux，老的系统是 32 位，目前主流的系统是 64 位，如果我们设计的程序可移植性足够好，那么一套代码经过略微的改动即可运行在不同的平台组合下，会极大地提高公司的生产力，可以在短期内快速推出产品。

当然为了获得较高的可移植性，在设计过程中通常需要采用通用的程序设计语言和运行环境。尽量不用与系统的底层相关性强的语言（例如嵌入式汇编语言）。

同样为了可移植性，我们可以给程序编写一个中间层，来屏蔽平台环境不同的影响（在各个平台，我们默认 C 标准库中的函数都是一样的，这样基本可以实现可移植。但是对于 C 库本身而言，在各种操作系统平台上其内部实现是完全不同的，也就是说，C 库封装了操作系统 API 在其内部的实现细节）。这样当我们移植程序的时候，不需要改动程序的主体流程和功能，只需要修改中间层即可。

这个在后续两节会从数据结构和设计上着重介绍。

14.2　如何设计可移植的数据结构

（1）首先要实现跨平台的定义。

例如，对于头文件，可使用预编译宏来实现。

```
#ifndef _WINDOWS_
      #include <windows.h>
#else
      #include <thread.h>
#endif
```

（2）为了程序通用性，我们增加一个适配层基础数据结构，当后续移植的时候，可以对基础数据结构进行封装，示例如下：

```
typedef unsigned long long __u64;
typedef signed long long __s64;
typedef unsigned int __u32;
typedef signed int __s32;
typedef unsigned short __u16;
typedef signed short __s16;
typedef unsigned char __u8;
typedef signed char __s8;
typedef char __c8;
typedef float __flt;
typedef __u8 engine_id_t;
```

后续数据结构的定义，均使用我们封装的类型定义即可。

例如：

```
__u64 i;
```

当跨平台移植的时候，我们只需修改__u64 的定义即可。

（3）对于 C 中一些关键字，我们也可以如下定义：

```
#if !defined(__aligned)
#define __aligned(x) __attribute__((aligned(x)))
#endif
#if !defined(__inline__)
#define __inline__ inline
#endif
#if !defined(__force)
#define __force
#endif
#if !defined(__noreturn)
#define __noreturn __attribute__((noreturn))
#endif
```

```
#if !defined(__packed)
#define __packed __attribute__((packed))
#endif
```

当程序使用内联的时候可以提升程序性能,但是不利于程序的 debug 调试(因为内联是调用程序直接展开,而不是压栈调用),例如:

```
static __inline__ void dpi_atomic_dec(dpi_atomic_t *v)
```

所以,我们可以在工程发布的时候将其定义为:

```
#if !defined(__inline__)
#define __inline__
#endif
```

其他时候将其定义为:

```
#if !defined(__inline__)
#define __inline__ inline
#endif
```

因此,只需修改一次,即可满足发布版本和调试版本的需求。

(4)对于大小端 CPU 的适配,我们拿 IPV6 的地址头定义来举例:

```
struct ipv6hdr {
#if defined(__LITTLE_ENDIAN_BITFIELD)
    __u8    priority:4,
                version:4;
#elif defined(__BIG_ENDIAN_BITFIELD)
    __u8    version:4,
                priority:4;
#else
#error  "Please fix <asm/byteorder.h>"
#endif
    __u8    flow_lbl[3];
    __u16       payload_len;
    __u8    nexthdr;
    __u8    hop_limit;
    struct in6_addr saddr;
    struct in6_addr daddr;
};
```

(5)设计程序的 cacheline 对齐长度,不同的硬件执行环境,程序所需要的 cacheline 对齐长度是不同的,所以我们亦可定义如下:

```
#if !defined(__dpi_cache_aligned)
#define __dpi_cache_aligned __aligned(CACHE_LINE_SIZE)
#endif
```

后续使用方式为:

```
typedef struct {
```

```
    char app_alias[MAX_NAME_LEN];   /* 应用别名 */
    __u8   namelen;
    __u16 protoid;
}__dpi_cache_aligned dpi_default_port_t;
```

当不同硬件环境下，只需要修改长度即可，对于定义宏是透明的。

笔者只举了几个常见的例子，具体哪些定义需要抽象出来，就和自己的项目工程和经验有关，需要慢慢积累学习。

（6）对于程序所需要的一些外部输入，使用宏来定义路径，后续当跨平台移植的时候路径有所改变时，只需要更改宏定义即可，例如：

```
#define DPDK_CONFIG_FILE "/usr/etc/dpi/dpdk.conf"
#define RULES_CONFIG_FILE "/usr/etc/dpi/rules/rules.csv"
```

14.3　如何设计可移植的程序

下面我们举几个例子来说明如何封装设计可移植的程序。

（1）对于创建线程的函数在两个平台上也是不一致的，可定义为：

```
#ifdef _WINDOWS_
        CreateThread();              //Windows 下线程的创建
#else
        Pthread_create();            //Linux 下线程的创建
#endif
```

（2）对于申请函数的 malloc 操作更加需要封装，因为目前大页技术应用越来越广，但不是所有平台都支持，所以我们封装如下：

```
#ifdef _NO_HUGE_
static __inline__ void *dpi_malloc(int size)
{
    void * p;
    p = malloc(size);
    BUG_ON(!p);
    return p;
}
static __inline__ void *dpi_calloc(int n,int size)
{
    void * p;
    p = calloc(n,size);
    BUG_ON(!p);
    return p;
}
static __inline__ void dpi_free (void *p)
{
    BUG_ON(!p);
    free (p);
```

```
    }
    #else
    /*这里是使用 DPDK 大页的分配方式*/
    #ifndef RTE_CACHE_LINE_SIZE
    #define RTE_CACHE_LINE_SIZE 64 /*< Cache line size*/
    #endif
    extern void *rte_malloc(const char *type, size_t size, unsigned align);
    extern void *rte_calloc(const char *type, size_t num, size_t size,
unsigned align);
    extern void rte_free(void *ptr);
    #define dpi_malloc(size) rte_malloc(NULL,size,RTE_CACHE_LINE_SIZE)
    #define dpi_calloc(n, size) rte_calloc(NULL,n,size,RTE_CACHE_LINE_
SIZE)
    #define dpi_free rte_free
```

（3）在程序调试阶段，使用 BUG 信息能快速定位信息，例如：

```
#define BUG() do { \
    dpi_printf("BUG: failure at %s:%d/%s()!\n", __FILE__, __LINE__,
__FUNCTION__); \
    *((int*)NULL) = 1; \
} while (0)
#define __DEBUG__
#define BUG_ON(condition) do { if (unlikely((condition)!=0)) BUG(); }
while(0)
#else
#define BUG_ON(condition)
```

使用方法如下（我们需要此数据结构挂死 cacheline 对齐，当它不对齐时，可使用 BUG_ON 触发其挂死，此时可以地方的调用栈）：

```
BUG_ON(sizeof(struct dpi_buf)%CACHE_LINE_SIZE);
```

当然在实际发布版本中我们不能这么简单粗暴，我们所设计的工程需要具有一定的容错性，这个时候需要将其关闭，此时也只修改一处即可。

（4）尽量将程序设计为插件化或者服务化，每个功能即为一个插件或服务，当跨平台移植的时候，不需要某些插件或服务时，只需要简单的去除注册即可。

```
/*初始化各种插件*/
    dpi_init_preprocessor_plugins();
    dpi_init_rule_plugins();
    dpi_init_detect_plugins();
    dpi_init_output_plugins();
/*插件配置文件解析，将配置上的插件进行注册，否则初始化的插件只占位不占资源*/
    dpi_parse_plugin_config(PLUGIN_CONFIG_FILE);
```

综合上面两节的讲解，读者可能发现，对于可移植的程序设计，其实就是对不同平台上有差异的定义抽象出来，并增加一层封装，在后续的移植过程中只需要修改封装层即可。

第四部分　高手篇

第 15 章
找出自身的不足——性能调试

莎士比亚《无事生非》中说过："一个人知道了自己的短处，能够改过自新，就是有福的。"

我们设计的程序亦是如此，我们需要找出自己程序在业务级别上的短板、算法级别上的短板和代码级别上的短板，本章主要论述的是如何在代码级别上进行程序的优化，首先需要找出哪些部分代码在性能上存在缺陷，然后对这部分代码如何在变量、函数、编译上进行优化，并且附带了一些常用的编码注意事项。

15.1　程序 Cycle 的意义

Cycle 指的是 CPU 周期，假设 CPU 主频为 2.6GHz，指的就是 1s 时间包含 2.6*1024*1024cycle。

1. 可以使用 Cycle 来衡量计算网络吞吐量

例如，在我们使用 CPU 亲和性使得线程独占一个 CPU 逻辑核，我们即可测试这个核在运行代码时的处理性能，代码如下：

```
begin = rdtsc();
process_packet();/*收包处理*/
end = rdtsc();
sum_cycles += (end-begin);
```

process_packet 即是对报文的完整处理流程，因报文可能具有分片、乱序、编码压缩等特性，报文处理也需要分片重组、建立回话、应用层拼包等，所以对单个报文处理统计 Cycles 是没有意义的，但当网络流量较大时，sum_Cycles 就会收敛在极小的范围内，反应我们单核处理报文的速度。

pps（每秒处理报文的数量）的计算为：CPU 主频/单包平均 Cycles。

bps（每秒处理流量）的计算为：CPU 主频/单包平均 Cycles *单包包长*8。

假设我们程序计算出的总处理 Cycles 为 3000（可能每个核计算出来的有差

异，但是如果使用 RSS 分流均匀的情况下，一般是可以收敛到一个值），CPU 主频是 2.6GHZ，那么我们程序单核可处理的 pps=2.6*1024*1024*1024/3000=930576pps，假设现网中单包平均包长为 600 字节，那么单核即可处理现网流量 4.16Gbps，当我们启动 10 个报文处理核，每个核以 RTC 的模式运行互不影响，那么我们系统理论上的整机性能即为 40Gbps。

2. 可以使用 cycle 找出程序最耗时的函数

这是上述例子的分散应用，例如 process_packet()函数里面包含 parse_packet()函数、handle_frag_packet()函数、handle_session_packet()函数等，我们可以对每一个函数计算其耗费的 cycles，找到最耗时的函数，然后再对耗时的函数内部继续计算 cycles（笔者习惯管这个过程叫做程序打点），一直找到最耗时的函数，然后即可对这个函数进行优化。

这种方法虽然直观，但也是效率最低的一种程序优化办法，其主要还是用来评估我们系统整体的性能。

15.2　性能测试工具的使用

这里从程序应用的角度简单介绍一下 Linux 自带的性能测试工具 perf。

1. 可以通过 perf list 查看所支持的命令

例如：

```
[root@probe ~]# perf

 usage: perf [--version] [--help] COMMAND [ARGS]

 The most commonly used perf commands are:
   annotate       Read perf.data (created by perf record) and display annotated code
   archive        Create archive with object files with build-ids found in perf.data file
   bench          General framework for benchmark suites
   buildid-cache  Manage build-id cache.
   buildid-list   List the buildids in a perf.data file
   diff           Read two perf.data files and display the differential profile
   evlist         List the event names in a perf.data file
   inject         Filter to augment the events stream with additional information
   kmem           Tool to trace/measure kernel memory(slab) properties
   kvm            Tool to trace/measure kvm guest os
   list           List all symbolic event types
   lock           Analyze lock events
   record         Run a command and record its profile into perf.data
   report         Read perf.data (created by perf record) and display the profile
   sched          Tool to trace/measure scheduler properties (latencies)
   script         Read perf.data (created by perf record) and display trace output
   stat           Run a command and gather performance counter statistics
   test           Runs sanity tests.
   timechart      Tool to visualize total system behavior during a workload
   top            System profiling tool.

 See 'perf help COMMAND' for more information on a specific command.
```

通过 perf list 命令可以查看 perf 支持的监测事件，大体分为以下事件：
- Hardware Event
- Software Event
- Hardware Cache Event
- Kernel PMU Event
- Tracepoint Event

例如，我们查看 Tracepoint 下的 kmem 事件：

```
[root@localhost ~]# perf list |grep kmem
  kmem:kfree                              [Tracepoint event]
  kmem:kmalloc                            [Tracepoint event]
  kmem:kmalloc_node                       [Tracepoint event]
  kmem:kmem_cache_alloc                   [Tracepoint event]
  kmem:kmem_cache_alloc_node              [Tracepoint event]
  kmem:kmem_cache_free                    [Tracepoint event]
  kmem:mm_page_alloc                      [Tracepoint event]
  kmem:mm_page_alloc_extfrag              [Tracepoint event]
  kmem:mm_page_alloc_zone_locked          [Tracepoint event]
  kmem:mm_page_free                       [Tracepoint event]
  kmem:mm_page_free_batched               [Tracepoint event]
  kmem:mm_page_pcpu_drain                 [Tracepoint event]
[root@localhost ~]# ■
```

可以通过一些事件的组合来测试程序，下面的例子是使用 DPDK 自带的测试程序：

```
启动参数 ./testpmd -c 7 -n 2 -- -i    /*表示启动 3 个核，2 个内存通道*/
```

2．查看代码中的 page alloc/free 次数

```
perf stat -e kmem:mm_page_pcpu_drain -e kmem:mm_page_alloc -e
kmem:mm_page_free ./testpmd -c 7 -n 2
```

```
Performance counter stats for './testpmd -c 7 -n 2':

        1,736      kmem:mm_page_pcpu_drain
       15,400      kmem:mm_page_alloc
       10,016      kmem:mm_page_free

   41.628645988 seconds time elapsed
```

3．perf 可以统计 N 次结果的数值波动情况

```
perf stat --repeat 3 -e kmem:mm_page_pcpu_drain -e kmem:mm_page_alloc
-e kmem:mm_page_free ./testpmd -c 7 -n 2
```

```
Performance counter stats for './testpmd -c 7 -n 2' (3 runs):

       1,457      kmem:mm_page_pcpu_drain                    ( +- 13.95% )
      15,019      kmem:mm_page_alloc                         ( +-  0.81% )
       9,817      kmem:mm_page_free                          ( +-  1.21% )

   25.337285712 seconds time elapsed                         ( +-  1.04% )
```

4．查看整个系统 10 秒内的 page allocation 次数

先运行 DPDK 测试程序：

```
./testpmd -c 7 -n 2 -- -i /*-- -i 意思是让程序驻留在命令行界面*/
```

启动性能测试：

```
perf stat -a -e kmem:mm_page_pcpu_drain -e kmem:mm_page_alloc -e
kmem:mm_page_free sleep 10
```

```
Performance counter stats for 'system wide':

        342      kmem:mm_page_pcpu_drain                    (100.00%)
        935      kmem:mm_page_alloc                         (100.00%)
      1,036      kmem:mm_page_free

   10.001111459 seconds time elapsed .
```

5. 查看每隔 1 秒（10 次），系统 page allocation 的波动状况

先运行 DPDK 测试程序：

```
./testpmd -c 7 -n 2 -- -i
```

启动性能测试：

```
perf stat --repeat 10 -a -e kmem:mm_page_pcpu_drain -e
kmem:mm_page_alloc -e kmem:mm_page_free sleep 1
```

以上几个例子只是简单组合了查看内存申请释放的例子，读者可根据自己的需求组合上述 perf list 支持的事件。

下面我们使用一个稍微复杂点的例子进行测试，也是一个使用 DPDK 产品。

6. 查看 cycles 和 cache miss 的命令：

先运行测试程序：

```
/usr/local/bin/inp -c 1 -p 0xf /*启动一个核，检测 4 个网口*/
```

启动性能测试：

```
perf record -e cycles:u,cache-misses:u -C 1
```

运行一段时间查看结果：

```
perf report
perf report --sort comm,dso,symbol（带排序）
```

```
-sh-3.2# perf report
Failed to open [kernel.kallsyms], continuing without symbols
# Samples: 33092222713 cycles
#
# Overhead          Command              Shared Object   Symbol
# ........          ...............      .............   ......
#
    29.39%              inp  inp                          [.] ipcom_drv_dpdk_poll_loop
    22.52%              inp  inp                          [.] eth_igb_recv_pkts
    20.58%              inp  [kernel.kallsyms]            [k] 0xffffffff81002420
    15.59%              inp  inp                          [.] rte_vswitch_dev_recv_pkts
     6.98%              inp  inp                          [.] cyc_counter
     3.28%              inp  libc-2.11.1.so               [.] __poll
     0.60%              inp  inp                          [.] poll@plt
     0.20%              inp  inp                          [.] ipcom_fos_check_hw_tick
     0.15%              inp  inp                          [.] cos_dispatch
     0.11%              inp  inp                          [.] ipcom_nae_qos_producer_foreach
     0.11%              inp  inp                          [.] tos_rcu_quiescent
     0.09%              inp  inp                          [.] ipcom_proc_yield
```

7. perf top 可以动态统计排名

```
-sh-3.2# perf top
```

```
---------------------------------------------------------------------
  PerfTop:    193 irqs/sec  kernel:69.4% [1000Hz cycles],  (all, 8 CPUs)
---------------------------------------------------------------------

   samples  pcnt function                      DSO
   -------  ---- --------                      ---

    39.00 11.6% copy_user_generic_string       [kernel.kallsyms]
    32.00  9.5% do_sys_poll                    [kernel.kallsyms]
    24.00  7.1% unix_dgram_poll                [kernel.kallsyms]
    23.00  6.8% eth_igb_recv_pkts              /usr/local/bin/inp
    22.00  6.5% __poll                         /lib64/libc-2.11.1.so
    17.00  5.0% ipcom_drv_dpdk_poll_loop       /usr/local/bin/inp
    13.00  3.9% _raw_spin_lock                 [kernel.kallsyms]
    11.00  3.3% system_call_after_swapgs       [kernel.kallsyms]
    11.00  3.3% apic_timer_interrupt           [kernel.kallsyms]
```

8. perf annotate function（耗时的函数）

```
-sh-3.2# perf annotate ipcom_drv_dpdk_poll_loop
Failed to open [kernel.kallsyms], continuing without symbols

-----------------------------------------------------
 Percent |     Source code & Disassembly of inp
-----------------------------------------------------
         :
         :
         :          Disassembly of section .text:
         :
         :          00000000006277f0 <ipcom_drv_dpdk_poll_loop>:
   0.00  :            6277f0:    41 57             push   %r15
   0.00  :            6277f2:    45 31 ff          xor    %r15d,%r15d
   0.00  :            6277f5:    41 56             push   %r14
   0.00  :            6277f7:    41 be 00 37 86 02 mov    $0x2863700,%r14d
   0.00  :            6277fd:    41 55             push   %r13
   0.00  :            6277ff:    45 31 ed          xor    %r13d,%r13d
   0.00  :            627802:    41 54             push   %r12
```

15.3　变量的优化

前面已经介绍过，C语言的变量大体分为三种：

（1）全局变量。定义并初始化的放在.data段中，定义未初始化的放在.bss段中。

（2）静态变量。同样根据是否初始化来决定在.data段还是.bss段中分配空间。

（3）自动变量。就是我们常说的非静态的局部变量，运行时是在栈中。

强符号与弱符号：

- 定义并初始化的称为强符号。
- 定义未初始化的称为弱符号。

同名变量定义的情况下，只有两个变量全部都是强符号才会报错，也就是说，两个变量都是弱符号，或一强一弱符号是不会报变量冲突的。

笔者曾经在分析网上程序BUG的时候，就碰到两个工程师定义了相同的变量名，但是一人没有初始化，导致问题定位了很久才发现。

下面使用一个具体例子来说明，更直观。

```
[guan@probe test]$ vi main.c
#include <stdio.h>
int x;/*变量x第一次定义出现的位置*/
extern void foo();
int main(int argc,char*argv[])
{
        printf("x(in main)=%d\n",x);
        foo();
        return 0;
}
 [guan@probe test]$ vi foo.c
#include <stdio.h>
int x;/*变量x第二次定义出现的位置*/
void foo()
{
```

```
        printf("x(in foo)=%d\n",x);
        return;
}
[guan@probe test]$ vi makefile
test: main.o foo.o
gcc -o test main.o foo.o
main.o: main.c
foo.o: foo.c
clean:
rm *.o test
```

（1）上面的程序就是变量 x 两次定义都是弱符号的情况，此时按照上述描述可编译通过并运行。

```
[guan@probe test]$ make
cc    -c -o foo.o foo.c
gcc -o test main.o foo.o
[guan@probe test]$ ./test
x(in main)=0
x(in foo)=0
```

反汇编出符号表：

```
objdump -t test >1.S
```

可看出如下结果：

```
0000000000600918 g     0 .bss    0000000000000004   /*变量x位于.bss段，
默认初始化为 0*/。
```

（2）我们将 foo 中的 x 初始化为 100，这时候一个弱符号，一个强符号，可以通过编译。

```
[guan@probe test]$ vi foo.c
#include <stdio.h>
int x=100;
void foo()
{
        printf("x(in foo)=%d\n",x);
        return;
}
```

重新编译执行，按照上述描述此时还是可以编译成功并执行的。

```
[guan@probe test]$ make
cc    -c -o foo.o foo.c
gcc -o test main.o foo.o
[guan@probe test]$ ./test
x(in main)=100  /*此时 main 中没有初始化的变量 x 也是 100，因为编译器对于同名变
量以强符号为准，这就可能导致两个工程师全局变量碰巧定义了相同的名字，其中一个工程师对变
量进行初始化，另一个工程师没有初始化，此时没有初始化的工程师不知道有人和他的变量起了同
```

一个名字，觉得全局变量默认就应该是 0，但当他用 0 时，就会导致问题*/

```
x(in foo)=100
```

反汇编出符号表：

```
objdump -t test >1.S
```

可看出如下结果：

```
0000000000600904 g    O .data  0000000000000004    /*变量 x 位于 .data 段*/
```

（3）下面再看两个变量都初始化的情况。

```
guan@probe test]$ vi main.c
#include <stdio.h>
int x=10;
extern void foo();
int main(int argc,char*argv[])
{
        printf("x(in main)=%d\n",x);
        foo();
        return 0;
}

[guan@probe test]$ vi foo.c
#include <stdio.h>
int x=100;
void foo()
{
        printf("x(in foo)=%d\n",x);
        return;
}
[guan@probe test]$ make
cc    -c -o main.o main.c
cc    -c -o foo.o foo.c
gcc -o test main.o foo.o
foo.o:(.data+0x0): multiple definition of `x'  /*只有两个强符号才报重复
定义，编译不过*/
main.o:(.data+0x0): first defined here
collect2: ld 返回 1
make: *** [test] 错误 1
```

根据以上描述，相信开发人员都会有深刻的认识：定义全局变量一定要初始化，这一点非常重要。

对于系统编译器来说，有的时候会自作聪明，将一些它认为无用的变量优化掉。例如下面两个典型的示例。

● 示例 1：对硬件寄存器进行操作。

```
void set_reg()
{
```

```
    int *reg_ptr = 0x8100000/*假设这是我们要操作的硬件地址*/
    *reg_ptr = 1;
    *reg_ptr = 2;
}
```

其实两次设置硬件寄存器都是有意义的，但是编译器会自作聪明地将第一次的设置优化掉，从而可能导致我们第二次设置失败，或者硬件寄存器状态不对。

- 示例 2：对于多线程程序，代码如下。

```
extern int muti_flag;
void muti_thread_test()
{
    while(muti_flag)
    {
        /*一些我们需要的操作，但是不访问和改变muti_flag值*/
    }
}
```

这时编译器就会自作聪明地将代码优化成如下：

```
extern int muti_flag;
void muti_thread_test()
{
    if(muti_flag)
    {
        while(1)
        {
            /*一些我们需要的操作，但是不访问和改变muti_flag值*/
        }
    }
}
```

当程序运行起来时 muti_flag 初始化为 1，一段时间后另一个线程改变了 muti_flag 的值，将其设置为 0，则我们的原始程序可退出 while 循环，但是优化后的程序却退不出循环。

C 语言针对编译器会自作聪明地优化，增加了一个 volatile 关键字的定义，这个关键字的意义是：明确地告诉编译器，这个变量不需要进行优化，并且每次在取值的时候，请你直接从内存中读取，二不要取 cache 缓存中的值。下面我总结出三种情况，一定要将变量定义成 volatile 类型。

（1）中断服务程序中修改的供其他程序检测的变量需要加 volatile。

（2）存储器映射的硬件寄存器通常也要加 volatile 说明，因为每次对它的读写都可能有不同意义。

（3）多线程环境下各线程间共享的标志应该加 volatile。

volatile 也和 const 一起修饰变量，例如 const volatile int i; 表示这个变量在编译期间不能被修改且不能被优化；在程序运行期，变量值可修改，但每次用到该变量的值都要从内存中读取，防止意外错误。

同样的指针也可被 volatile 修饰，尽管这种使用不太常见，例如 int * volatile reg; 通常这种写法一般用在对共享指针的声明上，即这个指针变量有可能会被中断等函数修改。

指针所指向的内容被 volatile 修饰则是比较常见的，例如 volatile int * reg; 对指针所指向的内容禁止编译器优化。通常使用在驱动程序开发过程中，对硬件寄存器指针的定义，都应该采用这种形式。如上述例子 1 reg_ptr 指针就需加上 volatile 修饰。

volatile int * volatile reg; 定义也是合法的，表示定义出来的指针本身是个 volatile 的变量，同时又指向了 volatile 的数据内容。但是笔者目前没有发现有此种定义的应用。

15.4   高性能函数

下面介绍一下静态函数、内联函数和函数参数个数，以及 session 属性。

1．静态函数（static 修饰）。

单独的静态函数大体有两个用处。

（1）隐藏作用：使得此函数只能在本函数中使用，其他文件中不可调用此函数。

（2）同名函数：在不同文件中可多次定义此函数的实现，不需要考虑重复定义问题。有些类似于 C++的重载。

静态函数只限制函数的作用域，它不会像静态变量那样改变变量的存储位置。所以一般在实际的项目工程中，将内部使用的函数（不对外或者对内部其他模块提供接口的函数）定义成 static 模式。

2．内联函数（inline 修饰）

此关键字的作用是建议编译器在编译的时候对该函数作内联展开处理，请记住，这里仅仅是"建议"，至于 GCC 编译器是否接受，那就不是编码人员所能控制的，如果不被接受，那么 inline 函数也不会内联展开，当我们在某种特定的场景下需要强制内联展开的时候，可使用强制关键字 __attribute__((always_inline))，其中 __attribute__ 是一种 GNU 编译器的编译属性，主要用于改变所声明或定义的函数的特性。

下面使用程序来具体说明，此段程序在 3 种情况下只会改变 __inline 宏的定义来进行控制。这样增加了跨平台的可移植性，具体见第 14 章的描述。

```
#include <stdlib.h>
#define __inline __attribute__((always_inline)) inline
__inline int funcA(int a,int b)
```

```
{
    return (a+b);
}
void funcB()
{
    int c = 0;
    c = funcA(1,2);
    return;
}
void main()
{
    funcB();
    return;
}
```

（1）不使用内联函数，只需要将上述示例代码的第 2 行修改如下：

```
#define __inline /*宏定义为空*/
```

此时编译代码，O3 代表优化等级，-g 代表带调试信息。

```
gcc -O3 -g -o inline inline.c
```

然后反汇编 objdump –S inline 进行查看：

```
0000000000400504 <funcB>:
void funcB()
{
  400504:  55                  push   %rbp
  400505:  48 89 e5            mov    %rsp,%rbp
  400508:  48 83 ec 10         sub    $0x10,%rsp/*压栈，保存 funcB 运行环境*/
    int c = 0;
  40050c:  c7 45 fc 00 00 00 00  movl   $0x0,-0x4(%rbp)/*初始化变量 c*/
    c = funcA(1,2);
  400513:  be 02 00 00 00      mov    $0x2,%esi/*设置参数*/
  400518:  bf 01 00 00 00      mov    $0x1,%edi/*设置参数*/
  40051d:  e8 ce ff ff ff      callq  4004f0 <funcA>/*调用函数 A*/
  400522:  89 45 fc            mov    %eax,-0x4(%rbp)/*将函数返回值赋给变量 c*/
    return;
  400525:  90                  nop
}
  400526:  c9                  leaveq
  400527:  c3                  retq     /*此两行恢复运行环境*/
```

如上反汇编可看出函数 funcB 调用函数 funcA，使用压栈的调用方式。

（2）使用内联函数，只需要将上述示例代码的第 2 行修改如下：

```
#define __inline inline
```

反汇编查看如下：

```
0000000000400504 <funcB>:
void funcB()
{
  400504:  55                    push   %rbp
  400505:  48 89 e5              mov    %rsp,%rbp
  400508:  48 83 ec 10          sub    $0x10,%rsp/*压栈，保存funcB运行环境*/
    int c = 0;
  40050c:  c7 45 fc 00 00 00 00  movl   $0x0,-0x4(%rbp)/*初始化变量c*/
    c = funcA(1,2);
  400513:  be 02 00 00 00       mov    $0x2,%esi/*设置参数*/
  400518:  bf 01 00 00 00       mov    $0x1,%edi/*设置参数*/
  40051d:  e8 ce ff ff ff       callq  4004f0 <funcA>/*调用函数A*/
  400522:  89 45 fc             mov    %eax,-0x4(%rbp)/*将函数返回值赋给变量c*/
    return;
  400525:  90                    nop
}
  400526:  c9                    leaveq
  400527:  c3                    retq   /*此两行恢复运行环境*/
```

　　细心的读者会发现，没有按照我们预料的将内联函数直接原地内联展开，因为这里需要看编译器的"心情"。编译器会根据自己的选择决定是否内联展开。

　　（3）使用带强制关键字的内联函数，只需要将上述示例代码的第 2 行修改如下：

```
#define __inline __attribute__((always_inline))inline
```

　　反汇编查看如下（加粗行表示汇编对应源码，如不需要，编译时去掉-g 参数即可）：

```
0000000000400504 <funcB>:
void funcB()
{
  400504:  55                    push   %rbp
  400505:  48 89 e5              mov    %rsp,%rbp
    int c = 0;
  400508:  c7 45 fc 00 00 00 00  movl   $0x0,-0x4(%rbp)  /*初始化变量c*/
  40050f:  c7 45 f8 01 00 00 00  movl   $0x1,-0x8(%rbp)  /*设置参数*/
  400516:  c7 45 f4 02 00 00 00  movl   $0x2,-0xc(%rbp)  /*设置参数*/
#include <stdlib.h>
#define __inline __attribute__((always_inline)) inline
__inline int funcA(int a,int b)
{
    return (a+b);
  40051d:  8b 45 f4             mov    -0xc(%rbp),%eax/*取参数值*/
  400520:  8b 55 f8             mov    -0x8(%rbp),%edx/*取参数值*/
  400523:  01 d0                add    %edx,%eax/*直接展开，不进行函数调用*/
}
void funcB()
```

```
{
   int c = 0;
   c = funcA(1,2);
 400525:   89 45 fc          mov      %eax,-0x4(%rbp) /*计算结果赋给变量 c*/
   return;
 400528:   90                nop
}
 400529:   5d                pop      %rbp
 40052a:   c3                retq
```

由上述论述可知，只有使用强制定义才能保证内联函数确定展开。

在使用中，static 和 inline 是绝配，我们可以将经常调用的小而精的函数定义为 static inline 模式，并放置在.h 的头文件中，在我们包含头文件的时候，因为 static 的修饰可保证函数只在包含头文件的.c 中生效，避免了函数重复定义的问题，inline 函数又保证了对于多次执行的核心代码采用内联展开的方式，避免了函数调用的压栈，从而提升效率。

但在如下两种情况下，函数定义忽略静态内联属性：

● 函数的地址被使用时，如果通过函数指针来对函数进行调用的时候，编译器会对此函数生成队里的代码，否则此函数没有入口地址。

● 函数本身有递归调用自己的时候。

3．函数参数

通过如上例子可知，在函数调用的时候，一般是通过寄存器进行传参，但是我们知道寄存器的个数是一定的，并且某些寄存器也有固定的意义，所以通过寄存器传递的参数不可能是无穷无尽的，那么当我们寄存器不够用的时候，函数的参数是如何传递的呢？答案是通过堆栈进行传递，此时效率会大幅降低（因为程序访问寄存器的速度远远大于程序访问内存的速度，具体请看第 16 章）。那么函数参数在多少以内时通过寄存器进行传递呢？这个就是我们下面要论述的问题。

操作系统分为 32 位和 64 位，对应的寄存器个数也不同，需要单独论证。

（1）目前主流的 64 位操作系统。

测试程序如下：

```
#include "stdio.h"
#include "stdlib.h"
int test(int a,int b,int c,int d,int e,int f,int g )
{
   return(a+b+c+d+e+f+g);
}
int test1(int a,int b,int c,int d,int e,int f)
{
   return(a+b+c+d+e+f);
}
int main()
```

```
{
    int d1=0,d2=0;
    d1 = test(1,2,3,4,5,6,7);
    d2 = test1(1,2,3,4,5,6);
    return 0;
}
```

编译程序结果：

```
gcc -O3 -g -o canshu main.c
```

对生成的可执行文件再进行反汇编：objdump –S canshu，可以看出调用各个
函数前传递的参数如下：

```
int main()
{
  400561:       55                    push   %rbp
  400562:       48 89 e5              mov    %rsp,%rbp
  400565:       48 83 ec 18          sub    $0x18,%rsp/*压栈保存运行环境*/
     int d1=0,d2=0;
  400569:       c7 45 fc 00 00 00 00  movl   $0x0,-0x4(%rbp)/*初始化d1*/
  400570:       c7 45 f8 00 00 00 00  movl   $0x0,-0x8(%rbp)  /*初始化
d2*/
     d1 = test(1,2,3,4,5,6,7);
  400577:       c7 04 24 07 00 00 00  movl   $0x7,(%rsp)  /*栈传递参数*/
  40057e:       41 b9 06 00 00 00     mov    $0x6,%r9d /*寄存器参数参数*/
  400584:       41 b8 05 00 00 00     mov    $0x5,%r8d /*寄存器参数参数*/
  40058a:       b9 04 00 00 00        mov    $0x4,%ecx /*寄存器参数参数*/
  40058f:       ba 03 00 00 00        mov    $0x3,%edx /*寄存器参数参数*/
  400594:       be 02 00 00 00        mov    $0x2,%esi /*寄存器参数参数*/
  400599:       bf 01 00 00 00        mov    $0x1,%edi /*寄存器参数参数*/
  40059e:       e8 4d ff ff ff        callq  4004f0 <test> /*调用函数
test*/
  4005a3:       89 45 fc              mov    %eax,-0x4(%rbp)  /*取函数返回值
*/
     d2 = test1(1,2,3,4,5,6);
  4005a6:       41 b9 06 00 00 00     mov    $0x6,%r9d /*寄存器参数参数*/
  4005ac:       41 b8 05 00 00 00     mov    $0x5,%r8d /*寄存器参数参数*/
  4005b2:       b9 04 00 00 00        mov    $0x4,%ecx /*寄存器参数参数*/
  4005b7:       ba 03 00 00 00        mov    $0x3,%edx /*寄存器参数参数*/
  4005bc:       be 02 00 00 00        mov    $0x2,%esi /*寄存器参数参数*/
  4005c1:       bf 01 00 00 00        mov    $0x1,%edi /*寄存器参数参数*/
  4005c6:       e8 60 ff ff ff        callq  40052b <test1> /*调用函数
test*1/
  4005cb:       89 45 f8              mov    %eax,-0x8(%rbp) /*取函数返回值*/
     return 0;
  4005ce:       b8 00 00 00 00        mov    $0x0,%eax /*设置函数返回值*/
}
```

我们可以直观地看出，当传递的参数小于等于 6 个的时候，可以使用寄存器来传参，但参数大于 6 个的时候，多余的参数就没有参数寄存器，只能使用栈传参。

（2）对于 x86 32 位系统，参数寄存器只有 EAX、EBX、ECX、EDX，所以当参数小于等于 4 个的时候，可以完全使用寄存器传递参数，当参数大于 4 个的时候多余的参数也得使用栈进行传递。

综上所述，当我们进行函数设计的时候，尽量保证函数的参数小于等于 4 个，一般 3 个最好，这样在函数进行不同平台移植的时候无须再进行参数优化。

4．函数（变量）修饰

（1）定义：__attribute__((section("section_name")))

（2）作用：将修饰作用的函数或变量放入指定名为"section_name"对应的输入段中。

（3）说明：__attribute__是一种 GNU 编译器的编译属性，主要用于改变所声明或定义的函数或变量的特性。注意上面描述的"输入段"，那么就应该有对应的"输出段"，这里的输入输出是相对于最终生成的目标文件时的 link 过程而言的。

- link 过程的输入：有源码文件编译生成的.o 文件。
- link 过程的输出：编译结果（一般为可执行文件或库）。

输入段和输出段一般是相互独立的，但是在 link 过程中，link 程序会根据一定的规则将不同的输入端重新组合到不同的输出段中，输入段和输出段的名字可以是完全不同的。

（4）示例：

```
int varA __attribute__ ((section(".xdata"))) = 0;/*将变量 varA 放入.xdata
段*/
    int __attribute__ ((section(".xinit"))) funA(void);/* 将函数 funA 放
入.xinit 段*/
```

这里需要注意的是，section 属性只能指定对象的输入段，无法干预对象最终放在可执行程序的输出段。

如果你读过 Linux kernel 代码，或者写过驱动模块，那么一定会熟悉在内核代码中的/include/init.h 定义：

```
#define __init __section(.init.text) __cold notrace
#define __initdata __section(.init.data)
#define __initconst __constsection(.init.rodata)
#define __exitdata __section(.exit.data)
#define __exit_call __used __section(.exitcall.exit)
```

__init 宏最常用作驱动模块初始化函数的定义，其目的是将驱动模块的初始化函数放在.init.text 的输入段，例如 dcache 的初始化：

```
static void __init dcache_init(void)
```

对于__initdata 来说，用于数据定义，目的是将数据放入.init.data 的输入段。例如：

```
static __initdata unsigned long dhash_entries;
```

（5）好处：可以隔离函数或者变量，适用于将处理器的局部变量放置在举例处理器较近的内存块中。

对于需要并行访问的函数或者变量，我们可以首先将其定义到不同的程序段中，再将程序段装入到不同的内存块中，即可实现这些变量的并行访问和函数的并行存储。

15.5　嵌入式汇编

在大型工程中，一定会存在一部分嵌入式汇编代码，这里不着重介绍嵌入式汇编的语法，感兴趣的读者可自行学习，此处只论述嵌入式会带来的好处，主要有两方面：

（1）为了实现控制，例如，对硬件寄存器的直接操作、使用特权指令、使用特定架构的优化指令、生成位置无关代码等。（典型应用为读写锁、自旋锁、原子操作等）

（2）提高性能：将经常调用的核心代码优化成嵌入式汇编代码。

嵌入式汇编的格式如下：

```
asm(
        "汇编语句"
        :输出寄存器
        :输入寄存器
        :会被修改的寄存器）;
```

下面是自旋锁的嵌入式代码：

```
static inline void spinlock_lock(spinlock_t *sl)
{
    int lock_val = 1;
    asm volatile (
            "1:\n"
            "xchg %[locked], %[lv]\n"      /*交换数据*/
            "test %[lv], %[lv]\n"          /*测试锁标志位是否为0*/
            "jz 3f\n"             /*等于0跳到标号3直接出去，不等于0则继续*/
            "2:\n"
            "pause\n"             /*优化循环执行*/
            "cmpl $0, %[locked]\n"         /*是否为0，不为0就一直循环*/
            "jnz 2b\n"
            "jmp 1b\n"
```

```
            "3:\n"
            : [locked] "=m" (sl->locked), [lv] "=q" (lock_val)
            : "[lv]" (lock_val)
            : "memory");
}
static inline void spinlock_unlock (spinlock_t *sl)
{
    int unlock_val = 0;
    asm volatile (
            "xchg %[locked], %[ulv]\n"        /*锁值直接设置为 0*/
            : [locked] "=m" (sl->locked), [ulv] "=q" (unlock_val)
            : "[ulv]" (unlock_val)
            : "memory");
}
```

当系统性能经过优化后还无法达到预期，就有必要将核心流程（多次调用）优化成嵌入式汇编，性能理论上会提升 10%左右，但这同样会降低代码跨平台的可移植性，以及后续的可维护性，所以一般先将代码中的函数优化成 static inline 的方式。

下面列举一个比较交换的例子。

当寄存器中的值没被修改时，我们将其设置为新值。

当寄存器中的值已被修改时，我们直接返回，不再修改（多线程访问会发生此情况）。

代码如下：

```
int compare_and_swap (int* reg, int oldval, int newval)
{
    int old_reg_val = *reg;
    if (old_reg_val == oldval)
    {
        *reg = newval;
        return true;
    }
    return false;
}
```

将其翻译成汇编如下：

```
static inline int atomic32_cmpset(volatile uint32_t *dst, uint32_t exp,
uint32_t src)
{
    uint8_t res;
    asm volatile(
        "lock ; "                    /*锁总线*/
        "cmpxchgl %[src], %[dst]; "   /*比较 eax 寄存器和 dst 的值，相等就
把 src 的值赋给 dst，同时设置标志寄存器 zf 为 1*/
        "sete %[res];"               /*zf 为 1 时，设置 res 为 1*/
```

```
                 : [res] "=a" (res),        /*输出*
                   [dst] "=m" (*dst)
                 : [src] "r"(src),          /*输入，任意可通用寄存器*/
                   "a" (exp),               /*exp 放到 eax 寄存器中*/
                   "m" (*dst)               /* mem 内存*/
                 : "memory");
        return res;
    }
```

不要小看了上面这个简单函数，它就是大名鼎鼎的 CAS 算法，可以用在多种地方。

- 用在读写锁的加锁过程中，如下所示。

```
    static inline void rwlock_read_lock(rwlock_t *rwl)
    {
        int32_t x;
        int success = 0;
        while (success == 0)
        {
            x = rwl->cnt;
            /* write lock is held */
            if (x < 0)
            {
                _mm_pause();
                continue;
            }
            success = atomic32_cmpset((volatile uint32_t *)&rwl->cnt,x,
x + 1);
        }
    }
    static inline void rwlock_write_lock(rwlock_t *rwl)
    {
        int32_t x;
        int success = 0;

        while (success == 0)
        {
            x = rwl->cnt;
            /* a lock is held */
            if (x != 0)
            {
                _mm_pause();
                continue;
            }
            success = atomic32_cmpset((volatile uint32_t *)&rwl->cnt, 0,
-1);
        }
    }
```

- 用在无锁队列中，如下所示。

入队操作示例如下：

```
do {
        n = max;                                   /*入队的元素个数*/
        prod_next = prod_head + n;                 /*生产者队列头*/
        success = rte_atomic32_cmpset(&r->prod.head, prod_head,
                        prod_next);   -----CAS
        } while (unlikely(success == 0));
```

出队操作示例如下：

```
do {
        n = max;
        cons_head = r->cons.head;
        prod_tail = r->prod.tail;
        cons_next = cons_head + n;
        success = rte_atomic32_cmpset(&r->cons.head, cons_head,
cons_next);
        } while (unlikely(success == 0));
```

如上描述，一般多生产者或者多消费者入队的时候，当同时有其他线程并发操作的时候，肯定每次只能有一个 while 成功退出，其他线程会继续尝试修改，直至全部修改成功。

同时当过了 CAS 之后，就需要对队列进行具体的指针移位操作，这里也会有一个 while 尝试，判断是否有其他进程正在执行，并且是否在它之前进行操作，如果有，则 while 陷入等待。

15.6　编译优化

这里论述的是通过编译器的编译选项来对我们的项目工程进行优化。

GCC 的编译优化等级分为 O0、O1、O2、Os、O3。其中 O0 是默认的编译等级，即当我们不指定的时候，GCC 默认采用 O0 模式，O3 的优化等级最高，优化方面大体分为如下几类：

- 精简操作指令。
- 充分优先使用寄存器。
- 对简单的调用进行展开，而不是压栈式处理。
- 调整无关指令顺序，使得满足 CPU 流水线操作。
- 对程序分支循环判断进行预测，尽量减少跳转指令。

根据官方的详细说明，简单论述一下各个优化等级，让读者对一些优化选项增加一些理解。

（1）-O0：不做任何优化，编译器默认的选项。

（2）-O1：做了部分编译优化，例如尝试缩小生成代码的尺寸，以及缩短执行时间等，优化选项如下。

① -fdefer-pop：延迟栈的弹出，当完成函数调用的时候，不马上将参数弹出，而是在多个函数调用后，依次性从栈中弹出。此种情况适用于不同函数有相同参数的优化。

② -fmerge-constants：尝试合并工程中的相同常量，有助减少文件生成尺寸。

③ fthread-jumps：执行跳转优化，主要是对条件分支的跳转优化。

④ floop-optimize：执行循环优化，将常量表达式移出循环，简化退出测试条件，并可选择降低强度和展开循环。

⑤ fif-conversion：进行减少或删除条件分支的优化。

⑥ fif-conversion2：使用更加高级的数学特性来减少语句所需的条件分支。

⑦ fdelayed-branch：尝试根据指令执行所需要的指令周期长短来重新排序指令，充分利用 CPU 流水线。

⑧ fguess-branch-probability：通过猜测分支概率进行优化，例如 15.4 节的 likely 函数。

⑨ fcprop-registers：编译器执行第二次检查以便减少调度依赖性（两个段要求使用相同的寄存器）并且删除不必要的寄存器复制操作。

（3）-O2：几乎包含了所有的编译优化，除了时间和空间的折中优化，如此优化选项不会进行循环展开和函数内联，与 O1 选项比较，O2 选项在增加了编译时间的基础上，提高了生成代码的执行效率。具体相比 O1 增加了如下选项：

① force-mem：强制将内存操作数复制到寄存器，然后对其进行算术运算。

② foptimize-sibling-calls：优化相关的和末尾的递归调用，通常将递归的函数调用展开为一串一般指令，而不使用分支指令。

③ fstrength-reduce：对循环的执行优化并减少迭代变量。

④ fcse-follow-jumps：优化程序中通过任何途径都不会到达的目标代码。

⑤ fcse-skip-blocks：和上述类似，只不过是以块为单位。

⑥ frerun-cse-after-loop：在循环优化完成后，重新进行公用子表达式消元操作。

⑦ frerun-loop-opt：运行循环优化两次。

⑧ fgcse、-fgcse-lm、-fgcse-sm、-fgcse-las：全局共有字表达式方面的优化。

⑨ fdelete-null-pointer-checks：使用全局数据流分析来识别和消除空指针的无用检查。在某些环境下，这种假设是不正确的，程序可以安全地引用空指针。使用-fno-delete-null-pointer-checks 可禁用此优化。

⑩ -fexpensive-optimizations：执行一些相对昂贵的微小优化，这种优化据说对于程序执行未必有很大的好处，甚至有可能降低执行效率。

⑪ -fregmove：尝试重新分配 move 指令中的寄存器编号和其他简单指令的

操作数，以便最大化捆绑寄存器的数量

⑫ -fschedule-insns、-fschedule-insns2：编译器尝试重新排列指令，用以消除由于等待未准备好的数据而产生的延迟，对于加载内存和浮点运算指令优化效果好。

⑬ -fsched-interblock：这种编译优化使得可以跨越指令块调度指令，使得可以在等待期间完成工作的最大化。

⑭ -fsched-spec：加载指令的优化，只在调度分配寄存器之前才有意义。

⑮ -fcaller-saves：对函数调用和保存寄存器的优化，调用多次多个函数，只进行一次寄存器的保存和恢复，而不用在每个函数中都进行。

⑯ -fpeephole2：允许进行任何计算机特定的观察孔优化。

⑰ -freorder-blocks：通过对指令中的基本块进行排序来减少分支的数量，提升代码的局部性。

⑱ -freorder-functions：和⑰类似，在编译函数时重新排序基本块来减少分支数量，提升代码的局部性，但这种手段依赖特定的信息，.text.hot 用于告知访问频率较高的函数，.text.unlikely 用于告知基本不被执行的函数。

⑲ -fstrict-aliasing：这种优化强行启用语言的严格变量规则，确保不在不同数据类型之间共享变量。

⑳ -funit-at-a-time：在生成代码之前解析整个编译单元。这允许一些额外的优化发生，但消耗更多的内存。个人理解主要是优化指令缓存。

㉑ -falign-functions、-falign-jumps、-falign-loops、-falign-labels：对齐优化。将需要优化的开始地址对齐到大于 n 的下一个 2 的幂，跳过 n 个字节。

㉒ -fcrossjumping：对跨越跳转代码的转换处理优化，它将分散在程序各种的相同代码组合起来，减少代码尺寸，但也许会对程序的性能产生影响。

（4）-Os：专注于大小方面的优化，它使用了-O2 中所有不增加代码段尺寸的优化，关闭了如下-O2 中会影响代码段尺寸的优化选项：-falign-functions、-falign-jumps、-falign-loops、-falign-labels、-freorder-blocks、-fprefetch-loop-arrays。并且在此基础上会对程序的代码段尺寸做更深层次的优化。

（5）-O3：最大程度的优化，它使用了-O2 的所有优化选项，并且进一步增加了如下优化选项。

① -finline-functions：编译器决定将那些简单的函数作内联优化，可以通过可以通过-finline-limit=n 改变编译器限定的内联长度。

② -fweb：构建用于保存变量的伪寄存器，伪寄存器包含数据，就像它们是寄存器一样，但是可以使用如 cse 和 loop 优化技术进行优化。

③ -frename-registers：在寄存器分配后，通过使用 registers left over 来避免预定代码中的虚假依赖关系。但此优化会使调试困难，因为变量不再存放于原本的寄存器中了。

④ -funswitch-loops：将无变化的条件分支移出循环，然后将其计算结果的副本放入循环中。

上面大体说了编译优化的等级，但是这些优化可能会带来一些问题，下面讨论比较重要的影响。

（1）调试问题：上面有些优化选项可能带来代码结构和流程的改变，例如分支合并消除、公用表达式的消除、简单函数的内敛展开、加载指令的优化、充分利用流水线的优化等，这些会将代码的执行顺序改的面目全非，使得反汇编和高级语言代码对应困难，从而影响调试。

（2）内存操作顺序的改变：上述描述的 -fschedule-insns 优化选项允许数据处理时先完成其他指令；-fforce-mem 则有可能导致内存与寄存器之间的数据在某一时间点的不一致（类似于 cache 中的脏数据）。所以对于一些依赖内存操作顺序而运行的逻辑，需要做严格的处理才能进行优化。例如，使用 volatile 关键字限制变量的操作方式，或者利用 barrier 迫使 CPU 严格按照指令顺序执行等。

如上编译优化的说明，亦可进一步参考官方文档，官方地址：https://gcc.gnu.org/onlinedocs/gcc-3.4.6/gcc/Optimize-Options.html#Optimize-Options

综上所述，在实际的工程中，我们应该编译两个版本：

- Debug 版本：在项目 TR5 之前不使用或少使用优化，方便项目功能调试工作。
- 发布版本：当项目 GA 之后，尽量使用优化，提升实际发布版本的性能。

第 16 章

做事需未雨绸缪——Cache 技术

诗经中有："迨天之未阴雨，彻彼桑土，绸缪牖户，今此下民，或敢侮予！"意思是说做任何事情都应该事先准备，以免临时手忙脚乱。

程序设计亦是如此，当程序读取内存变量时，根据现代计算机的设计是不可能直接读取的，需要有一个中间缓存层，先放入我们要读取的变量，然后 CPU 再从此层进去对变量进行读写操作，这就是 Cache，本章将逐步讨论：Cache 的作用、Cache 层级的划分、Cache 读取块、操作 Cache 的指令、Cache 的淘汰策略，以及如何利用 Cache 加速程序。

16.1　为什么要使用 Cache

随着计算机的更新换代，CPU 的频率越来越高，但是受制于制造工艺和成本，目前计算机的内存（主要是 DRAM）在访问速度上没有质的突破，因此 CPU 的处理速度和内存的访问速度之间的差距越来越大，甚至高达上万倍，这就导致了传统的 CPU 通过 FSB 直连内存的方式会因为内存访问的等待，使得计算资源大量闲置，降低 CPU 整体吞吐量，在此背景下 Cache 技术应运而生，Cache 技术是一种高速缓冲存储器，是为了解决 CPU 和主存之间速度不匹配而采用的一项重要技术。

Cache 主要利用局部性原理来减少 CPU 访问主存的次数。简单地说，CPU 正在访问的指令和数据，以后可能会被多次访问到，或者是该指令和数据附近的内存区域，也可能会被多次访问。因此，第一次访问这一块区域时，将其复制到 Cache 中，以后访问该区域的指令或者数据时，就不用再从主存中取出。图 16.1 中显示了 Cache 在系统中的位置。

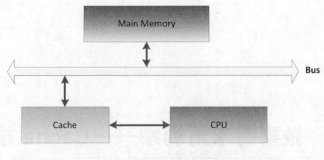

图 16.1 Cache 的位置

16.2 Cache 有多少级

在 CPU 管芯面积不能太大的情况下，L1 高速缓存的容量不可能做得太大，所以应运而生了 L2 Cache，乃至 L3 Cache。L2 Cache 的容量通常是 L1 级容量的 10 倍甚至更多，但是访问速度同时也成倍数增长，L3 Cache 是 L2 Cahce 的 8 倍以上。

通俗一些的说法为：离 CPU 越近的存储器速度越快，容量越小，所以寄存器的访问速度永远是最快的，通常可以在 1 个时钟周期内完成，其次是 L1 Cache，通常需要 3 个指令周期左右，L2 Cache 需要 15 个指令周期左右，L3 Cache 则需要 50 个指令周期左右，访问内存需要 200 个指令周期左右。

如果我们设计的程序，可以使得数据 90%是从 L1 Cache 中获取，那么程序的平均运行指令周期就可以大幅降低。

（1）L1 Cache：CPU 第一层高速缓存，分为数据缓存和指令缓存。内置的 L1 高速缓存的容量和结构对 CPU 的性能影响较大，不过高速缓冲存储器均由静态 RAM 组成，结构较复杂，在 CPU 管芯面积不能太大的情况下，L1 高速缓存的容量不可能做得太大。一般服务器 CPU 的 L1 缓存容量通常是 32～256KB。

（2）L2 Cache：PIII 以前 L2 Cache 没集成在 CPU 中，而在主板上或与 CPU 集成在同一块电路板上，因此也被称为片外 Cache。但从 PIII 开始，由于工艺的提高，L2 Cache 被集成在 CPU 内核中，以相同于主频的速度工作，结束了 L2 Cache 与 CPU 大差距分频的历史，一般使用高速动态 RAM（速度高于动态 RAM，低于静态 RAM）作为 L2 缓存。而同一核心的 CPU 高低端之分往往也是在 L2 缓存上存在差异，由此可见 L2 缓存对 CPU 的重要性。较高端 CPU 中，为读取 L2 缓存后未命中的数据设计了 L3 缓存，从某种意义上说，预取效率的提高，大大降低了生产成本却提供了非常接近理想状态的性能。

一般 L1、L2 Cache 是每个 CPU 独自享有的（如果有超线程，则与超出的 CPU 线程共享），但是 L3 Cache 一般是同属于一个 NUMA NODE 的 CPU 集合所共享

的。不再详细论述，下面通过一些实例，查看我们 x86 服务器（个人机器）的
Cache 配置。

先看一下我们 CPU 的配置：

```
[root@test ~]# lscpu
Architecture:          x86_64
CPU op-mode(s):        32-bit, 64-bit
Byte Order:            Little Endian
CPU(s):                24
On-line CPU(s) list:   0-23
Thread(s) per core:    2----------代表开启了超线程
Core(s) per socket:    6----------代表每个 socket 上有 6 个 CPU 硬线程
Socket(s):             2----------系统有 2 个 CPU  socket
NUMA node(s):          2
Vendor ID:             GenuineIntel
CPU family:            6
Model:                 62
Model name:            Intel(R) Xeon(R) CPU E5-2630 v2 @ 2.60GHz
Stepping:              4
CPU MHz:               2409.468
BogoMIPS:              5197.92
Virtualization:        VT-x
L1d cache:             32K----------一级数据 Cache 大小
L1i cache:             32K----------一级指令 Cache 大小
L2 cache:              256K-------二级 Cache 大小
L3 cache:              15360K----三级 Cache 大小
NUMA node0 CPU(s):     0-5,12-17
NUMA node1 CPU(s):     6-11,18-23
```

● 数据 Cache：

```
[root@test ~]# cat /sys/devices/system/cpu/cpu0/cache/index0/level
1------------表示 1 级 cache
[root@ test ~]# cat /sys/devices/system/cpu/cpu0/cache/index0/type
Data--------表示 1 级数据 cache
[root@ test ~]# cat /sys/devices/system/cpu/cpu0/cache/index0/size
32K---------表示 1 级数据 cache 大小为 32K
[root@  test  ~]#  cat  /sys/devices/system/cpu/cpu0/cache/index0/
shared_cpu_list
0,12---------表示此 cache 可以被 cpu0 和 cpu12 共享
```

● 指令 cache

```
[root@ test ~]# cat /sys/devices/system/cpu/cpu0/cache/index1/level
1------------表示 1 级 cache
[root@ test ~]# cat /sys/devices/system/cpu/cpu0/cache/index1/type
Instruction--------表示 1 级指令 cache
[root@ test ~]# cat /sys/devices/system/cpu/cpu0/cache/index1/size
```

```
    32K---------表示 1 级指令 cache 大小为 32K
    [root@  test  ~]#  cat  /sys/devices/system/cpu/cpu0/cache/index1/
shared_cpu_list
    0,12--------表示此 cache 可以被 cpu0 和 cpu12 共享
```

- L2 Cache：

```
    [root@ test ~]# cat /sys/devices/system/cpu/cpu0/cache/index2/level
    2------------表示 2 级 cache
    [root@ test ~]# cat /sys/devices/system/cpu/cpu0/cache/index2/type
    Unified--------表示不区分数据指令 cache
    [root@ test ~]# cat /sys/devices/system/cpu/cpu0/cache/index2/size
    256K---------表示 2 级 cache 大小为 256K
    [root@  test  ~]#  cat  /sys/devices/system/cpu/cpu0/cache/index2/
shared_cpu_list
    0,12--------表示此 cache 可以被 cpu0 和 cpu12 共享 (撇开超线程, 还是 CPU 独占的)
```

- L3 Cache：

```
    [root@ test ~]# cat /sys/devices/system/cpu/cpu0/cache/index3/level
    3------------表示 3 级 cache
    [root@ test ~]# cat /sys/devices/system/cpu/cpu0/cache/index3/type
    Unified--------表示不区分数据指令 cache
    [root@ test ~]# cat /sys/devices/system/cpu/cpu0/cache/index3/size
    15360K---------表示 3 级 cache 大小为 15M
    [root@  test  ~]#  cat  /sys/devices/system/cpu/cpu0/cache/index3/
shared_cpu_list
    0-5,12-17--------表示此 cache 是被同一个 SOCKET 下的 CPU 集合所共享的。
```

笔者认为，从某种意义上来说，内存也是 CPU 缓存的一种表现形式，只不过在速率上慢很多，但在容量、功耗以及成本方面拥有巨大优势。如果内存在将来可以做到足够强的话，反而有取代 CPU Cache 的可能。

16.3　Cache Line 的介绍

在读取内存的时候，CPU 会将内存块加载到 Cache 中，但这并不是按照字节或者访问内存的大小来加载的，而是按照 Cache Line 的大小来加载的。

看到这里，读者可能想知道自己机器的 Cache Line 个数，以及每个 Cache Line 的大小，可以通过如下命令查看：

```
    [root@  test  ~]#  cat  /sys/devices/system/cpu/cpu1/cache/index0/
coherency_line_size
    64---------Cache Line 大小为 64 字节。
    [root@  test  ~]#  cat  /sys/devices/system/cpu/cpu1/cache/index0/
number_of_sets
    64---------一级数据 cache 中共有 64 个 Cache Line
```

为了解决 Cache Line 冲突问题（后续会描述），引入了多 way 的概念：

```
[root@ test ~]# cat /sys/devices/system/cpu/cpu1/cache/index0/
ways_of_associativity
8---------一级数据 Cache Line 中有 8 路
```

细心的读者可能注意到了 64*64*8=32K，这样就是一级数据 Cache 的大小，详细图解如图 16.2 所示。

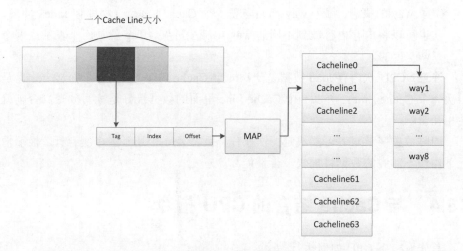

图 16.2　详细图解

其中深色的是我们要访问的物理内存，但是 CPU 一次内存访问会将图中的灰色+深灰色的内存一起 load 到 Cache Line 中，所以在编程的时候，尽量将结构设计为 Cache Line 对齐的，这样一次可以加载完成，再访问下个结构体的时候，就可以直接访问另一个 Cache Line，而不发生冲突了。

例如 CPU 经常访问的关键结构体，可以定义如下：

```
#if !defined(__aligned)
#define __aligned(x) __attribute__((aligned(x)))
#endif
#define CACHE_LINE_SIZE 64

struct dbuf
{
    __u16 len;
    …
    Void *14_hdr;
}__ aligned(CACHE_LINE_SIZE)
```

即可定义此结构体是 64 字节对齐的。

图 16.2 中，物理地址被分成三部分 Tag+Index+Offset。

● Index：表示这段内存映射到哪个 Cache Line，相当于数组（这里将 Cache

Line 看成一个大数组）索引。

- Offset：所访问的内存在 Cahe Line 中的偏移量，例如图 16.2，offset 为第一段深灰色的大小，通过偏移过这段大小的空间，才是我们实际要访问的内容。
- Tag：通过上述描述，细心的读者会发现两个物理地址中建立的 Index 很有可能重复，这就是 Cache Line 冲突，所以在每个 Cache Line 的下一级又多了 way 的概念，每个 way 都相当于一个 Cache Line。这样即使 Index 冲突，也可以将内存内容放到不同的 way 中减少冲突，Tag 就是用来表示是哪个 way 上的。

注意：CPU 从内存 load 数据是一次一个 Cache Line，往内存里面 writes 也是一次一个 Cache Line，所以一个 Cache Line 里面的数据最好是读写分开，否则就会相互影响。

同时数据字节对齐可能决定一次操作需要涉及 1 个还是多个缓存行。极端情况下操作不对齐的数据将损失一半性能。

16.4　与 Cache 结合的 CPU 指令

首先看一下 CPU 如何执行指令。

指令的虚拟地址位于程序计数器寄存器内，取指令单元读取程序计数器寄存器的指令虚拟地址，发送到指令内存管理单元（Memory Management Unit，MMU），MMU 根据指令虚拟地址查找对应的旁路快表缓冲（Translation Lookaside Buffer，TLB 项），返回 TLB 中存储的物理内存地址，如果没有找到，继续查找 L2 TLB，如果 L2 找到对应的 TLB 项，将 TLB 换入 L1 MMU 中，并返回对应的实际物理内存地址。如果还没有查找到，需要软件协助发现对应的 TLB 项，如果软件也找不到，则说明访问非法指令（触发 Linux SIGILL 信号）。

如果 MMU 返回物理内存地址，则根据物理内存地址，去 Cache 中查找指令，缓存是根据指令的实际物理地址做索引的。如果指令位于 Cache 中，即 Cache 命中，返回 Cache 中的指令；如果 Cache 中没有该地址指令，即 cache miss，处理器会去下一级 Cache 或者内存中继续查找，如果找到，则将对应的 Cache 以 Cache Line 的方式读入到 L1 指令 Cache 中，并返回查找地址的指令。

通常情况下，处理器内核提前读取跟在当前程序计数器中的指令后的几条指令，把这些指令缓存在一个 buffer 中，这个就叫作指令预取，但是如果预取到的指令中含有跳跃指令，那么，跳跃指令后的指令将得不到运行，预取就失败了，于是处理器提前对预取的指令进行分析，查找跳跃指令，如果是跳跃指令，则预取跳跃后的指令。对于有条件跳跃，默认顺序执行，减少跳跃带来的系统开销。如果后面执行条件需要跳跃，则释放预取到指令，重新获取指令。

读过 Linux 内核代码的读者，一定会发现在内核代码中充斥着大量的 likely(x)
和 unlikely(x)，这两个宏的主要作用就是引导 GCC 进行分支条件预测，这两个宏
的定义如下：

```
#ifndef likely
#define likely(x)    __builtin_expect((x),1)
#endif
#ifndef unlikely
#define unlikely(x)    __builtin_expect((x),0)
#endif
```

一条指令执行时，由于流水线的作用，CPU 可以同时完成下一条指令的取指，
这样可以提高 CPU 的利用率。执行条件分支指令时，CPU 也会预取下一条执行，
但是如果条件分支的结果为跳转到其他指令，那 CPU 预取的下一条指令就没用
了，这样就降低了流水线的效率。另外，跳转指令相对于顺序执行的指令会多消
耗 CPU 时间，如果可以，尽可能不执行跳转，也可以提高 CPU 性能。

__builtin_expect(exp,c)接受两个 long 型的参数，用来告诉 GCC：exp 等于 c
的可能性比较大，如此可以帮助 GCC 优化程序编译后的指令序列，使汇编指令
尽可能的顺序执行，从而提高 CPU 预取指令的正确率和执行效率。

- likely(x)等价于 x，即 if(likely(x))等价于 if(x)，它只是告诉 GCC 编译器，x
  取 1 的可能性比较大。
- unlikely(x)等价于 x，即 if(unlikely(x))等价于 if(x)，它只是告诉 GCC 编译
  器，x 取 0 的可能性比较大。

下面附上代码实例，可看出编译成汇编后指令执行的序列。

因其在 x86 体系下优化不明显，我们使用 MIPS 体系 CPU 来进行测试。

```
int testlikely(x)
{
    if(likely(x))
        x = 0x123;
    else
        x = 0x456;
    return x;
}
```

翻译成汇编指令如下（编译时需要使用-O3 优化指令）：

```
004004f0 <testlikely>:
  4004f0: 10800003 beqz a0,400500 < testlikely +0x10>
  4004f4: 2402007b li v0,123   -----分支延迟槽指令，先于上条指令执行
  4004f8: 03e00008 jr ra
  4004fc: 00000000 nop   -----分支延迟槽指令，先于上条指令执行
  400500: 03e00008 jr ra
  400504: 240201c8 li v0,456 -----分支延迟槽指令，先于上条指令执行
```

从上述汇编指令可以看出，如果 if 成立，即 x 等于 1，则 v0 寄存器先赋值为 0x123，然后第一条跳转指令不成功（beqz），指令得以顺序执行，jr ra 返回退出。如果 else 成立，则需要多执行一次跳转。

```
int testunlikely(x)
{
    if(unlikely(x))
        x = 0x123;
    else
        x = 0x456;
    return x;
}
```

翻译成汇编指令如下（编译时需要使用-O3 优化指令）：

```
004004f0 <testunlikely>:
  4004f0: 14800002 bnez a0,4004fc < testunlikely +0xc>
  4004f4: 2402007b li v0,123   -----分支延迟槽指令，先于上条指令执行
  4004f8: 240201c8 li v0,456
  4004fc: 03e00008 jr ra
  400500: 00000000 nop  -----分支延迟槽指令，先于上条指令执行
```

从汇编代码中可以看出，如果 else 成立，即 x 等于 0，则第一条跳转指令不成功，指令得以顺序执行。如果 if 成立，则需要多执行一次跳转。

我们再看一下 CPU 如何进行数据 Cache 的操作。

如果执行的指令是一个对内存的读取或者写入，首先同样根据访问的虚拟地址到数据 MMU 中查找对应的物理地址，然后根据实际物理地址查找数据 Cache，如果 Cache 命中，并且是读数据，那么就将 Cache 中的数据放入寄存器；如果 Cache miss，那么同样先查二级 Cache，直至内存，如果命中，则将对应的数据以 Cache Line 的方式读入到数据 Cache，并返回数据到寄存器中，如果都没有，则读取失败，触发 Linux SIGSEGV 信号。如果是写操作，Cache 命中则根据 Cache 是 write through 还是 write back 分别处理，write back 则是修改 cacheline 中的数据，并把 Cache Line 标为脏，当执行 Cache 换页时回写到内存，write through 则是直接修改内存，并重新读入 Cache Line，如果发生了试图往没有写权限的内存地址写数据，则同样会触发 SIGSEGV 信号，同样对于读写的内存地址因对齐出错（例如访问一个 4 字长的整数，但是其地址不是 4 的倍数），则会触发 SIGBUS 信号。

综上，实际上 CPU 所有关于数据读取和写入的请求，都会由 MOB（Memory Order Buffer）→L1D→L2→L3→DRAM 这条路径来完成，Cache 只是这条路上的快速站点。

下面以 x86 CPU 为例，Intel 有预取指令，提前预取内存中数据到 Cache 内，提高 Cache 的命中率。例如现在经常使用的 DPDK 框架，对于报文收取后则先进

行预取，留待后续处理。

预取指令实现如下：

```
static inline void rte_prefetch0(const volatile void *p)
{
    asm volatile ("prefetcht0 %[p]" : : [p] "m" (*(const volatile char *)p));
}
static inline void rte_prefetch1(const volatile void *p)
{
    asm volatile ("prefetcht1 %[p]" : : [p] "m" (*(const volatile char *)p));
}
static inline void rte_prefetch2(const volatile void *p)
{
    asm volatile ("prefetcht2 %[p]" : : [p] "m" (*(const volatile char *)p));
}
```

可以指定预取到 L1D Cache，还是 L2 Cache，或者 L3 Cache 中。

DPDK 使用例子如下：设置收包中报文长度为 8192（8K），预取 3 个报文到 L1D Cache 中（共占 24KB，L1D Cache 大小为 32KB），通用的收包框架如下：

```
nb_rx = rte_eth_rx_burst((uint8_t) portid,rx_q_id,pkts_burst,32);//收包接口，一次收 32 包
if(likely(nb_rx>0))
{
    for(j = 0; j < PREFETCH_OFFSET && j < nb_rx; j++)
    {
        rte_prefetch0(rte_pktmbuf_mtod(pkts_burst[j], void *));//预取报文到 L1D cache
    }
    for (j = 0; j < (nb_rx - PREFETCH_OFFSET); j++)
    {
        rte_prefetch0(rte_pktmbuf_mtod(pkts_burst[j + PREFETCH_OFFSET], void *));
        process_packets(lcore_id,pkts_burst[j]); //报文处理接口
    }
    for (; j < nb_rx; j++)
    {
        process_packets(lcore_id,pkts_burst[j]);
    }
}
```

16.5　Cache 的淘汰策略

当 Cache 还有空间时，那么没有命中的对象会被缓存到 Cache 中，但当 Cache 满了之后，此时如果对象没有命中 Cache，那么就会按照某种策略，将 Cache 中的旧对象替换出去，从而腾出空间来将新对象加载到 Cache 中，这些策略即被称为淘汰策略，由它们决定将哪些对象替换出 Cache。

经常说的最优策略就是想将缓存中最没用的对象替换出去，但是由于场景和应用是不确定的，所以这种策略是不可能实现的，但目前有好多策略，都是在特定应用和场景下向着这一目标努力，下面简单介绍一下这些策略。

1．LRU 算法：（Least Recently Used，最近最少使用）

思路：如果数据最近被访问过，那么将来也会有大概率被访问，所以淘汰策略是将一段时间内不经常访问的数据淘汰掉。

算法描述：建立 LRU 链表数据结构。

（1）没有命中 Cache 的新数据，插入链表头部。

（2）命中 Cache 的数据，则将数据移动到链表头部。

（3）当 Cache 满的时候，将链表尾部的数据块淘汰。

LRU 算法示意图如图 16.3 所示。

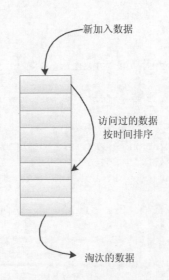

新加入数据

访问过的数据
按时间排序

淘汰的数据

16.3　LRU 算法示意图

2．LFU 算法（Least Frequently Used，最不经常使用）

思路：如果数据过去多次被访问过，那么将来也会有大概率被访问，所以淘汰策略是将一段时间内访问次数最少的数据淘汰掉。

算法描述：建立 LFU 链表数据结构

（1）没有命中 Cache 的新数据，插入链表尾部，并设置访问计数为 1。

（2）命中 Cache 的数据，则将此数据的访问计数增加，并重新排序。

（3）当 Cache 满的时候，则将已经排序好的链表最后的数据块淘汰。

LFU 算法示意图如图 16.4 所示。

3．FIFO 算法（First In First Out，先进先出）

思路：根据 Cache 中数据的存储时间进行判断，优先淘汰时间久远的数据。

算法描述：建立 FIFO 链表数据结构。

（1）没有命中 Cache 的新数据，插入链表头部，并将链表中的数据块依次顺序下移。

（2）命中 Cache 的数据，将该数据移到链表头部，此数据块之前的数据块依次顺序下移。

（3）当 Cache 满的时候，淘汰 FIFO 队列尾部的数据块。

FIFO 算法示意图如图 16.5 所示。

4．ARC 算法：（Adaptive Replacement Cache，自适应替换缓存）

思路：使用 LRU+LFU，将新对象和常用对象分别存储，兼顾两者的优点。

算法描述：建立 LRU 链表数据结构以及 LFU 链表数据结构

（1）没有命中 Cache 的新数据，插入 LRU 链表头部。

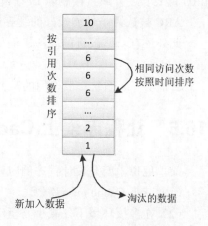

图 16.4 LFU 算法示意图

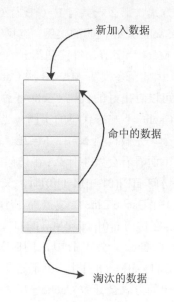

图 16.5 FIFO 算法示意图

（2）命中 Cache 的数据，如果其在 LRU 中，则将其移到 LFU 中，并增加访问计数（由此可见 LFU 只存储访问计数大于 2 的数据块），如果在 LFU 中，则增加其访问计数，两种情况都需要将 LFU 链表重新排序。

（3）当 LRU 链表满的时候，可以选择增加 LRU 链表长度（这时 LFU 链表长度就相对减少）或者直接删除 LRU 链表尾部数据块。

（4）当 LFU 链表满的时候，可以选择增加 LFU 链表长度（这也会相应缩短

LRU 链表长度）或直接删除 LFU 链表尾部数据块。

ARC 被认为是性能较好的缓存算法之一，能够自调，并且是低负载的。

此外还有一些改进的算法，例如 LRU2、2Q、MRU 等，这里就不一一介绍了。

目前 Linux 系统一般使用的是 LRU 或者其改进的 LIRS 算法。

16.6　让程序爱上 Cache

简单地说，就是设计程序的时候，需要遵循以下两个基本原则：

（1）减小 Cache miss 率。

（2）在多核环境下，减少乃至消除"伪共享"问题发生的概率。

以下我们使用数组进行举例：由于一般的机器中，C 语言数组都是按行优先存储的。假设 Cache Line 的大小为 B 个字节，Cache 总容量为 C 字节，直接映射存储方式，那么一共有 E=C/B 行 Cache Line。

Cache 友好代码的实例：当我们的代码是按行优先访问的时候，对于 a[M][N] 这个 M*N 个字节，每读到第 n*B 个数组元素时（0<n<M*N/B），才会发生 cache miss，因此至多发生 M*N/B 次 Cache miss，不命中率至多为(M*N/B)/(M*N)=1/B，由此可以看出好的代码 Cache 不命中率其实只与 Cache Line 的大小相关。

Cache 不友好代码的实例：当我们的代码是按列优先访问的时候，此计算比较复杂，先假设当 N=B，M=2E，即数组的容量是 Cache 的 2 倍大小。

下面看看会发生什么：在访问 a[0][0]~a[E-1][0]时，每次都会造成 Cache miss，然后访问 a[E][0]~a[M-1][0]时，又会把第 0~M-E-1（当 M=2E 就是全部的 Cache 行数）行 Cache Line 给覆盖掉，因此当访问 a[0][0]~a[M-1][0]时总是会造成 Cache miss。在访问 a[0][1]~a[M-1][1]时，分为两个过程，前 0~M-E-1 行由于被覆盖了，故而 Cache 又会不命中，同时又将 Cache 中的内容全部刷新，故而在访问 a[M-E][1]~a[M-1][1]时，由于这些被前面刷新，所以还是不会命中。因此这种访问数组的方式会导致 Cache 一直处于刷入刷出的状态，永远不会命中。

这只是一个简单的例子，同时也告诉我们为什么一般在程序设计的时候，数组都是按行优先级进行访问的。

引申而得出 Cache 的命中率对多层循环的影响是最明显的，因此在设计循环逻辑的时候，如果有某个数据结构需要多次访问，尽量让其全部在最里层完成访问，提高 Cache 对其的命中率。

可以通过工具 perf 来监控程序的 Cache miss 率。例如，通过如下命令启动我们的进程：

```
perf record -e cache-misses 进程名
```

然后打开另一个终端通过如下命令查看我们的 Cache miss：

```
[root@localhost]# perf report
Samples: 36 of event 'cache-misses', Event count (approx.): 22999
Overhead  Command         Shared Object       Symbol  13.21%
  content_restore [kernel.kallsyms] [k] copy_page_rep
  12.05%  content_restore [kernel.kallsyms] [k] vma_interval_tree_
insert
  10.91%  content_restore ld-2.17.so          [.] do_lookup_x
  10.64%  sh              [kernel.kallsyms] [k] __d_lookup_rcu
   9.75%  content_restore [kernel.kallsyms] [k] find_vma
   8.82%  content_restore [kernel.kallsyms] [k] page_fault
   8.53%  content_restore [kernel.kallsyms] [k] do_wp_page
   4.43%  content_restore ld-2.17.so          [.] _dl_lookup_symbol_x
   3.67%  content_restore [kernel.kallsyms] [k] page_remove_rmap
   3.21%  content_restore [kernel.kallsyms] [k] dup_mm
   2.82%  content_restore [kernel.kallsyms] [k] perf_event_mmap
   2.77%  content_restore [kernel.kallsyms] [k] __d_lookup
   2.74%  content_restore [kernel.kallsyms] [k] __d_lookup_rcu
   2.50%  content_restore [kernel.kallsyms] [k] memset
   1.27%  content_restore [kernel.kallsyms] [k] _atomic_dec_and_lock
   1.21%  content_restore [kernel.kallsyms] [k] task_tgid_nr_ns
   0.67%  content_restore [kernel.kallsyms] [k] cmpxchg_double_slab
.isra.50
   0.44%  content_restore [kernel.kallsyms] [k] __list_del_entry
   0.14%   content_restore   [kernel.kallsyms]   [k] __perf_event__
output_id_sample
   0.11%  content_restore [kernel.kallsyms] [k] __compute_runnable_
contrib.part.57
   0.04%  content_restore [kernel.kallsyms] [k] _raw_spin_lock_irqsave
   0.03%  content_restore [kernel.kallsyms] [k] __mmdrop
   0.02%  content_restore [kernel.kallsyms] [k] perf_event_comm_output
   0.01%  content_restore [kernel.kallsyms] [k] finish_task_switch
   0.01%  content_restore [kernel.kallsyms] [k] strlcpy
```

第 17 章

找到亲近的人与事——NUMA 技术

俗语曰：熟人好办事。这在计算机世界亦是如此。

当找到熟悉的人来帮忙办理他熟悉的事，那么事情的办理就会迅速高效，同样对于编程亦然，当我们的程序访问和它亲近的内存或者 IO 等外设，那么高效是必然的，反之，它如果想访问对它来说远端的内存或者 IO 外设，那么性能必然会受到影响。于是，怎么区分近端与远端？程序设计怎么尽量去亲近近端，远离远端？就是我们本章需要讨论的内容。

这里不讲 NUMA 的实现原理（内容太多，可独立写一本书），只论述 NUMA 的好处和使用经验。

17.1 NUMA 简介

从系统架构来看，目前的商用服务器大体可分为三类。

- SMP（Symmetric Multi-Processor）：对称多处理器结构。
- NUMA（Non-Uniform Memory Access）：非一致存储访问结构。
- MPP（Massive Parallel Processing）：海量并行处理结构。

SMP 服务器的主要特征是共享，系统中所有资源（CPU、内存、I/O 等）都是共享的。也正是由于这种特征，导致了 SMP 服务器的主要问题，那就是它的扩展能力非常有限。对于 SMP 服务器而言，每一个共享的环节都可能造成 SMP 服务器扩展时的瓶颈，而最受限制的则是内存。由于每个 CPU 必须通过相同的内存总线访问相同的内存资源，因此随着 CPU 数量的增加，内存访问冲突将迅速增加，最终会造成 CPU 资源的浪费，使 CPU 性能的有效性大大降低。实验证明，SMP 服务器 CPU 利用率最好的情况是 2 至 4 个 CPU。

目前多核服务器已经越来越普遍，由于 SMP 在扩展能力上存在上述限制，所以 NUMA 体系服务器应运而生，并且随着 Linux 对 NUMA 架构的支持也越来

越完善，对于内存管理、多处理的负载均衡调度等进行了大量的优化工作。所以
NUMA 已经成为目前 x86 服务器的一种主流体系。

　　NUMA 服务器的基本特征是具有多个 Socket（主板上的 CPU 插槽），每个
Socket 上有多个 Core（Socket 里独立的一组程序执行的硬件单元），例如 Intel E5
2620 系列有 2 个 Socket 组成，每个 Socket 上面有 6 个 Core。具体信息，可以通
过下述命令查看：

```
[root@localhost guan]# lscpu
Architecture:          x86_64
CPU op-mode(s):        32-bit, 64-bit
Byte Order:            Little Endian
CPU(s):                24
On-line CPU(s) list:   0-23
Thread(s) per core:    2
Core(s) per socket:    6
Socket(s):             2
NUMA node(s):          2
Vendor ID:             GenuineIntel
CPU family:            6
Model:                 63
Model name:            Intel(R) Xeon(R) CPU E5-2620 v3 @ 2.40GHz
Stepping:              2
CPU MHz:               2699.906
BogoMIPS:              4804.65
Virtualization:        VT-x
L1d cache:             32K
L1i cache:             32K
L2 cache:              256K
L3 cache:              15360K
NUMA node0 CPU(s):     0-5,12-17
NUMA node1 CPU(s):     6-11,18-23
```

　　因为 CPU 打开了超线程，所以会显示每个 Core 上存在 2 个 Thread。

　　NUMA 体系结构引入了 node 的概念，这个概念其实是用来解决 Core 的分组
问题，如上所示，有两个 NUMA node，所有 CPU 要么属于 node0，要么属于 node1。

　　每个 node 具有独立的本地内存、内存控制器总线，I/O 槽口等。并且 node
之间可以进行信息交互，因此每个 CPU 可以访问整个系统的内存。显然，访问
本地内存（后续称为 Local Access）的速度将远远高于访问远端内存（后续称为
Remote Access）的速度，这也就是非一致存储访问 NUMA 的由来。由于这个特
点，为了更好地发挥系统性能，开发应用程序时需要尽量减少不同 CPU 模块之
间的信息交互。利用 NUMA 技术，可以较好地解决原来 SMP 系统的扩展问题，
在一个物理服务器内可以支持更多 CPU 扩展。

　　NUMA 访问内存示例访问内存示例如图 17.1 所示。

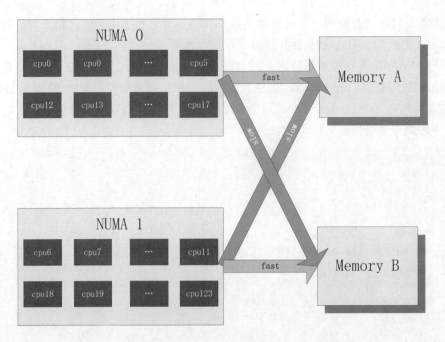

图 17.1.1　NUMA 访问内存示例

可通过如下命令直观查看：

```
[root@localhost /]# numactl --hardware
available: 2 nodes (0-1)
node 0 cpus: 0 1 2 3 4 5 12 13 14 15 16 17
node 0 size: 32654 MB
node 0 free: 30744 MB
node 1 cpus: 6 7 8 9 10 11 18 19 20 21 22 23
node 1 size: 32768 MB
node 1 free: 30786 MB
node distances:
node   0   1
  0:  10  21
  1:  21  10
```

可看出，node0 访问自己的内存时管理距离是 10，访问 node1 内存时管理距离是 21，同样 node1 访问自己内存时管理距离是 10，访问 node0 时管理距离为 21。

MPP 提供了另外一种进行系统扩展的方式，它由多个 SMP 服务器通过一定的结点互联网络进行连接，协同工作，完成相同的任务，从用户的角度来看是一个服务器系统。其基本特征是由多个 SMP 服务器（每个 SMP 服务器称结点）通过结点互联网络连接而成，每个结点只访问自己的本地资源（内存、存储等），是一种完全无共享（Share Nothing）结构，因而扩展能力最好，理论上其扩展无限制，目前的技术可实现 512 个结点互联，数千个 CPU。在 MPP 系统中，每个 SMP 结点也可以运行自己的操作系统、数据库等。但和 NUMA 不同的是，它不存在异地内存访问的问题。换言之，每个结点内的 CPU 不能访问另一个结点的内存。结点之间的信息交互是通过结点互联网络实现的，这个过程一般称为数据重分配（Data Redistribution）。

17.2　NUMA 存储管理

NUMA 最大的特点是引入了 node 和 distance 的概念。对于 CPU 和内存这两种最宝贵的硬件资源，NUMA 用近乎严格的方式划分了所属的资源组（node），而每个资源组内的 CPU 和内存几乎相等。资源组的数量取决于物理 CPU 的个数；distance 概念用来定义各个 node 之间调用资源的开销，为资源调度优化算法提供数据支持。

可能大家已经发现了，NUMA 的内存分配策略对于进程（或线程）之间来说，并不是公平的。在现有的 Redhat Linux 中，LocalAlloc（见下面解释）是默认的 NUMA 内存分配策略，这个配置选项导致资源独占程序很容易将某个 node 的内存用尽。而当某个 node 的内存耗尽时，Linux 又刚好将这个 node 分配给了某个需要消耗大量内存的进程（或线程），SWAP 就会产生。尽管此时还有很多 Page Cache 可以释放，甚至还有很多的 free 内存。

下面涉及 Linux 内核的修改来改变 NUMA，有兴趣的读者可以尝试。

（1）内核参数 overcommit_memory：内存分配策略，可选值有 0、1、2。

① 0：表示内核将检查是否有足够的可用内存供应用进程使用。如果有足够的可用内存，内存申请允许；否则，内存申请失败，并把错误返回给应用进程。

② 1：表示内核允许分配所有的物理内存，而不管当前的内存状态如何。

③ 2：表示内核允许分配超过所有物理内存和交换空间总和的内存。

（2）内核参数 zone_reclaim_mode：可选值 0、1，当某个结点可用内存不足时使用。

① 如果为 0 的话，那么系统会倾向于从其他结点分配内存。

② 如果为 1 的话，那么系统会倾向于从本地结点回收 Cache 内存。

多数时候 Cache 对性能很重要，所以 0 是一个更好的选择。

（3）NUMA 内存分配策略有 LocalAlloc、Preferred、MemBind、InterLeave 四种。

① LocalAlloc：规定进程从当前 node 上请求分配内存；

② Preferred：比较宽松地指定了一个推荐的 node 来获取内存，如果被推荐的 node 上没有足够内存，进程可以尝试别的 node。

③ MemBind：可以指定若干个 node，进程只能从这些指定的 node 上请求分

配内存。

④ InterLeave：规定进程从指定的若干个 node 上以 RR（Round Robin，轮询调度）算法交织地请求分配内存。

（4）NUMA 的 CPU 分配策略有 cpunodebind、physcpubind。

① Cpunodebind：规定进程运行在某几个 node 之上，

② Physcpubind：可以更加精细地规定运行在哪些核上。

这些也可以通过下节介绍的 numactl 进行配置。

17.3　NUMA 相关工具

NUMA 分为 BIOS 层和 OS 层。

- 在 OS 层 NUMA 关闭时，打开 BIOS 层的 NUMA 会影响性能。
- 在 BIOS 层 NUMA 关闭时，无论 OS 层面的 NUMA 是否打开，都不会影响性能。

1．判断系统在 BIOS 层是否打开的命令：

```
grep -i numa /var/log/dmesg
```

当 NUMA 打开时显示如下：

```
[root@ test guan]# grep -i numa /var/log/dmesg
[    0.000000] NUMA: Initialized distance table, cnt=2
[    0.000000] NUMA: Node 0 [mem 0x00000000-0xbfffffff] + [mem
0x100000000-0x63fffffff] -> [mem 0x00000000-0x63fffffff]
[    0.000000] Enabling automatic NUMA balancing. Configure with
numa_balancing= or the kernel.numa_balancing sysctl
[    1.126182] pci_bus 0000:00: on NUMA node 0
[    1.134361] pci_bus 0000:80: on NUMA node 1
```

当 NUMA 关闭时显示如下：

```
[root@probe guan]# grep -i numa /var/log/dmesg
No NUMA configuration found
```

2．判断 NUMA 是否在 OS 层打开

只需要使用上述提及的命令 lscpu 即可，看系统中存在几个 NUMA node，当只有一个 node 的时候，表明 NUMA 在 OS 层关闭，反之 NUMA 在 OS 层是打开的。

numactl 是一款查看系统 NUMA 的工具，如果系统中没有安装，可通过下面的方式安装：

```
#yum install numactl -y
```

（1）查看系统 NUMA 相关情况：

```
[root@localhost guan]# numactl --hardware
```

```
available: 2 nodes (0-1)
node 0 cpus: 0 1 2 3 4 5 12 13 14 15 16 17
node 0 size: 32654 MB
node 0 free: 2462 MB
node 1 cpus: 6 7 8 9 10 11 18 19 20 21 22 23
node 1 size: 32768 MB
node 1 free: 21790 MB
node distances:
node   0   1
  0:  10  21
  1:  21  10
```

如上显示系统分为 2 个 NUMA node，每组 node 中包含 CPU 和内存，以及访问距离等，node0 上目前剩余内存 2.46GB，node1 上剩余内存 21.8GB，严重不平衡，当申请大于 2.46GB，必然会需要 SWAP，这就是由于程序设计不当导致的。

（2）查看系统 NUMA 命中情况：

```
[root@localhost guan]# numastat
                     node0              node1
numa_hit          23669010          158328551
numa_miss         38216042             494867
numa_foreign        494867           38216042
interleave_hit       35168              34632
local_node        23650748          153033274
other_node        38234304            5790144
```

如上所示，node0 上 NUMA 存在大量 miss，所以会导致运行在 node0 上的 CPU 程序性能下降（即程序设计有问题），相反 node1 上 NUMA 命中概率较高，所以可说明运行在 node1 上的 CPU 程序设计较好。

综上所述，得出的结论就是，根据具体业务决定 NUMA 的使用。

- 如果程序会占用大规模内存，大多选择关闭 NUMA node 的限制（或从硬件关闭 NUMA）。因为这个时候程序很有可能会碰到 NUMA 陷阱。
- 如果程序并不占用大内存，而是要求更快的程序运行时间。大多选择限制只访问本 NUMA node 的方法进行处理。

（3）查看程序 NUMA 命中情况（需要先得知自己程序进程的 PID）：

```
[root@localhost guan]# numastat -p 3514
Per-node process memory usage (in MBs) for PID 3514 (x86_dpi)
                  Node 0         Node 1          Total
Huge           28490.00       17564.00       46054.00
Heap               0.32           0.02           0.34
Stack              0.26           0.16           0.41
Private          143.18          24.47         167.65
Total          28633.76       17588.64       46222.40
```

更多 NUMA 命令行可参考 numactl -h 以及 numastat –h。

17.4 NUMA 读写实测

此节使用的是 Linux 6.32 系统，64GB 内存，双 NUMA 作为测试环境。并且使用上节介绍的 NUMA 相关测试工具。

1. 当执行程序的 CPU 和 MEM 在同一个 NUMA Node

写内存速率：

```
[root@localhost /]# numactl --cpubind=0 --membind=0 dd if=/dev/zero of=/dev/shm/local bs=20M count=1024
1024+0 records in
1024+0 records out
21474836480 bytes (21 GB) copied, 9.54226 s, 2.3 GB/s
```

读内存速率：

```
[root@localhost /]# numactl --cpubind=0 --membind=0 dd of=/dev/null if=/dev/shm/local bs=20M count=1024
1024+0 records in
1024+0 records out
21474836480 bytes (21 GB) copied, 5.24198 s, 4.1 GB/s
```

2. 当执行程序的 CPU 和 MEM 在不同的 NUMA Node

写内存速率：

```
[root@localhost /]# numactl --cpubind=0 --membind=1 dd if=/dev/zero of=/dev/shm/remote bs=20M count=1024
1024+0 records in
1024+0 records out
21474836480 bytes (21 GB) copied, 17.4885 s, 1.2 GB/s
```

读内存速率：

```
[root@localhost /]# numactl --cpubind=0 --membind=1 dd of=/dev/null if=/dev/shm/remote bs=20M count=1024
1024+0 records in
1024+0 records out
21474836480 bytes (21 GB) copied, 9.27696 s, 2.3 GB/s
```

由上面实际测试得知，当应用程序访问的内存在本 CPU 上写速度是跨 CPU 访问的写速度的 1.92 倍，读速度是 1.78 倍，由此可见，我们的程序如果 NUMA 亲和做的比较好，即让我们运行在 CPU X 上的线程（进程）访问的内存在这个 CPU 所在的 NUMA node 上时，那么我们设计的程序就是高效的，下节将以具体例子来阐述如何设计。

17.5 让程序爱上 NUMA

首先需要确定我们设计程序的框架，充分考虑程序是否可以解耦：即是否可以减少不必要的共享内存，是否可以对每个进（线）程设置 CPU 亲和性，确认每个进程（或线程）是否可以独立拥有自己的资源（一个程序的运行资源通常包括计算资源 CPU 和存储资源 MEM）来运行。

下面以一个简单的 DPI 程序设计为例子，可以简化分成三部分。

（1）输入（收包）。

（2）处理（报文解析、分片重组、建立回话、应用识别）。

（3）输出（应用识别结果）。

当不考虑报文存在外层分装的情况下，我们可以设计系统的运行模型如下：

（1）系统启动多个线程进行 while(1)死循环。

（2）每个线程使用 CPU 亲和性来绑定，即指定某个线程运行在某个 CPU 上，不接受内核对于本线程切换到其他 CPU 上运行的调度。

（3）为每个线程申请单独内存，用于收发包缓存、分片缓存、会话缓存、识别结果缓存等。在申请时需要指定其内存位于本 CPU 所在的 NUMA 结点上。

（4）每个线程单独处理上述所属的输入、处理、输出三个部分（需要设置前端网卡 RSS 分流，使得同一回话流分到一个 CPU 上来进行处理）。

上述在系统初始化的时候已经设置了每个 NUMA 结点下挂载的内存，下面提供一个简单的函数，返回 CPU 位于哪个 Socket 上即可。

```
#define MAX_NUMA_NODE 8
#define NUMA_NODE_PATH "/sys/devices/system/node"
unsigned calc_cpu_socket_id(unsigned core_id)
{
    unsigned socket;
    for (socket = 0; socket < MAX_NUMA_NODES; socket++)
    {
        char path[PATH_MAX];
        snprintf(path, sizeof(path), "%s/node%u/cpu%u", NUMA_NODE_PATH,
                socket, lcore_id);
        if (access(path, F_OK) == 0)
            return socket;
    }
    return 0;
}
```

后续程序在申请内存的时候，确保其在本 NUMA node 上取。

第18章

社会更新换代——大页技术

俗语曰：长江后浪推前浪，前浪死在沙滩上。计算机从发明到现在，已经有无数的技术"死在了沙滩上"，同样有无数新技术"崭露头角"。

其中内存大页（HugePage）技术，是近代内存的一项典型新技术，它大大优化了计算机的性能，那么大页是什么？大页有什么好处？大页是如何实现的？怎么配置和使用大页？这就是本章需要讨论的内容。

18.1 大页简介

HugePage 技术是 Linux 系统在内核 2.6 版本中新增加的一个特性，其核心思想为：使用大页内存来取代传统的 4KB 内存页面，使得管理虚拟地址数变少，加快了从虚拟地址到物理地址的映射，并且通过摒除内存页面的换入换出来提高性能。

操作系统对于数据的存取直接从物理内存要比从磁盘读写数据要快得多（在 Cache 章节中介绍过，访问 Cache 的时间远远小于访问内存时间，同样访问内存的时间更远远小于访问磁盘的时间），但是物理内存是有限的，这样就引出了物理内存与虚拟内存的概念。虚拟内存就是为了满足物理内存的不足而提出的策略，它利用磁盘空间虚拟出的一块逻辑内存，这部分磁盘空间在 Linux 下被称为交换空间（Swap Space）。

对于物理内存和虚拟内存的管理，Linux 采用的是分页管理机制（Windows 采用的是分段管理机制），为了保证物理内存能够被充分利用，内核会按照算法（LRU）将不经常使用的内存页面自动交换到虚拟内存中，那些经常访问的页面则长驻物理内存中。一般来说，Linux 默认的页面大小为 4KB（虽然可配置，但是一般很少有修改者），目前大型的应用程序所需要的物理内存都几十上百 GB，这就意味着映射表的条目将会非常多，严重影响了 CPU 的检索效率，因此便诞生了 HugePage 技术，它可以在内存容量大小固定的情况下，减少映射表的条目数，对于系统内存大于 8GB 以上的服务器，推荐使用 HugePage 的内存页面。

因内存管理较复杂，展开可能需要一本书的篇幅，这里不介绍原理性的东西，只介绍使用大页的好处以及如何配置大页。

下面介绍一下使用大页的好处，相信好多同学就会情不自禁地在自己的程序中使用大页。

HugePage 这种页面不受虚拟内存管理影响，不会被替换出内存，而普通的 4KB 页面，如果物理内存不够可能会被虚拟内存管理模块替换到交换区。

同样的内存大小，HugePage 产生的页表项数目远少于 4KB 页面，举一个例子，用户进程需要使用 4MB 大小的内存，如果采用 4KB 页面，需要 1KB 的页表项存放虚拟地址到物理地址的映射关系，而采用 HugePage 2MB 页面只需要产生 2 条页表项，如此可带来两方面提升。

（1）使用 HugePage 的内存产生的页表比较少，这对于数据库系统等总是需要映射非常大的数据到进程的应用来说，页表的开销是很可观的，因此大多数的数据库系统都会采用 HugePage 技术。

（2）tlb 冲突率大大减少，tlb 驻留在 CPU 的 1 级 Cache 里，是芯片访问最快的缓存，一般只能容纳 100 多条页表项，如果采用 HugePage，则可以极大减少 tlb miss 导致的开销：tlb 命中，立即就获取到物理地址，如果不命中，需要查 rc3 →进程页目录表 pgd→进程页中间表 pmd→进程页框→物理内存，如果这中间 pmd 或者页框被虚拟内存系统替换到交互区，则还需要交互区 load 回内存。总之，tlb miss 是性能大杀手，而采用 HugePage 可以有效降低 tlb miss。

但同样有一些需要注意的地方：

（1）因 HugePage 使用的是共享内存，在操作系统启动时被动态分配并被保留，因此它们不可置换，这同时决定了这部分大页内存不可被一些进程使用，所以要合理设置大页内存值（下节将会介绍），避免内存使用上的浪费。

（2）使用大页内存时，应该同时考虑 NUMA 的影响，两个 NUMA 结点上设置的大页内存大小可不同，但是都不能超过本 NUMA 结点上实际内存的大小。

（3）使用大页内存时应注意，映射出的页面项不可被误删除。

18.2　Linux 如何配置大页

现在的应用中，大页一般会被设置成 2MB 页面或者 1GB 页面。在 DPDK 2.2 版本以后已经全面支持 1GB 页面。

1．程序配置传统的 2MB 大页

对于 Linux 系统，有的版本会直接默认将大页绑定在/dev/hugepages/目录下，只需要查看是否有这个目录即可。

这里我们采用通用的方式，自己指定大页目录，绑定命令如下：

```
mkdir /mnt/huge------------------------------------创建大页存放目录
mount -t hugetlbfs nodev /mnt/huge-----------------进行绑定
echo  4096  >  /sys/devices/system/node/node0/hugepages/hugepages-
2048kB/nr_hugepages
echo  4096  >  /sys/devices/system/node/node1/hugepages/hugepages-
2048kB/nr_hugepages
```

对于 2 个 NUMA 结点，每个下面配置 4096 个大页（相当于每个 NUMA 上划分走了 8GB 内存），同样也可以通过如下代码实现：

```
echo  8192  >  /sys/devices/system/node/node1/hugepages/hugepages-
2048kB/nr_hugepages
```

但是笔者不建议这样配置，因为只指定总量，而不能得出每个 NUMA 上的大页结点数量，有时候需要两个 NUMA 结点上数量不等，这种方法就无用了。

配置之后可通过如下代码查看：

```
[root@probe ~]# cat /proc/meminfo
MemTotal:        65870792 kB-----------------系统 64GB 内存
MemFree:         47474792 kB-----------------大页划走了 16GB，这里是剩余
......
HugePages_Total:     8192--------------------大页的数量是 8192 个
HugePages_Free:      8192
HugePages_Rsvd:         0
HugePages_Surp:         0
Hugepagesize:        2048 kB
DirectMap4k:         6144 kB
DirectMap2M:      2058240 kB
DirectMap1G:     65011712 kB
```

2．程序配置 1GB 的大页

因为系统默认的大页大小为 2MB，这里需要修改后重启，目前主流的 Linux 操作系统为 Linux 6.3 以及 7.2，我们分别以此两种为例说明修改方式。

下面是 Linux 6.3 的修改方式。

（1）第一种修改方式。

① 修改文件 fstab：

```
[root@probe guan]# vi /etc/fstab
```

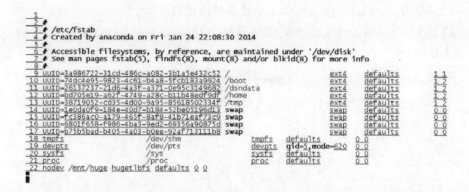

最后一行改成：

```
nodev /mnt/huge_1GB hugetlbfs pagesize=1GB 0 0
```

② 重启系统。

③ 重启后进行如下设置：

```
echo   30   >   /sys/devices/system/node/node0/hugepages/   hugepages-
1048576kB/nr_hugepages
echo   30   >   /sys/devices/system/node/node1/hugepages/   hugepages-
1048576kB/nr_hugepages
mkdir /mnt/huge_1GB
mount -t hugetlbfs nodev /mnt/huge_1GB
```

（2）第二种修改方式，在修改重启之后不需要再配置。

```
[root@probel_guan]# vi /etc/grub.conf
1 #
2 # grub.conf generated by anaconda
3 #
4 # Note that you do not have to rerun grub after making changes to this file
5 # NOTICE:  You have a /boot partition. This means that
6 #          all kernel and initrd paths are relative to /boot/, eg.
7 #          root (hd0,0)
8 #          kernel /vmlinuz-version ro root=/dev/sda3
9 #          initrd /initrd-[generic-]version.img
10 #boot=/dev/sda
11 default=0
12 timeout=0
13 splashimage=(hd0,0)/grub/splash.xpm.gz
14 hiddenmenu
15 title Red Hat Enterprise Linux (2.6.32-279.el6.x86_64)
16       root (hd0,0)
17       kernel /boot.gz logging=vga,serial,memory
         module /vmlinuz-2.6.32-279.el6.x86_64 ro root=UUID=3a986722-31cd-486c-a082-3b1a5e432c52 intel_iommu=on rd_NO_LUKS rd_NO_LVM LANG=en_US.UTF-8 rd_N
         O_MD SYSFONT=latarcyrheb-sun16 crashkernel=auto  KEYBOARDTYPE=pc KEYTABLE=us rd_NO_DM rhgb quiet
18       module /initramfs-2.6.32-279.el6.x86_64.img
```

在第 17 行的最后加入：

```
transparent_hugepage=never default_hugepagesz=1G hugepagesz=1G hugepages
=60
```

重启就可以了。大页启动后默认分好 60GB 了。

下面介绍 Linux 7.2 及以上版本的修改方式。

（1）创建大页内存挂接点：

```
mkdir /mnt/huge_1GB
mount -t hugetlbfs nodev /mnt/huge_1GB
```

（2）在/etc/fstab 文件中加入如下命令，使其重启后有效：

```
nodev /mnt/huge_1GB hugetlbfs pagesize=1GB 0 0
```

（3）修改/etc/grub2.cfg 文件中启动菜单的内核参数：

查找关键字 menuentry 启动项，定位到 linux16/vmlinuz-3.10.0-327.el7.x86_64，在其末尾添加：

```
default_hugepagesz=1G hugepagesz=1G hugepages=16
```

（4）重启机器。配置好 1GB 的大页后，也可以使用上述介绍的命令进行查看：

```
[root@ guan ~]# cat /proc/meminfo
MemTotal:       65870792 kB
MemFree:        47474792 kB
……
AnonHugePages:    364544 kB
HugePages_Total:        16-------------- 我们配置了 16 个大小为 1GB 的大页
HugePages_Free:        16
HugePages_Rsvd:         0
HugePages_Surp:         0
…
```

当按照上述步骤分配好之后，可以通过如下命令进行查看每个 NUMA 上的大页个数：

```
[root@localhost ~]# numastat -m |grep Huge
AnonHugePages          24.00           70.00           94.00
HugePages_Total     16384.00        16384.00        32768.00
HugePages_Free      16384.00        16384.00        32768.00
HugePages_Surp          0.00            0.00            0.00
```

当启动完一个使用大页程序的进程（该进程中指定使用全部系统分配的大页），显示结果如下：

```
[root@localhost ~]# numastat -m |grep Huge
AnonHugePages          24.00           70.00           94.00
HugePages_Total     16384.00        16384.00        32768.00
HugePages_Free      16384.00        16384.00        32768.00
HugePages_Surp          0.00            0.00            0.00
```

18.3 简述 Hugetlbfs 实现

前面介绍了大页的配置以及使用，相信很多同学都会觉得大页很神秘，本节简单介绍一下大页在内核中是如何实现的（以内核版本 3.10.104 为例），给大家提供一种思路供参考。

这里主要涉及三个文件：mm/hugetlb.c、include/linux/hugetlb.h 以及 /fs/hugetlbfs/inode.c，主要介绍三方面功能。

- hugetlbfs 文件系统的初始化过程。
- hugetlbfs 伪文件系统中创建文件的内核流程。

● hugetlbfs 文件映射到用户地址空间的内核过程。

1．hugetlbfs 文件系统的初始化

它是通过函数 hugetlb_init()完成的。该函数在系统初始化的时候作为一个模块组件来初始化，用于 hugetlbfs 的大页是在这一初始化过程中分配的，并且在系统生存周期内是不会被回收的。大致流程如下：

（1）根据配置读取大页大小，否则取默认值 2MB。

（2）在 NUMA 机器上，每一个 NUMA 结点都有一个标示空闲的链表：hugepage_freelist，首先初始化这些链表头结构。

（3）调用函数 hugetlb_init_hstates()来为每个 NUMA 结点中预分配大页（实际分配函数为 alloc_fresh_huge_page），其中 max_huge_pages 记录了系统支持的最大的大页数量。分配函数是 alloc_fresh_huge_page 调用函数 alloc_fresh_huge_page_node()，且使用__*GFP_COMP* 标志。使得连续的 512 个 4KB 页面作为一个混合的大页，它们一起被分配给 hugetlbfs。成功后调用函数 prep_new_huge_page，该函数主要实现两个功能，第一个功能是通过函数 set_compound_page_dtor 将 page 结构中的第 2 个 Page（即 page[1]）的 lru 的 next 指针挂载页面释放函数 free_hueg_page，第二个功能是调用函数 put_page 将大页放到相应的空闲链表中，由于这个页面被设置了 PageCompound 标志，所以会调用上述页面释放函数 free_hueg_page，将页面放到大页所在的 NUMA 结点的 hugepage_freelist 链表中去。最后更新系统中大页的统计信息 max_huge_pages（系统中最大的大页数目）、free_huge_pages（系统中空闲的大页数目）以及 nr_huge_pages（系统中实际的大页数目）。

2．hugetlbfs 伪文件系统中创建文件

用户在用户态进程调用了 open()函数在/mnt/huge/中创建了一个文件，相对应的在内核中由 sys_open()函数调用 hugetlbfs_create()，为此文件创建了内存索引结点 inode 结构，并进行初始化。

值得说明的是，hugetlbfs 是伪文件系统，在磁盘中是没有相对应副本的，因此这个文件系统中创建文件也仅仅是分配虚拟文件系统 VFS 层的 inode 等结构，它是不会分配物理内存页面的，在访问时通过缺页中断进入内核，然后分配大页，再建立虚实映射。

3．hugetlbfs 文件映射到用户地址空间

在创建 hugetlbfs 文件之后，就需要将其映射到用户空间供用户态进程访问，这里是通过系统调用 mmap()实现的，相应的内核控件是通过 sys_mmap()调用 hugetlbfs_file_mmap()函数实现的。

hugetlbfs_file_mmap()函数对虚拟区域（vma）设置 VM_HUGETLB 和 VM_DONTEXPAND 标识，以区别于 4KB 映射的虚拟区域，使得在进程运行中，该进程映射的虚拟区域不会被回收，值得注意的是，虚拟地址并没有映射到真正

的物理地址空间，实际的映射是在用户程序访问此内存引起缺页终端的时候。

通过上述描述，大家应该能初步了解 hugetlbfs 技术的实现，下面简单描述一下 4KB 页和大页的虚实映射。

对于正常的 4KB 页面，Linux 系统采用 4 级页表管理机制，如图 18.1 所示。

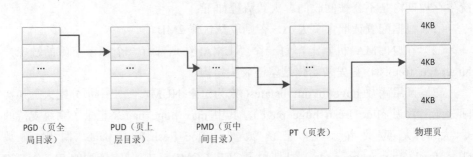

图 18.1　四级页表管理

页全局目录包含若干页上层目录的地址，页上层目录又依次包含若干页中间目录的地址，页中间目录又包含若干页表的地址。每一个页表项指向一个实际物理页面。因此线性地址通被分为五部分，每一部分大小和具体的计算机硬件体系有关，物理页 4KB，当页表项为 64 位（即 8Bytes）时，每个作为物理页的页面可以存放 512 个表项。

当使用大页页面映射的时候，Linux 系统则为 3 级页表管理机制，如图 18.2 所示。

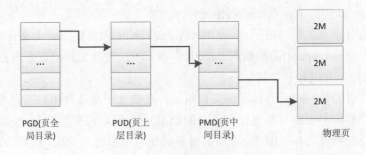

图 18.2　大页 3 级页表管理

按照上述描述，当进程访问到尚未建立虚实映射的内存区时，就会产生缺页中断，缺页中断的通用处理过程如图 18.3 所示（是否大页的处理流程在中间会有标注）。

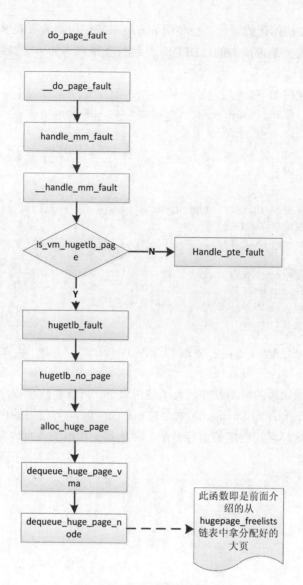

图 18.3 缺页中断的通用处理

18.4 程序如何使用大页

这里我们依然以 DPDK 的程序设计为例，按照上述步骤我们已经分配好大页，接下来就是使用的问题。和 Linux 内核一样，这里使用的是 hugetlbfs 特殊文件系统，基本需要两步。

（1）需要将大页 mount 到某个固定目录下，例如系统默认的/dev/hugepages/路径下。

（2）DPDK 初始化的时候，会使用 mmap 系统调用把大页映射到用户态的虚拟地址空间（大页是内核态的，DPDK 是运行在用户态的），然后用户就可以正常使用接口。

一段示例代码如下：

```
fd = open("/mnt/huge/test", O_CREAT | O_RDWR);
 if(fd < 0)
{
        perror("Err: ");
        return -1;
 }
    addr = mmap(0, MAP_LENGTH, PROT_READ | PROT_WRITE, MAP_SHARED, fd,
0); /*映射到当前进程的地址空间中*/
    if(addr == MAP_FAILED)
{
        perror("Err: ");
        close(fd);
        unlink("/mnt/huge/test");
        return -1;
    }
/*下面可以通过虚拟地址 addr 来访问大页内存空间*/
```

另外，对于通用的应用程序，为了使用大页，可以将应用程序编译连接时指定连接库 libhugetlb。库 libhugetlb 中会对 malloc()/free()等常用的内存相关的库函数进行重载，这样应用程序的内存分配、释放都是使用的大页内存。

第 19 章

自我修炼——多线程技术

库帕法伯格有一句名言:"打破成规,新世界才能出现。"

这同样适用于计算机世界,随着当前数据量的快速增长,以及处理速度的需求,计算机系统已经从单核单线程的初始阶段,转化为目前的多核多线程的高速阶段,所以开发者也需要打破原来固有的思维,积极拥抱多线程技术,鉴于此,本章将着重讨论多线程和多进程的区别和联系、线程编程的注意事项以及模式、多线程调试手段等。

19.1 进程与线程的区别

- 进程:是计算机中的程序关于某数据集合上的一次运行活动,是系统进行资源分配和调度的基本单位,是操作系统结构的基础。通俗地讲,就是一段程序执行的过程。
- 线程:有时被称为轻量级进程(Light Weight Process,LWP),是程序执行流的最小单元。通俗地讲,线程可以看成是进程的一个实体。

对于进程的状态,基本状态转换为三态模型,如图 19.1 所示。

- 运行态:进程正在 CPU 上运行。
- 就绪态:进程已分配到除 CPU 以外的所有必要资源后,只要再获得 CPU,便可立即执行。
- 阻塞态:正在执行的进程由于发生某事件而暂时无法继续执行时,便放弃处理器而处于暂停状态。

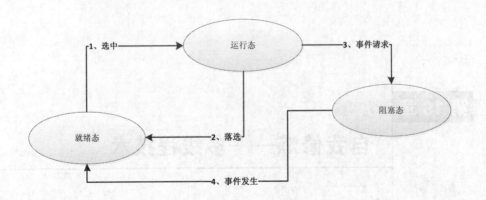

图 19.1　进程三态迁移图

状态转换间的描述：

- 选中：获得处理器资源，也就是 CPU 时间片。
- 落选：当前时间片用完后已经释放，并且有更高优先级进程准备就绪。
- 事件请求：正在运行的进程请求某一事件时（例如 I/O 资源），或请求操作系统提供的服务时（例如 sleep）。
- 事件发生：当进程等待的事件到来时，例如 I/O 操作结束或中断结束时。

有些操作系统，增加了进行状态，例如 5 态描述（R、S、D、T、Z），也都是在此基础上扩展了状态。

- 可运行态（R）：上述的运行态+就绪态，Linux 使用 TASK_RUNNING 宏表示。
- 可中断睡眠态（S）：上述的阻塞态，可通过硬件中断、信号，以及释放其等待的系统资源将其唤醒，进入运行队列。Linux 使用 TASK_INTERRUPTIBLE 宏表示。
- 不可中断睡眠态（D）：上述的阻塞态，它不响应信号的唤醒，只能通过特定时间的发生来唤醒。Linux 使用 TASK_UNINTERRUPTIBLE 表示此状态。
- 暂停态（T）：进程暂停执行并接受某种处理。例如正在进行 GDB 调试的进程处于此状态，Linux 使用 TASK_STOPPED 表示此状态。
- 僵死态（Z）：进程已经结束但未释放 PCB，Linux 使用 TASK_ZOMBIE 表示此状态。

状态迁移如图 19.2 所示。

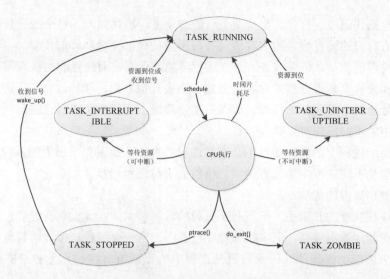

图 19.2　进程 5 态迁移图

　　线程的状态迁移图和进程类似，一般主流来说，都将线程分为 6 个状态，状态迁移如图 19.3 所示。

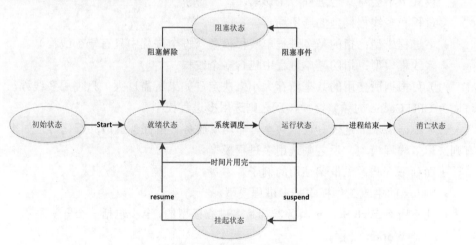

图 19.3　线程六态迁移图

　　这里的阻塞状态大体包括 sleep、I/O、等待同步锁、等待通知等。

　　挂起状态其实也是一种特殊的阻塞状态，是线程主动调用 suspend 来释放 CPU 运行权。

　　上述描述已经大体说清了进程和线程的各自定义、状态描述，以及状态迁移的触发，下面讨论进程和线程的关系及区别。

- 一个线程只能属于一个进程，但是一个进程可以有多个线程。
- 资源的分配实体为进程，同一进程内的所有线程共享该进程的资源（主要包括代码段、常量、全局变量、静态变量、堆存储）。每个线程只独立拥有自己的运行栈，用来存放运行时所需的局部变量和临时变量。

- 进程的切换，需要涉及上下文运行环境的保存，而线程的切换只需要保存和设置少量寄存器的内容，因此在切换开销方面，线程远远小于进程。
- 处理器分配实体的线程，即真正在处理器上运行的是线程，因此同一进程中的不同线程可以并发执行。
- 同一进程中的线程切换不会引起进程切换，从而避免了昂贵的系统调用，但是不同进程中的线程切换，依然会引起进程切换。

进程和线程的优缺点：

- 线程执行的开销小，但不利于资源的管理和保护，线程切换时，仅需少量资源，效率较高，但多线程程序较脆弱，当一个线程挂掉，则其所在的整个进程全部挂掉（因线程只是进程中的不同执行路径，无独立的地址空间）。
- 进程执行的开销大，但对系统资源的管理和保护做的较好。进程切换时，耗费资源大，效率差一些，但多进程程序较强壮，一个进程挂掉，在保护模式下不会对其他进程产生影响。

多进程和多线程模型的选用场景。

- 多进程模型：指的是多进程单线程模型（每个进程中只有一个线程）。
- 多线程模型：指的是单进程中包含多个线程。

（1）可根据所使用的共享内存大小来决定，如果所需过大，只使用多线程，可避免 CPU Cache 的频繁交换，反之则选用多进程模型。

（2）根据需求，是否有数据共享、非均质服务、单任务拆散并行化等，如果有则选用多线程模型，反之则选用多进程模型。

下面列举一些常见框架使用的例子。

- Nginx 的主流工作模式是多进程模型。
- 几乎所有 Web Server 服务器都是多进程模型的，至少包括一个守护进程和一个 Worker 进程。
- Linux 系统的 init.d 就是 0 号总进程，其余的进程都是其子进程。
- Chrome 浏览器是多进程模型。
- Redis 是多进程模型。
- 一般桌面软件是多线程模型（一个线程相应用户输出，其他线程进行后台处理）。
- Memcached 是多线程模型。
- 一般并行计算使用多线程模型。
- DPDK 是多线程模型。

多进程模型在其他书籍中有较多描述，下面章节我们重点论述多线程的编程。

19.2　多线程编程

多线程编程内容较多，如果详细描述可以单列成一本书，这里只以一个实际例子来说明，权当抛砖引玉，感兴趣的读者可查阅资料进一步了解。

19.2.1　线程的创建和结束

线程创建的接口为 pthread_create（创建进程的接口为 fork），详细描述如下：

```
int  pthread_create(pthread_t  *thread,  pthread_addr_t  *arr,void*
(*start_routine)(void *), void *arg);
```

- 成功返回 0，错误返回编号。
- thread：用于返回创建的线程 ID。
- arr：用于指定被创建的线程属性，使用 NULL，表示使用默认的属性。
- start_routine：这是一个函数指针，指向线程被创建后要调用的函数。
- arg：用于给线程传递参数，在本例中没有传递参数，所以使用 NULL。

值得注意的是，当我们创建多个线程的时候，并不能保证哪一个线程先运行，并行线程可以访问其所在进程的地址空间。

线程退出一般有 3 种方式：

- 主动调用 pthread_exit()函数。
- 被同一进程中的其他线程取消。
- 线程正常结束，返回值是线程的退出码。

下面以一个实际例子进行说明：

```c
#include <stdio.h>
#include <pthread.h>
struct test
{
    int a,b,c,d;
};
void printftest(const char *s,const struct test *fp)
{
    printf("%s:struct at 0x%p\n",s,fp);
    printf("%s:test.a = %d\n",s,fp->a);
    printf("%s:test.b = %d\n",s,fp->b);
    printf("%s:test.c = %d\n",s,fp->c);
    printf("%s:test.d = %d\n",s,fp->d);
}
void *thread1(void *arg)
{
    struct test test1 = {1,2,3,4};
    printftest("thread1",&test1);
```

```
      pthread_exit(NULL);
   }

   int main(void)
   {
      int err;
      pthread_t tid1;
      struct test testmain = {9,8,7,6};
      err = pthread_create(&tid1,NULL,thread1,NULL);
      if(err != 0)
         printf("can not create thread 1 :%d",strerror(err));
        /*需要添加代码的地方*/
      printftest("main",&testmain);
      return 0;
   }
```

上面为一段简单代码，在 main 函数中创建一个线程，线程和原本的主线程都执行简单的打印操作，编译如下：

```
gcc -lpthread -o thread main.c
```

执行看结果，每次执行结果都有可能不一致。摘取两次结果如下：

```
[root@ test thread1]# ./thread
main:struct at 0x0x7ffe9bc427e0
main:test.a = 9
thread1:struct at 0x0x7fe1bdf47f00
thread1:test.a = 1
thread1:test.b = 2
thread1:test.c = 3
thread1:test.d = 4
main:test.b = 8
main:test.c = 7
main:test.d = 6

[root@ test thread1]# ./thread
main:struct at 0x0x7fffb232dc90
main:test.a = 9
main:test.b = 8
main:test.c = 7
main:test.d = 6
```

因为当我们创建了线程之后，主线程会继续向下运行，当主线程运行结束的时候，就会导致创建的线程也会结束（甚至在第二次运行的时候可看到创建的线程都没有机会运行，main 主线程就结束了）。

我们可以通过控制运行序列来解决这个问题，例如在上述加重的地方（/*需要添加代码的地方*/）写上一个 sleep(5)语句，控制主线程休眠 5 秒。重新编译后运行，此时运行结果稳定，如下：

```
[root@ test thread1]# gcc -lpthread -o thread main.c
[root@ test thread1]# ./thread
thread1:struct at 0x0x7fdaf5f49f00
thread1:test.a = 1
thread1:test.b = 2
thread1:test.c = 3
thread1:test.d = 4
main:struct at 0x0x7ffd12a0bfe0
main:test.a = 9
main:test.b = 8
main:test.c = 7
main:test.d = 6
```

但是此时 sleep 会影响线程调度切换，从而影响系统的性能，并且有时候不好评估线程的运行时长，所以需要一种线程的同步机制，请看下节介绍。

19.2.2　线程同步

线程同步可使用 pthread_join()函数，其作用是主线程会一直等待，等待其创建的线程结束，自己才会结束，这样可以使得创建的线程全部有机会执行。

此函数的原型如下：

```
int pthread_join(pthread_t thread,void **rval_ptr);
```

- 成功返回 0，错误返回编号。
- thread：用于返回创建的线程 ID。
- 用户定义的指针，用来存储被等待线程的返回值。

其实也可以这样理解：主线程等待子线程结束，也就是在子线程调用了 pthread_join()函数后面的代码，只有等到子线程结束后才能执行。示例代码如下：

```
#include <stdio.h>
#include <pthread.h>
struct test
{
    int a,b,c,d;
};
void printftest(const char *s,const struct test *fp)
{
    printf("%s:struct at 0x%p\n",s,fp);
    printf("%s:test.a = %d\n",s,fp->a);
    printf("%s:test.b = %d\n",s,fp->b);
    printf("%s:test.c = %d\n",s,fp->c);
    printf("%s:test.d = %d\n",s,fp->d);
}
void *thread1(void *arg)
{
    struct test test1 = {1,2,3,4};
```

```
    printftest("thread1",&test1);
    pthread_exit(NULL);
}
int main(void)
{
    int err;
    pthread_t tid1;
    struct test testmain = {9,8,7,6};
    err = pthread_create(&tid1,NULL,thread1,NULL);
    if(err != 0)
        printf("can not create thread 1 :%d",strerror(err));
    err = pthread_join(tid1,NULL);
    if(err != 0)
        printf("can not join thread  :%d",strerror(err));
    printftest("main",&testmain);
    return 0;
}
```

编译运行结果:

```
[root@ test thread1]# gcc -lpthread -o thread main.c
[root@ test thread1]# ./thread
thread1:struct at 0x0x7f487a1b0f00
thread1:test.a = 1
thread1:test.b = 2
thread1:test.c = 3
thread1:test.d = 4
main:struct at 0x0x7fffcde4cb30
main:test.a = 9
main:test.b = 8
main:test.c = 7
main:test.d = 6
```

细心的读者可能注意到上述代码打印了结构体的地址,这有什么用呢?可以通过参数来传递运行时的地址,示例代码如下:

```
#include <stdio.h>
#include <pthread.h>
struct test
{
    int a,b,c,d;
};
void printftest(const char *s,const struct test *fp)
{
    printf("%s:struct at 0x%p\n",s,fp);
    printf("%s:test.a = %d\n",s,fp->a);
    printf("%s:test.b = %d\n",s,fp->b);
    printf("%s:test.c = %d\n",s,fp->c);
    printf("%s:test.d = %d\n",s,fp->d);
```

```
}
void *thread1(void *arg)
{
    struct test test1 = {1,2,3,4};
    printftest("thread1",&test1);
    pthread_exit((void*)&test1);
}
int main(void)
{
    int err;
    pthread_t tid1;
    struct test *fp;
    err = pthread_create(&tid1,NULL,thread1,NULL);
    if(err != 0)
        printf("can not create thread 1 :%d",strerror(err));
    err = pthread_join(tid1,(void**)&fp);
    if(err != 0)
        printf("can not join thread  :%d",strerror(err));
    printftest("main",fp);
    return 0;
}
```

编译运行结果：

```
[root@ test thread1]# gcc -lpthread -o thread main.c
[root@ test thread1]# ./thread
thread1:struct at 0x0x7fd66c23ef00
thread1:test.a = 1
thread1:test.b = 2
thread1:test.c = 3
thread1:test.d = 4
main:struct at 0x0x7fd66c23ef00
main:test.a = 0
main:test.b = 0
main:test.c = 1822676984
main:test.d = 32726
```

上述两个结构体地址是一样的，但是里面的值不一样，原理：pthread_exit 函数使一个线程退出，但是如果此时创建该线程的进程还有事情没有完成，就可以通过参数保存线程退出以后的返回值，但是这个例子中是通过线程在自己的栈中分配一个结构体，线程运行完毕后，pthread_join 函数的线程试图再使用该结构体时，这个栈有可能已经被撤销，内存已作它用，所以上述值可能为随机值。

我们将分配的空间变成全局变量，再看效果，代码如下：

```
#include <stdio.h>
#include <pthread.h>
struct test
{
```

```
    int a,b,c,d;
};
struct test test1 = {1,2,3,4};
void printftest(const char *s,const struct test *fp)
{
    printf("%s:struct at 0x%p\n",s,fp);
    printf("%s:test.a = %d\n",s,fp->a);
    printf("%s:test.b = %d\n",s,fp->b);
    printf("%s:test.c = %d\n",s,fp->c);
    printf("%s:test.d = %d\n",s,fp->d);
}
void *thread1(void *arg)
{
    printftest("thread1",&test1);
    pthread_exit((void*)&test1);
}
int main(void)
{
    int err;
    pthread_t tid1;
    struct test *fp;
    err = pthread_create(&tid1,NULL,thread1,NULL);
    if(err != 0)
        printf("can not create thread 1 :%d",strerror(err));
    err = pthread_join(tid1,(void**)&fp);
    if(err != 0)
        printf("can not join thread :%d",strerror(err));
    printftest("main",fp);
    return 0;
}
```

编译运行结果：

```
[root@ test thread1]# gcc -lpthread -o thread main.c
[root@ test thread1]# ./thread
thread1:struct at 0x0x601060
thread1:test.a = 1
thread1:test.b = 2
thread1:test.c = 3
thread1:test.d = 4
main:struct at 0x0x601060
main:test.a = 1
main:test.b = 2
main:test.c = 3
main:test.d = 4
```

可以注意到，在 main 中打印的就是我们定义的全局变量的值，其地址空间就是通过 pthread_exit 在子线程中带出来的，pthread_join 函数绑定的，此时为全局变量，存放在.data 段，所以线程退出后，因为还在同一个进程中，不会覆盖此地址的值。

　　按照上述描述，调用 pthread_join 接口后，如果该进程没有运行结束，调用者会被阻塞，但在有些场景下我们不希望如此，例如我们在收包主线程中创建一个子线程来实现命令行的展示，主线程则肯定不希望调用 pthread_join 进行阻塞（因为如果阻塞，则系统不能实时收包），这时可采用另外一个接口 pthread_detach()，此接口可由子进程自行调用，例如：

```
void * pthead_cmdline(void *arg)
{
    (void)arg;
    pthread_detach(pthread_self());
    cmd_main();
    pthread_exit(NULL);
    return NULL;
}
```

或者由父进程调用：

```
pthread_detach(thread_id);
```

　　如此设置后，线程运行结束后，会自动释放所有资源。

19.2.3　线程互斥

　　一般在 Linux 环境下开发，线程互斥使用互斥量（Mutex）比较多，这里重点介绍这种互斥的编程方法。

　　Mutex 本质上是一把锁，提供对临界区资源的独占访问，Mutex 对象只有 0 和 1 两个值，这两个值代表状态，如图 19.4 所示。

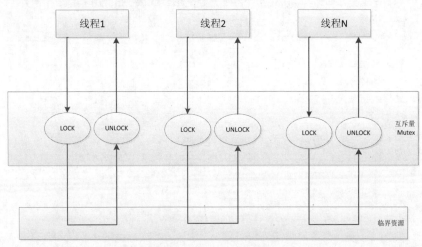

图 19.4　Mutex 的两种状态

- 值为 0：锁定状态，即当前对象被锁定，用户线程此时试图访问该对象则会排队等待。当前使用该对象的线程释放此对象时，状态值变为 1。
- 值为 1：空闲状态，用户线程此时可以访问该对象，当用户线程访问该对象，则会把状态值置为 0。

使用 Mutex 可以抽象出 4 个操作。

（1）创建：int pthread_mutex_init(pthread_mutex_t *restrict mutex, const pthread_mutexattr_t *restrict attr);

（2）加锁：int pthread_mutex_lock(pthread_mutex_t *mutex)；

（3）解锁：int pthread_mutex_unlock(pthread_mutex_t *mutex)；

（4）销毁：pthread_mutex_destroy;

创建的时候使用了 restrict 关键字，此关键字只用于限定指针，用于告知编译器，所有修改该指针所指向内容的操作全部都是基于该指针的，即不存在其他进行修改操作的途径；这样的后果是帮助编译器进行更好的代码优化，生成更有效率的汇编代码（C99 中的解释）。

Mutex 被创建时需要设置初始值，表示是锁定状态或者是空闲状态。

在统一线程中，为了防止死锁，Mutex 被设计成不允许连续两次加锁，系统一般在第二次调用时会空操作立即返回。加锁和解锁需要在同一个线程中完成。

```
void thread_init()
{
    pthread_t ptid;
    pthread_mutex_t test_mutex;
    pthread_mutex_init(&test_mutex, NULL);
    pthread_create(&ptid, NULL, thread_fun1, NULL);
    pthread_t ptid2;
    pthread_create(&ptid2, NULL, thread_fun2, NULL);
}
void * thread_fun1(void *arg)
{
    pthread_mutex_t test_mutex;
    (void)arg;
    pthread_detach(pthread_self());
    while(1)
    {
        sleep(1);/*1 秒老化一次*/
        pthread_mutex_lock(&test_mutex);
        pthread_handle1();/*这里对临界区变量进行了修改*/
        pthread_mutex_unlock(&test_mutex);
    }
    pthread_exit(NULL);
}
void * thread_fun2(void *arg)
{
```

```
pthread_mutex_t test_mutex;
(void)arg;
pthread_detach(pthread_self());
while(1)
{
    sleep(1);/*1 秒老化一次*/
    pthread_mutex_lock(&test_mutex);
    pthread_handle2();/*这里对临界区变量进行了修改*/
    pthread_mutex_unlock(&test_mutex);
}
pthread_exit(NULL);
}
```

上述例子中，两个线程 thread_fun1 和 thread_fun2，修改同一共享临界区变量，所以我们使用了 Mutex 进行互斥。

19.2.4　定义线程独有变量

对于多线程编程的场景，可能我们需要定义一个线程的全局变量，但是不允许其他线程访问这个全局变量，此时就需要定义线程独有的全局变量，一般在很多开源的网络安全多线程 SDK 中有很多实例，例如目前很火的 DPDK。

语法关键字为__thread：表示在多线程编程中使每个线程都有一份独立的实体，各个线程之间互不干扰，其存取的效率和全局变量类似。其可以用于修饰全局变量，函数内的静态变量，但是不可修饰函数的局部变量，以及普通的成员变量。且其初始化的时候只能初始化成编译器常量。

例如，正确定义初始化：

```
__thread int var=1;
```

错误定义初始化：

```
__thread int var=rand(); /*此时会编译报错*/
```

通常和关键字__typeof__(var)一起使用（不是必须的），它是 GCC 对 C 语言的一个扩展保留字，用于声明变量类型，var 可以是数据类型（如 int、char*），也可以是变量表达式。

例如，如下定义：

```
__typeof__(int *) x;            //等价于 int *x
__typeof__(*x)   y;             //等价于 int y;
```

当我们使用 CPU 亲和性（即将每一个线程绑定在一个逻辑核上），我们可以采用组合上述两种关键字的方法来抽象，从而定义和声明每个线程的独有全局变量。

线程变量：

```
#define DEFINE_PER_LCORE(type, name) \
    __thread __typeof__(type) per_lcore_##name/*定义变量*/
```

```
#define DECLARE_PER_LCORE(type, name) \
    extern __thread __typeof__(type) per_lcore_##name /*声明变量*/
#define PER_LCORE(name) (per_lcore_##name) /*变量赋值*/
```

下面我们使用定义核 ID 的功能来举例，代码如下：

```
DEFINE_PER_LCORE(unsigned,lcore_id) = -1 /*初始化定义*/
static void *theadFun()
{
    DPI_PER_LCORE(lcore_id) = thread_config->thread_idx; /*赋值*/
    while(1)
    {
        Pthread_handle();
    }
}
```

在其他文件中使用前，需要先声明（和普通的全局变量一样），声明如下：

```
DECLARE_PER_LCORE(unsigned,lcore_id);
```

19.3　CPU 亲和性

CPU 亲和性（CPU affinity）是一种调度属性，功能是将一个进程（或线程）绑定到一个或一组 CPU 逻辑核上。这是多核 CPU 发展的必然结果，因为随着 CPU 机器上的核越来越多，如何提高外设以及程序工作效率的最直观想法就是让各个 CPU 核各自做专门的事情。

通常程序在多核机器上运行的时候，每个 CPU 逻辑核本身有自己的 Cache（见 16.2 节），缓存着此时进程（线程）运行时所使用的信息，但是随着 CPU 的负载等因素，操作系统会将进程（或线程）调度到其他 CPU 上去执行，此时 CPU Cache 命中率就会降低，但是当人为控制绑定 CPU 后，进程（或线程）就会一直在指定的 CPU 上跑，此进程（或线程）不再接受操作系统的调度，如此增加了 Cache 命中率，会提升系统性能。

亲和性分为软亲和和硬亲和。

* 软亲和：进程（或线程）在指定的 CPU 上尽量长时间运行而不调度到其他 CPU 上运行，Linux 内核调度器天生就具有软亲和的特性，这也意味着进程（或线程）不会频繁在 CPU 上切换，同时进程（或线程）迁移的频率小就意味着产生的负载小。
* 硬亲和：使用内核提供给用户的 API，强制将进程（或线程）绑定到某一个指定的 CPU 逻辑核上运行，不接受任何调度策略。

在 Linux 内核中，所有进程都有一个关键的数据结构：task_struct。

```
#include <stdio.h>
#define __USE_GNU
```

```
#include <sched.h>
#include <pthread.h>
#include <errno.h>
#include <unistd.h>
int cpus = 0;/*系统有多少逻辑核*/
static int set_affinity(const char *thread_name,int cpu_id)
{
    int  i = 0;
    cpu_set_t mask;
    cpu_set_t get;
    if(cpu_id > cpus)
    {
        printf("%s:cpu_id error\n",thread_name);
        return -1;
    }
    CPU_ZERO(&mask);
    CPU_SET(cpu_id, &mask);

    /*设置 CPU 亲和性（affinity）*/
    if (sched_setaffinity(0, sizeof(mask), &mask) == -1)
    {
        printf("%s:Set CPU affinity failue, ERROR:%s\n",thread_name,
strerror(errno));
        return -1;
    }
    sleep(1);
    /*查看当前进程的 CPU 亲和性*/
    CPU_ZERO(&get);
    if (sched_getaffinity(0, sizeof(get), &get) == -1)
    {
        printf("%s:get CPU affinity failue, ERROR:%s\n",thread_name,
strerror(errno));
        return -1;
    }
    /*查看运行在当前进程的 CPU*/
    for(i = 0; i < cpus; i++)
    {
        if (CPU_ISSET(i, &get))
        { /*查看 CPU i 是否在 get 集合中*/
            printf(" %s : running processor: %d\n", thread_name,i);
        }
    }
    return 0;
}
void *thread1(void *arg)
{
    int  err;
```

```
    err = set_affinity("thread1",1);
    while(1);
}
void *thread2(void *arg)
{
    Int  err;
    err = set_affinity("thread2",2);
    while(1);
}
int main(void)
{
    Int  err;
    pthread_t  tid1, tid2;
    cpus = sysconf(_SC_NPROCESSORS_CONF);
    printf("main:cpus: %d\n", cpus);
    err = set_affinity("main",5);
    /*主线程不支持设置名字，名字会自动冠以执行的程序名*/
    //pthread_setname_np(getpid(),"main");
    err = pthread_create(&tid1, NULL, thread1, NULL);
    if (err != 0)
        printf("can't create thread 1: %d\n", strerror(err));
    pthread_setname_np(tid1,"thread1");
    sleep(1);
    err = pthread_create(&tid2, NULL, thread2, NULL);
    if (err != 0)
        printf("can't create thread 2: %d\n", strerror(err));
    pthread_setname_np(tid2,"thread2");
    while(1);
    return 0;
}
```

编译运行结果：

```
[root@ test thread_process]# ./thread
main:cpus: 24
main : running processor: 5
thread1 : running processor: 1
thread2 : running processor: 2
```

我们将主线程绑定在逻辑核 5 上，thread1 绑定在逻辑核 1 上，thread2 绑定在逻辑核 2 上。我们打印出的绑定结果和预想的一样。

可以通过 top 命令查看 CPU 占用率，返回 thread 进程占用了 300%，即占了 3 个逻辑核。也可以通过 gdb 查看。

先查看 thread 进程的 ID：

```
[root@ test ~]# ps aux |grep thread
root     2 0.0 0.0      0    0 ?       S   Feb05  0:00 [kthreadd]
root 81878 222 0.0 22848   552 pts/6  Rl+ 14:49  0:48 ./thread
```

```
   root 81897  0.0  0.0 112652    956 pts/8    S+   14:50    0:00 grep
--color=auto thread
   [root@ test ~]# gdb atta 81878
   Missing    separate    debuginfos,    use:    debuginfo-install
glibc-2.17-105.el7.x86_64
   (gdb) info thread
   Id  Target Id          Frame
   3   Thread 0x7f94a151c700 (LWP 81879) "thread1" 0x0000000000400ae6
in thread1 ()
   2   Thread 0x7f94a0d1b700 (LWP 81880) "thread2" 0x0000000000400b06
in thread2 ()
 * 1   Thread 0x7f94a1d01740 (LWP 81878) "thread" 0x0000000000400bfd
in main ()
```

可看出进程中包含 3 个线程，主线程名为 thread（因为可执行文件就是 thread），thread1 和 thread2 是我们对自己线程的命名。

下面两种模式，都是以 CPU 亲和性为前提，我们使用网络处理模型来进行讨论，使用汽车生产产线来进行比拟。

19.3.1　RTC 模式

全称为 Run to Complement，在这种模型中，每一个逻辑核都被作相同的处理，模型如下：

```
/*1、为每个逻辑核绑定一个线程*/
/*2、每个线程的执行框架如下*/
void *threadX(void *arg)
{
    /* Run To Completion Logical Core(s) */
    for (;;)
    {
        /* 输入（收包）*/
        /* 处理（包处理）*/
        /* 输出（发包）*/
    }
}
```

上述可以看成手工作坊式汽车生产厂，一个 core 相当于一个工人，这个工人需要掌握所有的技能，完成所有的工作，所有工人并行工作，性能可以倍增。即前端使用设定的 RSS 分流规则，每一个 Packet 按照分流规则会分到一个 core 上，这个 core 有全套的处理逻辑，对此 Packet 进行加工处理，得到想要的结果，各个 core 之间是无交互的。

优点：编程模型对软件开发人员来说比较简单，因为一个 core 完成了所有的逻辑处理，所以不用过多的考虑 core\thread 之间的交互，Cache 命中率可得到保障，可以充分利用 NUMA 技术。

缺点：对于某些复杂应用，可能会导致各个 core 之间的负载不均衡。架构扩展较困难，对于新增功能，要重新设计 Core 逻辑，计算复杂的时候可能延迟较大。

适用场景：当网络环境较简单（例如报文不会有多层隧道），我们程序功能较简单（不会做大量的复杂计算），很对性能要求较高，很少进行新扩展的时候，使用这种场景，例如 DDOS 流量清洗系统，防火墙等。

19.3.2　Pipeline 模式

在这种模型中，每一个逻辑核都被作不同的处理，模型如下：

```
/*1、为每个逻辑核绑定一个线程*/
/*2、线程的执行框架大体分为几类，这里以 3 类为例子，代码如下*/
void *threadX1(void *arg)
{
    for (;;)
    {
        /* 输入（收包）*/
        /* 处理（包处理）*/
        /* 输出到 threadX2*/
    }
}
void *threadX2(void *arg)
{
    for (;;)
    {
        /* 输入（取 threadX1 的输出结果）*/
        /* 处理（包处理）*/
        /* 输出到 threadX3*/
    }
}
void *threadX2(void *arg)
{
    for (;;)
    {
        /* 输入（取 threadX2 的输出结果）*/
        /* 处理（包处理）*/
        /* 输出（发包）*/
    }
}
```

上述可以看成流水线汽车生产厂，将所有 core 分成 N 组，组之间以流水线的方式相连，流水线上每个 core 值完成一部分工作，多个 core 配合完成全部工作。即前端使用设定的 RSS 分流规则，每一个 Packet 按照分流规则会分到第一组 core 上，在第一组 core 中作报文解析，然后按照二次分流的规则，将其分到第二组 core 上，在第二组 core 上进行报文过滤深度识别等，然后将其传递到第三组 core 上，在第三组 core 上做处理结果入库或写磁盘等操作。

优点：每个 core 只有一小段代码，在本 core 上执行效率较高，不会因为复杂处理而导致延迟，架构扩展性较好，对于一个新的复杂功能，只需要增加一组流水线即可。

缺点：需要良好设计各个 core 之间的协作机制，需要很多额外资源来作为 core 间通道的传递，当使用免拷贝等技术的时候会导致后续 core 组的 Cache 命中率较低，也可能会导致跨 NUMA 访问。

适用场景：当网络环境较复杂（例如报文有多层隧道或内外层封装等），程序功能较复杂（会做大量的复杂计算），对性能要求较一般，但是对可扩展要求很高的情况下，使用这种场景，例如电信级（一般报文有 GTP 封装）DPI 识别、内容还原等。

19.4　多线程调试

因为前面已经介绍过 GDB 调试，这里只说明 GDB 调试中的多线程调试。

当我们 GDB 一个进程的时候（里面包含多线程），默认进入的为主线程，用 19.3 中的可执行代码来举例。

先 GDB attach 到进程上，然后查看进程有多少个线程：

```
(gdb) info thread
  Id  Target Id         Frame
   3   Thread 0x7f04c93fb700 (LWP 104549) "thread1" 0x0000000000400ae6
in thread1 ()
   2   Thread 0x7f04c8bfa700 (LWP 104550) "thread2" 0x0000000000400b06
in thread2 ()
 * 1   Thread 0x7f04c9be0740 (LWP 104548) "thread" 0x0000000000400bfd
in main ()
```

带*的表示我们正处于线程中（main 为主线程）。

可以使用 thread ID 进行线程切换，例如：

```
(gdb) thread 3
[Switching to thread 3 (Thread 0x7f04c93fb700 (LWP 104549))]
#0  0x0000000000400ae6 in thread1 ()
(gdb) info thread
  Id  Target Id         Frame
 * 3   Thread 0x7f04c93fb700 (LWP 104549) "thread1" 0x0000000000400ae6
in thread1 ()
   2   Thread 0x7f04c8bfa700 (LWP 104550) "thread2" 0x0000000000400b06
in thread2 ()
   1   Thread 0x7f04c9be0740 (LWP 104548) "thread" 0x0000000000400bfd
in main ()
```

这时候我们就切换到线程 3 中。

当使用断点调试的时候,原来的命令是:

```
break thread.c:123 thread all
```

表示在所有的线程中设置了断点。

也可以指定让一个或多个线程执行 GDB 命令,命令如下:

```
thread apply ID1 ID2 command
```

示例如下:

```
(gdb) thread apply 2 3 bt
Thread 2 (Thread 0x7f04c8bfa700 (LWP 104550)):
#0  0x0000000000400b06 in thread2 ()
#1  0x00007f04c97c4dc5 in start_thread () from /lib64/libpthread.so.0
#2  0x00007f04c94f21cd in clone () from /lib64/libc.so.6

Thread 3 (Thread 0x7f04c93fb700 (LWP 104549)):
#0  0x0000000000400ae6 in thread1 ()
#1  0x00007f04c97c4dc5 in start_thread () from /lib64/libpthread.so.0
#2  0x00007f04c94f21cd in clone () from /lib64/libc.so.6
```

thread apply all command 让所有被调试线程执行 GDB 命令 command。示例
代码如下:

```
(gdb) thread apply all bt
Thread 3 (Thread 0x7f04c93fb700 (LWP 104549)):
#0  0x0000000000400ae6 in thread1 ()
#1  0x00007f04c97c4dc5 in start_thread () from /lib64/libpthread.so.0
#2  0x00007f04c94f21cd in clone () from /lib64/libc.so.6

Thread 2 (Thread 0x7f04c8bfa700 (LWP 104550)):
#0  0x0000000000400b06 in thread2 ()
#1  0x00007f04c97c4dc5 in start_thread () from /lib64/libpthread.so.0
#2  0x00007f04c94f21cd in clone () from /lib64/libc.so.6

Thread 1 (Thread 0x7f04c9be0740 (LWP 104548)):
#0  0x0000000000400bfd in main ()
```

使用过多线程调试的人都可以发现:在使用 step 或者 continue 命令调试当前
线程的时候,其他线程也是同时执行的,那么如何能让被调试程序只执行当前线
程呢?通过 set scheduler-locking off|on|step 命令就可以实现。

- off:不锁定任何线程,也就是所有线程都执行,这是默认值。
- on:只有当前被调试程序会执行。
- step:在单步的时候,除了 next 过一个函数的情况以外,只有当前线程会
  执行。

术语表

优先级	运算符	名称或含义	结合方向	说明
1	[]	数组下标	从左到右	一元运算符
	()	圆括号		
2	!	逻辑非	从右向左	一元运算符
	+	正号		
	-	负号		
	~	按位取反		
	++	增 1 运算符		
	--	减 1 运算符		
3	*	乘法运算符	从左到右	二元运算符
	/	除法运算符		
	%	取余运算符		
4	+	加法运算符	从左到右	二元运算符
	-	减法运算符		
5	<<	左移运算符	从左到右	二元运算符
	>>	右移运算符		
6	>	大于	从左到右	二元运算符
	>=	大于等于		
	<	小于		
	<=	小于等于		
7	==	等于	从左到右	二元运算符
	!=	不等于		
8	&	按位与	从左到右	二元运算符
9	^	按位异或	从左到右	二元运算符
10	|	按位或	从左到右	二元运算符

优先级	运算符	名称或含义	结合方向	说明
11	&&	逻辑与	从左到右	二元运算符
12	||	逻辑或	从左到右	二元运算符
13	?:	条件运算符	从右向左	三元运算符
14	=	赋值运算符	从右向左	二元运算符
	+=	加后赋值		
	-=	减后赋值		
	*=	乘后赋值		
	/=	除后赋值		
	%=	取余后赋值		
	<<=	左移后赋值		
	>>=	右移后赋值		
	&=	按位与后赋值		
	^=	按位异或后赋值		
	|=	按位或后赋值		
15	,	逗号运算符		二元运算符

操作符优先级表

表 B.1 列出了 ASCII 字符集。每一个字符有它的十进制值、十六进制值、终端显示结果、ASCII 助记名、和 ASCII 控制字符定义。

表 B.1　ASCII 字符集

十进制值	十六进制值	终端显示	ASCII 助记名	备注
0	00	^@	NUL	空
1	01	^A	SOH	文件头的开始
2	02	^B	STX	文本的开始
3	03	^C	ETX	文本的结束
4	04	^D	EOT	传输的结束
5	05	^E	ENQ	询问
6	06	^F	ACK	确认
7	07	^G	BEL	响铃
8	08	^H	BS	后退
9	09	^I	HT	水平跳格
10	0A	^J	LF	换行
11	0B	^K	VT	垂直跳格
12	0C	^L	FF	格式馈给
13	0D	^M	CR	回车
14	0E	^N	SO	向外移出
15	0F	^O	SI	向内移入
16	10	^P	DLE	数据传送换码
17	11	^Q	DC1	设备控制 1
18	12	^R	DC2	设备控制 2
19	13	^S	DC3	设备控制 3

续上表

十进制值	十六进制值	终端显示	ASCII 助记名	备注
20	14	^T	DC4	设备控制 4
21	15	^U	NAK	否定
22	16	^V	SYN	同步空闲
23	17	^W	ETB	传输块结束
24	18	^X	CAN	取消
25	19	^Y	EM	媒体结束
26	1A	^Z	SUB	减
27	1B	^[	ESC	退出
28	1C	^*	FS	域分隔符
29	1D	^]	GS	组分隔符
30	1E	^^	RS	记录分隔符
31	1F	^_	US	单元分隔符
32	20	(Space)	Space	
33	21					
34	22	`	`	
35	23	#	#	
36	24	$		
37	25	%		
38	26	&		
39	27	'		
40	28	(		
41	29	)		
42	2A	*		
43	2B	+		
44	2C	,		
45	2D	-		
46	2E	.		
47	2F	/		
48	30	0		
49	31	1		
50	32	2		
51	33	3		
52	34	4		
53	35	5		

续上表

十进制值	十六进制值	终端显示	ASCII 助记名	备注
54	36	6		
55	37	7		
56	38	8		
57	39	9		
58	3A	:		
59	3B	;		
60	3C	<		
61	3D	=		
62	3E	?		
63	3F	?		
64	40	@		
65	41	A		
66	42	B		
67	43	C		
68	44	D		
69	45	E		
70	46	F		
71	47	G		
72	48	H		
73	49	I		
74	4A	J		
75	4B	K		
76	4C	L		
77	4D	M		
78	4E	N		
79	4F	O		
80	50	P		
81	51	Q		
82	52	R		
83	53	S		
84	54	T		
85	55	U		
86	56	V		
87	57	W		

十进制值	十六进制值	终端显示	ASCII 助记名	备注
88	58	X		
89	59	Y		
90	5A	Z		
91	5B	[		
92	5C	"		
93	5D	]		
94	5E	^		
95	5F	_		
96	60	'		
97	61	a		
98	62	b		
99	63	c		
100	64	d		
101	65	e		
102	66	f		
103	67	g		
104	68	h		
105	69	i		
106	6A	j		
107	6B	k		
108	6C	l		
109	6D	m		
110	6E	n		
111	6F	o		
112	70	p		
113	71	q		
114	72	r		
115	73	s		
116	74	t		
117	75	u		
118	76	v		
119	77	w		
120	78	x		
121	79	y		

续上表

十进制值	十六进制值	终端显示	ASCII 助记名	备注
122	7A	z		
123	7B	{		
124	7C	|		
125	7D	}		
126	7E			
127	7F		DEL	Delete

　　注意：ASCII 字符 60～7Fh 不能被存储到内存单元或数据记录文件中。这些值被转变到 40h～5Fh 范围内的等价大写形式。这些字符可以被存到缓冲区，并且在通信时被发送和接收。

附录 C

Linux 信号表

我们运行如下命令，可看到 Linux 支持的信号列表。

$ kill -l

（1）SIGHUP	（2）SIGINT	（3）SIGQUIT
（4）SIGILL	（5）SIGTRAP	（6）SIGABRT
（7）SIGBUS	（8）SIGFPE	（9）SIGKILL
（10）SIGUSR1	（11）SIGSEGV	（12）SIGUSR2
（13）SIGPIPE	（14）SIGALRM	（15）SIGTERM
（16）SIGCHLD	（17）SIGCONT	（18）SIGSTOP
（19）SIGTSTP	（20）SIGTTIN	（21）SIGTTOU
（22）SIGURG	（23）SIGXCPU	（24）SIGXFSZ
（25）SIGVTALRM	（26）SIGPROF	（27）SIGWINCH
（28）SIGIO	（29）SIGPWR	（30）SIGSYS
（31）SIGRTMIN	（32）SIGRTMIN+1	（33）SIGRTMIN+2
（34）SIGRTMIN+3	（35）SIGRTMIN+4	（36）SIGRTMIN+5
（37）SIGRTMIN+6	（38）SIGRTMIN+7	（39）SIGRTMIN+8
（40）SIGRTMIN+9	（41）SIGRTMIN+10	（42）SIGRTMIN+11
（43）SIGRTMIN+12	（44）SIGRTMIN+13	（45）SIGRTMIN+14
（46）SIGRTMIN+15	（47）SIGRTMAX-14	（48）SIGRTMAX-13
（49）SIGRTMAX-12	（50）SIGRTMAX-11	（51）SIGRTMAX-10
（52）SIGRTMAX-9	（53）SIGRTMAX-8	（54）SIGRTMAX-7
（55）SIGRTMAX-6	（56）SIGRTMAX-5	（57）SIGRTMAX-4
（58）SIGRTMAX-3	（59）SIGRTMAX-2	（60）SIGRTMAX-1
（61）SIGRTMAX		

列表中，编号为 1～31 的信号为传统 Unix 支持的信号，是不可靠信号（非实时的），编号为 31～60 的信号是后来扩充的，是可靠信号（实时信号）。不可

靠信号和可靠信号的区别在于：前者不支持排队，可能会造成信号丢失，而后者不会。

下面我们对编号 1～30 的信号进行描述。

（1）SIGHUP

本信号在用户终端连接（正常或非正常）结束时发出，通常是在终端的控制进程结束时，通知同一 session 内的各个作业，这时它们与控制终端不再关联。

登录 Linux 时，系统会分配给登录用户一个终端（Session）。在这个终端运行的所有程序，包括前台进程组和后台进程组，一般都属于这个 Session。当用户退出 Linux 登录时，前台进程组和后台有对终端输出的进程将会收到 SIGHUP 信号。这个信号的默认操作为终止进程，因此前台进程组和后台有终端输出的进程就会中止。不过可以捕获这个信号，比如 wget 能捕获 SIGHUP 信号，并忽略它，这样就算退出了 Linux 登录，wget 也能继续下载。

此外，对于与终端脱离关系的守护进程，这个信号用于通知它重新读取配置文件。

（2）SIGINT

程序终止（interrupt）信号，在用户键入 INTR 字符（通常是 Ctrl+C）时发出，用于通知前台进程组终止进程。

（3）SIGQUIT

和 SIGINT 类似，但由 QUIT 字符（通常是 Ctrl+/）来控制。进程在因收到 SIGQUIT 退出时会产生 core 文件，在这个意义上类似于一个程序错误信号。

（4）SIGILL

执行了非法指令。通常是因为可执行文件本身出现错误，或者试图执行数据段。堆栈溢出时也有可能产生这个信号。

（5）SIGTRAP

由断点指令或其他 trap 指令产生，由 debugger 使用。

（6）SIGABRT

调用 abort 函数生成的信号。

（7）SIGBUS

非法地址，包括内存地址对齐（alignment）出错。比如，访问一个 4 个字长的整数，但其地址不是 4 的倍数。它与 SIGSEGV 的区别在于后者是由于对合法存储地址的非法访问触发的（如访问不属于自己存储空间或只读存储空间）。

（8）SIGFPE

在发生致命的算术运算错误时发出。不仅包括浮点运算错误，还包括溢出及除数为 0 等其他所有的算术的错误。

（9）SIGKILL

用来立即结束程序的运行。本信号不能被阻塞、处理和忽略。如果管理员发现某个进程终止不了，可尝试发送这个信号。

（10）SIGUSR1

留给用户自定义使用。

（11）SIGSEGV

试图访问未分配给自己的内存，或试图往没有写权限的内存地址写数据。

（12）SIGUSR2

留给用户自定义使用。

（13）SIGPIPE

管道破裂。这个信号通常在进程间通信产生，比如采用 FIFO（管道）通信的两个进程，读管道没打开或者意外终止就往管道写，写进程会收到 SIGPIPE 信号。此外用 Socket 通信的两个进程，写进程在写 Socket 的时候，读进程已经终止。

（14）SIGALRM

时钟定时信号，计算的是实际的时间或时钟时间。alarm 函数使用该信号.

（15）SIGTERM

程序结束（terminate）信号，与 SIGKILL 不同的是该信号可以被阻塞和处理。通常用来要求程序自己正常退出，shell 命令 kill 缺省产生这个信号。如果进程终止不了，我们才会尝试 SIGKILL。

（16）SIGCHLD

子进程结束时，父进程会收到这个信号。

如果父进程没有处理这个信号，也没有等待（wait）子进程，子进程虽然终止，但是还会在内核进程表中占有表项，这时的子进程称为僵尸进程。这种情况我们应该避免（父进程或者忽略 SIGCHILD 信号，或者捕捉它，或者 wait 它派生的子进程，或者父进程先终止，这时子进程的终止自动由 init 进程来接管）。

（17）SIGCONT

让一个停止（stopped）的进程继续执行。本信号不能被阻塞，可以用一个 handler 来让程序在由 stopped 状态变为继续执行时完成特定的工作。例如，重新显示提示符。

（18）SIGSTOP

停止（stopped）进程的执行。注意它和 terminate 以及 interrupt 的区别：该进程还未结束，只是暂停执行。本信号不能被阻塞、处理或忽略。

（19）SIGTSTP

停止进程的运行，但该信号可以被处理和忽略。用户键入 SUSP 字符时（通常是 Ctrl-Z）发出这个信号。

（20）SIGTTIN

当后台作业要从用户终端读数据时，该作业中的所有进程会收到 SIGTTIN 信号。缺省时这些进程会停止执行。

（21）SIGTTOU

类似于 SIGTTIN，但在写终端（或修改终端模式）时收到。

（22）SIGURG

有"紧急"数据或 out-of-band 数据到达 socket 时产生。

（23）SIGXCPU

超过 CPU 时间资源限制。这个限制可以由 getrlimit/setrlimit 来读取/改变。

（24）SIGXFSZ

当进程企图扩大文件以至于超过文件大小资源限制。

（25）SIGVTALRM

虚拟时钟信号。类似于 SIGALRM，但是计算的是该进程占用的 CPU 时间。

（26）SIGPROF

类似于 SIGALRM/SIGVTALRM，但包括该进程用的 CPU 时间以及系统调用的时间。

（27）SIGWINCH

窗口大小改变时发出。

（28）SIGIO

文件描述符准备就绪，可以开始输入/输出操作。

（29）SIGPWR

Power failure。

（30）SIGSYS

非法的系统调用。

读 者 意 见 反 馈 表

亲爱的读者：

感谢您对中国铁道出版社有限公司的支持，您的建议是我们不断改进工作的信息来源，您的需求是我们不断开拓创新的基础。为了更好地服务读者，出版更多的精品图书，希望您能在百忙之中抽出时间填写这份意见反馈表发给我们。随书纸制表格请在填好后剪下寄到：北京市西城区右安门西街8号中国铁道出版社有限公司大众出版中心 王佩 收（邮编：100054）。或者采用传真（010-63549458）方式发送。此外，读者也可以直接通过电子邮件把意见反馈给我们，E-mail地址是：1958793918@qq.com。我们将选出意见中肯的热心读者，赠送本社的其他图书作为奖励。同时，我们将充分考虑您的意见和建议，并尽可能地给您满意的答复。谢谢！

- -

所购书名：_____

个人资料：

姓名：_____ 性别：_____ 年龄：_____ 文化程度：_____

职业：_____ 电话：_____ E-mail：_____

通信地址：_____ 邮编：_____

- -

您是如何得知本书的：

□书店宣传 □网络宣传 □展会促销 □出版社图书目录 □老师指定 □杂志、报纸等的介绍 □别人推荐
□其他（请指明）_____

您从何处得到本书的：

□书店 □邮购 □商场、超市等卖场 □图书销售的网站 □培训学校 □其他

影响您购买本书的因素（可多选）：

□内容实用 □价格合理 □装帧设计精美 □带多媒体教学光盘 □优惠促销 □书评广告 □出版社知名度
□作者名气 □工作、生活和学习的需要 □其他

您对本书封面设计的满意程度：

□很满意 □比较满意 □一般 □不满意 □改进建议

您对本书的总体满意程度：

从文字的角度 □很满意 □比较满意 □一般 □不满意
从技术的角度 □很满意 □比较满意 □一般 □不满意

您希望书中图的比例是多少：

□少量的图片辅以大量的文字 □图文比例相当 □大量的图片辅以少量的文字

您希望本书的定价是多少：

本书最令您满意的是：

1.
2.

您在使用本书时遇到哪些困难：

1.
2.

您希望本书在哪些方面进行改进：

1.
2.

您需要购买哪些方面的图书？对我社现有图书有什么好的建议？

您更喜欢阅读哪些类型和层次的书籍（可多选）？

□入门类 □精通类 □综合类 □问答类 □图解类 □查询手册类

您在学习计算机的过程中有什么困难？

您的其他要求：